U0186676

中国食品行业50舆情案例述评

2019 ▸ 2020

中国社会科学院工业经济研究所食品药品产业发展与监管研究中心
“中国食品行业舆情与品牌传播研究”课题组

张永建　董国用　郭良◎编著

国家行政学院出版社
NATIONAL ACADEMY OF GOVERNANCE PRESS
·北　京·

图书在版编目（CIP）数据

舌尖上的观察：中国食品行业50舆情案例述评：2019—2020 / 张永建，董国用，郭良编著 .—北京：国家行政学院出版社，2023.12

ISBN 978-7-5150-2726-5

Ⅰ.①舌… Ⅱ.①张 … ②董 … ③郭… Ⅲ.①食品安全－互联网络－舆论－案例－中国－2019—2020 Ⅳ.①TS201.6 ②G219.2

中国国家版本馆CIP数据核字（2023）第235752号

书　　名　舌尖上的观察：中国食品行业50舆情案例述评（2019—2020）
SHEJIAN SHANG DE GUANCHA：ZHONGGUO SHIPIN HANGYE 50 YUQING ANLI SHUPING（2019—2020）
作　　者　张永建　董国用　郭良　编著
责任编辑　刘韫劼
责任校对　许海利
责任印制　吴　霞
出版发行　国家行政学院出版社
（北京市海淀区长春桥路6号　100089）
综 合 办　（010）68928887
发 行 部　（010）68928866
经　　销　新华书店
印　　刷　北京中科印刷有限公司
版　　次　2023年12月第1版
印　　次　2023年12月第1次印刷
开　　本　185毫米 ×260毫米　16开
印　　张　19.5
字　　数　355千字
定　　价　60.00元

“中国食品行业舆情与品牌传播研究”
课题组主要成员

顾问

张永建

组长

董国用

执行组长

郭　良　王　城　刘　洋

主要成员

邱德生　利　斌　李　涛　任禹西

李　楠　王　忻　董玥均

前　言

长期以来，食品安全、食品营养、食品消费、食品监管以及食品产业的发展等一直是社会关注的焦点和热点之一，也是舆情关注的焦点和热点。2016年，中国社会科学院工业经济研究所食品药品产业发展与监管研究中心（以下简称“中心”），在重点研究课题“中国食品产业发展研究”下专门成立了“中国食品行业舆情与品牌传播研究”课题组，对我国食品行业舆情进行持续的跟踪研究，希望通过这些研究，更深入了解食品行业舆情全貌、事件纵深背景、典型案例剖析、舆情对品牌的影响、企业对舆情风险的防范与应对等，并在此基础上探讨其特点与规律。

自2016年启动了食品行业年度舆情分析研究工作后，2021年开始，“中心”酝酿对食品行业年度重大舆情事件进行系统梳理和分析。通过梳理和分析发现，从全网信息看，自2016年以来，每年食品相关舆情始终在7000万条至13000万条，总量在高位徘徊。从媒体覆盖、区域覆盖、话题覆盖、人群覆盖、子产业覆盖等看，均表现出明显的基本信息结构相对稳定和新兴领域迅速触达的特点。

2021年，“中心”牵头启动的2019—2020中国食品行业舆情案例研究，以2020年为主，兼顾2019年的原则，根据媒体报道量等初步筛选出近百个候选案例，一方面由新华网等公开进行网民投票，另一方面“中心”组织食品领域的专家投票。先后有35700余位网民、102位专家参与投票，通过公众和专家投票结合的方式，最终按照投票数量的多少，客观排列出2019—2020年的50个食品舆情案例。

对2019—2020年食品行业50个舆情案例投票结果的研究发现，公众和专家对舆情案例的判断，具有求大同、存小异的明显特征。其中，排名前10的舆情案例，公众与专家投票结果如下。

公众投票结果依次为：

（1）《中华人民共和国食品安全法实施条例》公布；

（2）13部门联合开展整治保健市场乱象“百日行动”；

（3）7部委联合印发《国产婴幼儿配方乳粉提升行动方案》；

（4）《中共中央　国务院发布关于深化改革加强食品安全工作的意见》发布；

（5）市场监管总局印发《乳制品质量安全提升行动方案》；

（6）湖南永兴蛋白固体饮料冒充特医奶粉；

（7）《食品生产许可管理办法》公布施行；

（8）《2019年度食品安全国家标准立项计划》启动；

（9）汉堡王用过期面包做汉堡事件；

（10）市场监管总局发布《保健食品标注警示用语指南》和《保健食品原料目录与保健功能目录管理办法》。

专家投票结果依次为：

（1）《中华人民共和国食品安全法实施条例》公布；

（2）《中共中央　国务院发布关于深化改革加强食品安全工作的意见》发布；

（3）13部门联合开展整治保健市场乱象“百日行动”；

（4）第二届食品安全国家标准审评委员会成立；

（5）湖南永兴蛋白固体饮料冒充特医奶粉；

（6）《食品生产许可管理办法》公布施行；

（7）7部委联合印发《国产婴幼儿配方乳粉提升行动方案》；

（8）《2019年度食品安全国家标准立项计划》启动；

（9）市场监管总局发布《保健食品标注警示用语指南》和《保健食品原料目录与保健功能目录管理办法》；

（10）《市场监督管理投诉举报处理暂行办法》发布，关闭“职业索赔”投诉之门。

可以看出，在前10个舆情的选择中，专家和公众对8个舆情的认知一致，仅有2个不同，分别为，公众关注了“市场监管总局印发《乳制品质量安全提升行动方案》”“汉堡王用过期面包做汉堡事件”，而专家关注“第二届食品安全国家标准审评委员会成立”“《市场监督管理投诉举报处理暂行办法》发布，关闭‘职业索赔’投诉之门”。

研究表明，随着食育等进一步深入，全民健康素养等进一步提高，公众和专家对食品相关认知相向而行，显示出一定程度的趋同。研究数据反映出6个特点和基本认识：

一是在公众与专家投票前10名中，共识达到了80%，差异为20%，主要关注的是制度建设、政策法规、监管与治理和食品安全标准建设。

二是在公众与专家投票前10名中，共同关注的品类是乳制品和保健食品。

三是公众与专家投票后10名中，共识为70%，差异为30%。

四是公众与专家投票后10名结果显示，对企业的投资行为和一些特别的经营行为均不太关注。

五是无论投票前10名和后10名，公众与专家之间形成了比较广泛的共识，而如此广泛的共识在之前是不多见的，说明信息公开背景下，广泛、深入和持续的交流沟通有助于共识的达成。因此，对于“公众与专家对立”的说法是值得商榷的。

六是好的管理一定是有效的管理，有效与共识密切相关。共识越充分、共识度越高，自觉性就越高，社会效益就越好，各相关主体就越会相向而行，就会形成正和博弈，实现官产学研媒的共赢。

“中国食品行业舆情与品牌传播研究”是一项长期持续的研究项目，为了做好这项研究，从保持连续性和可比性的要求出发，课题组为此专门搭建了模型，这个模型从7个基础维度和50个点位（要素）对食品领域的舆情进行跟踪监测，对食品生产中的18个行业进行重点跟踪监测和研究，研究成果以两年为一个周期出版发布，因此，这项研究也具有一定的史料性。

我们希望，本书的出版能对相关的管理者、科研工作者、食品企业管理人员和媒体工作者乃至关注食品行业舆情的读者有所裨益，读者的关注和支持是我们进一步做好这项研究的动力。

张永建

2023年11月

目　录

《中共中央　国务院关于深化改革加强食品安全工作的意见》发布

案例概述*

2019年5月20日，《中共中央　国务院关于深化改革加强食品安全工作的意见》公开发布（以下简称《意见》）。《意见》围绕人民群众关切焦点热点，部署开展食品安全放心工程建设攻坚行动，集中力量解决当前食品安全领域的突出问题。《意见》提出，到2020年，基于风险分析和供应链管理的食品安全监管体系初步建立。到2035年，基本实现食品安全领域国家治理体系和治理能力现代化。食品安全标准水平进入世界前列，产地环境污染得到有效治理，生产经营者责任意识、诚信意识和食品质量安全管理水平明显提高，经济利益驱动型食品安全违法犯罪明显减少。

2019年5月21日，国家市场监督管理总局网站发布国务院食品安全办负责人就《意见》回答记者的有关提问。

1. 第一个以中共中央、国务院名义出台的食品安全工作纲领性文件

问：请介绍一下《意见》出台的背景、过程和重要意义。

答：党中央、国务院高度重视食品安全工作。党的十九大报告明确提出实施食品安全战略，让人民吃得放心。

按照党中央、国务院决策部署，在国务院食品安全委员会领导下，国务院食品安全办会同国家发展改革委等部门组织力量，深入调研，多次召开专家学者、政府部门、企业、协会、基层监管人员以及消费者代表座谈会，开展食品安全战略相关

---

* 本案例摘编自《中共中央　国务院于深化改革加强食品安全工作的意见》，中国政府网 2019 年 5 月 20 日，https://www.gov.cn/zhengce/2019-05/20/content_5393212.htm；赵文君《实施食品安全战略的纲领性文件——国务院食品安全办负责人就〈中共中央　国务院关于深化改革加强食品安全工作的意见〉答记者问》，新华网 2019 年 5 月 21 日，http://www.xinhuanet.com/politics/2019-05/21/c_1124524810.htm；冯军、孙璐《〈中共中央国务院关于深化改革加强食品安全工作的意见〉专家解读之三》，百家号・中国市场监管报 2019 年 6 月 6 日，https://baijiahao.baidu.com/s?id=1635567362628507635&wfr=spider&for=pc。

问题研究，梳理重点难点，研究针对性解决方案，充分征求各省（区、市）人民政府、中央和国家机关有关部门意见，反复研究起草并修改形成了《意见》稿。

《意见》是第一个以中共中央、国务院名义出台的食品安全工作纲领性文件，具有里程碑式重要意义。《意见》明确了当前和今后一个时期做好食品安全工作的指导思想、基本原则和总体目标，提出了一系列重要政策措施，为各地区各部门贯彻落实食品安全战略提供目标指向和基本遵循，有利于加快建立食品安全领域现代化治理体系，提高从农田到餐桌全过程的监管能力，提升食品全链条质量安全保障水平，切实增强广大人民群众的获得感、幸福感、安全感。

2.《意见》的改革创新措施

问：《意见》在贯彻落实“四个最严”要求方面有哪些改革创新措施？

答：《意见》要求简化优化食品安全国家标准制修订流程，加快制修订农药残留、兽药残留、重金属、食品污染物、致病性微生物等食品安全通用标准，到2020年农药兽药残留限量指标达到1万项，基本与国际食品法典标准接轨。

《意见》要求健全覆盖从生产加工到流通消费全过程最严格的监管制度，严把产地环境安全关、农业投入品生产使用关、粮食收储质量安全关、食品加工质量安全关、流通销售质量安全关、餐饮服务质量安全关。

《意见》要求推动危害食品安全的制假售假行为“直接入刑”，严厉打击违法犯罪，落实“处罚到人”要求，对违法企业及其法定代表人、实际控制人、主要负责人等直接负责的主管人员和其他直接责任人员进行严厉处罚，大幅提高违法成本，实行食品行业从业禁止、终身禁业，对再犯从严从重进行处罚。探索建立食品安全民事公益诉讼惩罚性赔偿制度。进一步完善食品安全严重失信者名单认定机制，加大对失信人员联合惩戒力度。

3.《意见》的具体部署

问：《意见》提出要开展食品安全放心工程建设攻坚行动，具体作出了哪些部署？

答：围绕人民群众普遍关心的突出问题，《意见》部署了食品安全放心工程建设攻坚行动，用5年左右时间，集中力量实施10项行动，以点带面治理“餐桌污染”，力争取得明显成效。

在国产婴幼儿配方乳粉提升行动中，在生产企业全面实施良好生产规范、危害分析和关键控制点体系，自查报告率要达到100%。支持婴幼儿配方乳粉企业兼并重组。力争3年内显著提升国产婴幼儿配方乳粉的品质、竞争力和美誉度。

在保健食品行业专项清理整治行动中，全面开展严厉打击保健食品欺诈和虚假宣传、虚假广告等违法犯罪行为，严厉查处各种非法销售保健食品行为，打击传销。完善保健食品标准和标签标识管理，做好消费者维权服务工作。

4.《意见》提出的要求

问：《意见》对各地区各部门加强食品安全工作的组织领导提出了哪些要求？下一步如何抓好《意见》的贯彻落实？

答：《意见》提出，地方各级党委和政府要把食品安全作为一项重大政治任务来抓。落实《地方党政领导干部食品安全责任制规定》，明确党委和政府主要负责人为第一责任人。

《意见》印发后，关键是要抓好贯彻落实，让各项规定和政策措施执行到位、落实到位。按照部署，一是组织制定《意见》任务分工方案，明确各项任务的牵头部门和责任单位，抓好贯彻落实。二是各地区各有关部门结合实际认真研究制定具体措施，明确时间表、路线图、责任人。三是国务院食品安全办会同有关部门建立协调机制，加强沟通会商，研究解决实施中遇到的问题。四是严格督查督办，将实施情况纳入对地方政府食品安全工作督查考评内容，确保各项任务落实到位。

案例点评

2019年是深入实施食品安全战略的谋篇布局之年。加强食品安全监管，关系全国14亿多人“舌尖上的安全”，关系人民群众身体健康和生命安全，各级党委和政府要把此项工作作为一项重大政治任务来抓，要严字当头，严谨标准、严格监管、严厉处罚、严肃问责。《意见》以“四个最严”为抓手，始终坚持问题导向，高标准推动食品安全现代化治理体系建设，持续提升食品安全治理效能，用心用情用力保障人民群众“舌尖上的安全”。

2019年发布的《意见》，是第一个以中共中央、国务院名义出台的食品安全工作纲领性文件，对食品安全治理而言具有里程碑意义。一是体现在发文主体。党政联合发文可以将党的意志与主张通过制度安排传导至国家政府系统之中，将政治势能转化为制度效能，着力解决党政体系中职能交叉、执行困难、协调不畅等难题。二是体现在高位推动。在党政联合发文的类型之中，中共中央与国务院联合发文涉及面最广、影响力最大、效力层级最高，覆盖了纵向到底的党政层级，由上而下的政策执行力度越大，食品安全治理效能呈现的速度与品质也就越高。

1.严谨标准既做加法又做优化

食品安全标准是食品生产、流通、消费过程中衡量安全与否的重要标尺，也是监管部门监督检查、综合执法的主要依据，还是影响食品进出口贸易的重要考量。截至2022年7月，我国已发布食品安全国家标准1419项，包含2万余项指标，涵盖了从农田到餐桌、从生产加工到产品全链条、各环节主要的健康危害因素，保障包括儿童、老年人等人群的饮食安全，基本构建了与我国国情相适应的食品安全标准体系，但是与“最严谨的标准”相比，仍有差距。

《意见》中关于食品安全标准建设有两点引人关注。

第一，对标准体系做加法。《意见》指出，加快制修订农药残留、兽药残留、重金属、食品污染物、致病性微生物等食品安全通用标准，到2020年农药兽药残留限量指标达到1万项，基本与国际食品法典标准接轨。笔者认为，在推进标准体系建设过程中应注意把握两点。一是要坚持本土化与国际化相结合的原则，标准建设既要适应我国农业生产、粮食安全以及食品工业的发展要求，又要对标国际，注意参照国际标准和国际风险评估结果，减少农产品国际贸易中的标准障碍。二是不仅要解决“有没有”的问题，还要解决“能不能”的问题。部分食品安全标准虽然已制定，但缺乏配套检验方法，如部分农药残留量缺乏配套检测方法，部分食品添加剂检验方法的适用范围受限，一些食品包装材料和容器等标准配套检验方法不完善等。建设食品安全标准体系，既要补齐缺项，又要让这些标准真正落地生效。

第二，对标准制修订程序做优化。《意见》指出，要简化优化食品安全国家标准制修订流程。食品安全国家标准制定流程分为准备阶段、征求意见阶段、审查阶段、发布阶段和复审阶段。简化优化标准制修订流程应从三个方面予以把握：一是简化优化流程不等于减少流程。食品安全标准是食品安全法治体系的重要组成部分，标准体系建设要体现程序制度的合法性与严谨性，不能机械地减少法定流程。二是简化优化的重点是优化。简化流程是方式，优化流程是目的。简化的是食品安全国家标准制修订流程中的体制性、机制性障碍，优化的是标准制修订流程的设置和标准制修订的效率。三是简化优化要以创新为驱动。结合食品安全相关产业发展需要，要创新食品安全国家标准制修订的工作模式，加强标准制修订流程的管理。

2. 严格监管既首尾相连又产管齐抓

食品安全是“产”出来的也是“管”出来的。如果忽视“产”，再严“管”也管不出安全；如果忽视“管”，“产”的安全也难以保障。“产”与“管”的关系要求生产者落实好主体责任，监管者履行好监管职责。

一是压实“产”的责任。《意见》提出要以制度建设促进生产经营者主体责任落实，如企业要根据自身实际，设立食品质量安全管理岗位，并依规进行考核；风险高的大型食品企业要率先建立和实施危害分析和关键控制点体系；食用农产品生产经营主体和食品生产企业对其产品追溯负责，依法建立食品安全追溯体系；鼓励食品生产经营者积极投保食品安全责任保险。总体来看，以制度建设压实生产经营者的主体责任多为“软”引导，缺乏“硬”约束。落实经营者主体责任首先要激发企业“以安全促发展”“想发展就要重安全”的内生动力。内生动力的形成不仅要发挥市场的引导作用，还需要政府致力于建设公平公正的市场规则与环境，充分挖掘市场主体激励要素，借助信用监管、品牌塑造、媒体曝光等诸多方式，促进市场主体形成自我运作、自我约束、主动为食品安全负责的发展模式，以市场主体健康发展促进食品安全能力建设。落实经营者主体责任还要有“硬”约束，要建立与“软”引导相配适的监督惩戒制度，“软硬兼济”方可使制度建设转化为行动自觉。

二是提升“管”的效能。《意见》中“从头到尾”的全过程监管特点更为突出，要求完善覆盖从生产加工到流通消费全过程最严格的监管制度，并对每个过程的具体环节提出具体监管要求，即严把产地环境安全关、农业投入品生产使用关、粮食收储质量安全关、食品加工质量安全关、流通销售质量安全关、餐饮服务质量安全关。《意见》不仅要求提高监管队伍专业化水平，还要求创新监管理念、监管方式。在地方监管实践中要积极运用物联网、视频监控、卫星遥感等现代信息手段，建立全方位、立体化、多层次的食品安全监管体系。积极探索远程监管、移动监管、预警防控等监管模式，用信息化手段、智能化方式堵塞监管漏洞，提升监管效能。

3.严厉处罚既精准点穴又施予重拳

“最严厉的处罚”要求相关职能部门对违反《中华人民共和国食品安全法》（以下简称《食品安全法》）的主体处以最严厉的处罚措施，让触碰食品安全法律底线的企业与个人付出代价。“最严厉”体现了我国重典治乱的法治理念，意在起到震慑作用，遏制投机分子的侥幸心理。

当前对食品安全领域犯罪的处罚主要体现在以《食品安全法》为根基的行政处罚与以《中华人民共和国刑法》（以下简称《刑法》）为根基的刑事处罚两个方面。按照现行法律要求，对食品制假售假的违法行为若要追究刑事责任，主要是以生产销售伪劣产品罪产生的后果作为立案标准的，只有涉及以下情形之一，才会被立案追诉，由市场监管部门移交给公安机关立案侦查：伪劣产品销售金额5万元以上的；伪劣产品尚未销售，货值金额15万元以上的；伪劣产品销售金额不满5万元，但将已销售金额乘以3倍后，与尚未销售的伪劣产品货值金额合计15万元以上的。食品制假售假的违法行为没有从一般制假售假的违法行为中区分开来。但鉴于食品安全直接关系到人民群众的身体健康和生命安全，《意见》要求，推动危害食品安全的制假售假行为“直接入刑”，对情节严重、影响恶劣的危害食品安全刑事案件，要依法从重判罚，加快完善涉及危害食品安全刑事案件的司法解释。

同时《意见》提出落实“处罚到人”要求，对违法企业及其法定代表人、实际控制人、主要负责人等直接负责的主管人员和其他直接责任人员进行严厉处罚，大幅提高违法成本，实行食品行业从业禁止、终身禁业，对再犯者从严从重进行处罚。在对食品安全违法案件的处置过程中，一些案件往往既属于食品安全领域的行政违法行为，同时又触犯了《刑法》的相关规定，这就涉及食品安全领域的行刑衔接问题。市场监管总局发布的数据显示，2020年全年共查处食品安全违法案件28.62万件，其中移送公安机关的仅有3490件，这表明在案件处理过程中以罚代刑的现象依旧存在。《意见》在行刑衔接方面作出了积极探索，要求加强行政执法与刑事司法衔接，行政执法机关发现涉嫌犯罪、依法需要追究刑事责任的，依据行刑衔接有关规定及时移送公安机关，同时抄送检察机关；发现涉嫌职务犯罪线索的，及时移送监察机关。笔者认为，在行刑衔接的实践过程中，应进一步解决食品安全领域的行刑衔接案件移送标准不清和部门协同不足的问题。

4.严肃问责既有清单又有流程

问责机制意在通过构建政策执行者的“惩戒预期”来修正执行者的主观态度与行为选择，问责机制生效的前提是政策可行，食品安全监管中事权不清与责任不明容易使问责机制失效。《意见》提出要对食品安全坚持最严肃问责，最关键的就是明确监管事权。通过明确食品安全监管的事权清单，压实食品安全监管责任。

《意见》规定，对产品风险高、影响区域广的生产企业监督检查以及对重大复杂案件查处和跨区域执法，原则上由省级监管部门负责牵头，进行组织协调，市、县两级监管部门配合，可通过实行委托监管、指定监管、派驻监管等方式确保监管到位。由省级监管部门负责在一定程度上缓解了事权与资源不匹配的矛盾，也进一步明确了责任主体，但是对于在食品安全一般领域的监管过程中存在的事权与资源不匹配的结构性矛盾并未得到根本性扭转，单纯依靠问责机制修正政策执行者主观态度与行为选择的成效也并不明显，甚至容易在基层出现变通性执行的现象。为避免食品安全工作的理性逃遁，《意见》提出要完善对地方党委和政府食品安全工作评议考核制度，明确予以表彰的情形与予以问责的情形，以党管干部为联结纽带，切实将食品安全工作考核结果作为党政领导班子和领导干部综合考核评价的重要内容，作为干部奖惩和使用调整的重要依据。各级党委主要承担领导责任，主要包括政治领导、思想领导和组织领导责任；各级政府及相关部门主要承担监管工作的法律责任，主要包括行政责任、民事责任和刑事责任。所承担的责任不同决定了问责方式的不同，对各级党委主要采取通报、诫勉和纪律处分等问责方式，对各级政府及相关部门主要采取行政处分、人大问责和司法追责等问责方式。问责是权力监督的重要方式，不仅需要惩戒机制，同时也需要针对不同主体的目标考核与多维奖励方式，综合施策方能实现最严肃问责的制度优势。

《中华人民共和国食品安全法实施条例》公布

案例概述*

2019年10月11日，修订后的《中华人民共和国食品安全法实施条例》（以下简称《条例》）正式公布，自2019年12月1日起施行。《条例》共10章86条10000余字，以加快健全从中央到地方直至基层的权威监管体系，落实最严格的全程监管制度，严把从农田到餐桌的每一道防线，对违法违规行为零容忍、出快手、下重拳。

1.《条例》的修订历程

党中央、国务院高度重视食品安全。2015年新修订的《食品安全法》的实施，有力推动了我国食品安全整体水平提升；同时，食品安全工作仍面临不少困难和挑战，监管实践中一些有效做法也需要总结、上升为法律规范。为进一步细化和落实新修订的《食品安全法》，解决实践中仍存在的问题，有必要对《食品安全法实施条例》进行修订。2015年12月9日，原国家食品药品监管总局公布《条例》修订草案，向社会各界广泛征求意见，草案由原来的10章64条8000余字，扩充至10章200条33000余字。

2016年4月，《条例》修订被列入年度立法工作计划。原国家食品药品监督管理总局按照党中央、国务院有关食品安全工作"四个最严"的要求，坚持科学立法、民主立法，坚持问题导向、制度创新，制定了修订工作方案，成立了起草工作领导

---

* 本案例摘编自《李克强签署国务院令　公布修订后的〈中华人民共和国食品安全法实施条例〉》，新华网2019年10月31日，http://www.xinhuanet.com/politics/leaders/2019-10/31/c_1125177732.htm；《（受权发布）中华人民共和国食品安全法实施条例》，新华网2019年10月31日，http://www.xinhuanet.com/politics/ 2019-10/31/c_1125177767.htm；孝金波、孟植良《落实处罚到人　新食品安全法实施条例加大违法打击力度》，百家号·人民网2019年11月1日，https://baijiahao.baidu.com/s?id=1650073869777604745&wfr=spider&for=pc。

小组，广泛听取食品安全委员会各成员单位、基层监管部门等的意见和建议，并通过网站公开征求意见达6000多条，在此基础上，形成了《食品安全法实施条例（修订草案送审稿）》，共10章208条，报送国务院，并于2016年11月19日将报送稿及起草说明全文公布，征求意见。2017年8月14日，原国家食品药品监督管理总局发布G/SPS/N/CHN/1055号通报《食品安全法实施条例（修订草案）》。

2019年3月26日，《中华人民共和国食品安全法实施条例（草案）》经国务院第42次常务会议审议原则通过，有关部门根据常务会议的审议结果对部分条款进行了完善。

保障食品安全，法治是根本。2019年10月11日新修订《条例》的正式出台，标志着以新修订的《食品安全法》为核心的食品安全法律体系已经基本形成，这些法律法规和规章密切联系，有利于创造公平、法治、诚信的市场环境，让各类主体有法可依、有章可循，推动形成企业负责、政府监管、行业自律、部门协同、公众参与、媒体监督、法治保障的社会共治大格局。

2.《条例》的重要特点

（1）落实五项措施

一是强化食品安全监管，要求县级以上人民政府建立统一权威的监管体制。加强监管能力建设，补充规定了随机监督检查、异地监督检查等监管手段，完善举报奖励制度，并建立严重违法生产经营者黑名单制度和失信联合惩戒机制。

二是完善食品安全风险监测、食品安全标准等基础性制度。强化食品安全风险监测结果的运用，规范食品安全地方标准的制定，明确企业标准的备案范围，切实提高食品安全工作的科学性。

三是进一步落实生产经营者的食品安全主体责任。细化企业主要负责人的责任，规范食品的贮存、运输，禁止对食品进行虚假宣传，并完善了特殊食品的管理制度。

四是明确食品安全违法行为的法律责任。规定对存在故意实施违法行为等情形单位的法定代表人、主要负责人、直接负责的主管人员和其他直接责任人员处以罚款，并对新增的义务性规定相应设定严格的法律责任。

五是全面贯彻新时期党中央、国务院有关加强食品安全工作的新思想、新论断和新要求，严格落实“四个最严”。坚持问题导向，制度创新，全面落实《食品安全法》的各项规定，明晰食品生产经营者法律义务和责任，强化食品安全监督管理，细化自由裁量权，进一步增强了法律的可操作性。

（2）明确四项内容

一是实行最严厉处罚，落实“处罚到人”。《条例》明确规定“处罚到人”。对具有故意实施违法行为、违法行为性质恶劣、违法行为造成严重后果情形之一的食品安全违法行为，除依照《食品安全法》的规定给予单位处罚外，要对单位的法定代表人、主要负责人、直接负责的主管人员和其他直接责任人员处以其上一年度从本单位取得收入的1倍以上10倍以下罚款。其中，直接负责的主管人员是在违法行为中起决定、批准、授意、纵容、指挥作用的主管人员。其他直接责任人员是具体实施违法行为并起较大作用的人员，既可以是单位的生产经营管理人员，也可以是单位的职工。

二是依法从严从重处罚情节严重的食品安全违法行为。食品安全需要依法监管、重典治乱。2019年2月，中央全面依法治国委员会第二次会议提出，对食品、药品等领域的重大安全问题，要拿出治本措施，对违法者用重典，用法治维护好人民群众生命安全和身体健康。为此，《条例》规定，对情节严重的违法行为处以罚款时，应当依法从严从重，旗帜鲜明地向社会传递了重拳打击各类食品违法违规行为的强有力信号。

三是强化企业主体责任。要落实处罚到人，必须抓住主体责任这个“牛鼻子”。企业主要负责人负责企业管理制度、人员调配、投资方向、资金拨付等方面的重大决策，实质上影响甚至左右企业的行为。为此，《条例》突出强调食品生产经营企业的主要负责人对本企业的食品安全工作全面负责，建立并落实本企业的食品安全责任制，加强供货者管理、进货查验和出厂检验、生产经营过程控制、食品安全自查等工作；同时还明确了食品安全管理人员的义务，要求其协助企业主要负责人做好食品安全管理工作，掌握与其岗位相适应的相关知识，具备食品安全管理能力。

四是坚持以人民为中心，强化特殊食品监管。《条例》的修订，始终坚持以人民为中心的发展思想，把满足人民对美好生活的需要作为工作出发点和落脚点，着力解决群众关心的突出问题，让人民吃得安全、吃得放心。

例如，为保证特定人群的食品安全，《条例》明确，食品安全监督管理等部门应当将婴幼儿配方食品等针对特定人群的食品以及其他食品安全风险较高或者销售量大的食品的追溯体系建设作为监督检查的重点。特殊医学用途配方食品生产企业应当按照食品安全国家标准规定的检验项目对出厂产品进行逐批检验。增加规定餐饮具集中消毒服务单位的出厂检验记录义务。学校、托幼机构、养老机构、建筑工地等集中用餐单位的食堂应当执行原料控制、餐具饮具清洗消毒、食品留样等制度，并依法定期开展食堂食品安全自查。

又如，针对食品、保健食品欺诈和虚假宣传的突出问题，《条例》规定，特殊食品不得与普通食品或者药品混放销售；对保健食品之外的其他食品不得声称具有保健功能；特殊食品的标签、说明书内容应当与注册或者备案的标签、说明书一致，否则不得销售；特殊医学用途配方食品中的特定全营养配方食品应当通过医疗机构或者药品零售企业向消费者销售；禁止利用包括会议、讲座、健康咨询在内的任何方式对食品进行虚假宣传。特殊医学用途配方食品中的特定全营养配方食品广告按照处方药广告管理，其他类别的特殊医学用途配方食品按照非处方药广告管理。对添加食品安全国家标准规定的选择性添加物质的婴幼儿配方食品，不得以选择性添加物质命名。

（3）抓住三个社会共治事项

一是强化食品安全素质教育。国家将食品安全知识纳入国民素质教育，普及食品安全科学常识和法律知识，增强全社会的食品安全意识。

二是强化食品安全风险交流。国家建立食品安全风险交流制度。国务院食品监管部门会同其他有关部门建立食品安全风险交流机制，明确食品安全风险信息交流的内容、程序和要求。

三是明确举报奖励制度。国家实行食品安全违法行为举报奖励制度，对查证属实的举报，给予举报人奖励。有些国家有食品企业“吹哨人”制度，我国近年来曝光的一些重大食品安全事件，举报人都是企业内部员工。为鼓励生产经营单位内部人员积极参与举报，《条例》规定举报人举报所在企业食品安全重大违法犯罪行为的，应当加大奖励力度。同时，为了更好地保护举报人权益，《条例》再次强调应该对举报人信息进行保密。

案例点评

新修订《条例》的出台，对完善我国食品安全保障体系、促进全民健康，具有十分重要的作用。食品安全涉及的因素很多，要顺利推进《条例》的实施，持续为食品消费安全和国民健康构筑更加牢固的防火墙，需从多方面采取有效措施加以落实：一是企业积极落实食品安全主体责任；二是执法机关加大食品安全监管力度；三是加大食品安全处罚力度；四是完善食品安全社会共治。

1.企业要切实承担起食品安全主体责任

食品是民生产品，是维持人体生命和促进人体健康的基础，食品安全事关国民健康、农民增收、社会稳定和民族复兴等重大战略。为深入推进《条例》的实施、更好保障食品安全，食品企业应切实承担起食品安全主体责任，并采取多种行之有效的措施。

首先，食品企业要树立良好的道德意识。在食品生产经营过程中，企业应秉持“食品安全就是道德安全”的理念，把食品安全和消费者健康放在第一位，而不应把利润放在第一位。因为，好的食品首先是食品企业生产出来的，企业才是食品安全第一责任人。只有食品安全品质有保障，食品才能卖得出去，市场规模才能扩大，企业才能在合法的轨道上稳健发展，实现食品企业效益和消费者健康的双向奔赴。如果一种食品的安全品质不合格，含有对人体有毒有害的物质，那这种食品即使其色泽再诱人、口感再美味，也绝对不能上市流通，最终只能被销毁。生产这种食品的企业不仅会遭受严厉处罚，还会被市场淘汰。

其次，企业要完善食品安全管理制度。为落实食品安全主体责任，食品企业应建立健全食品安全管理制度，配备与企业规模、食品类别、风险等级、管理水平、安全状况等相适应的食品安全总监、食品安全员等食品安全管理人员，明确企业主要负责人、食品安全总监、食品安全员等的岗位职责。相关人员根据各自职责，做好相应的食品安全工作。

最后，企业要加强食品安全培训。食品企业应建立健全食品安全知识培训与考核管理制度，对员工进行食品安全知识分类培训和考核。培训和考核的内容包括多方面：一是国家和本地食品安全法律法规、规章和标准；二是食品安全基本知识和管理技能；三是食品安全事故应急处置知识；四是食品生产经营过程控制知识；五是食品安全加工操作技能；六是其他需要掌握的内容。

2.加大食品安全监管力度

行政主管部门加大食品安全监管力度，是保障食品安全的重要举措，主要有两种方式：一是开展食品安全监督抽检；二是开展食品生产经营场所的现场检查。

在监督抽检方面，应科学确定食品安全抽检频次，覆盖所有食品生产经营场所。监督抽检以发现问题、防控食品安全风险为基本原则。加大对高风险食品、低合格率食品的抽检频次，加大对农兽药残留、重金属残留、生物毒素污染等安全项目的抽检力度，加强对农产品批发市场、校园周边等重点区域的抽检，提高问题发现率。

为保障国民餐桌食品安全，县级食品安全监管部门应每周抽检蔬菜、水果、畜禽肉、鲜蛋、水产品等食用农产品。

为避免出现食品安全监管死角，食品安全监督抽检应坚持广泛覆盖的原则，要覆盖城市、农村、城乡接合部等不同区域，覆盖所有食品大类、品种和细类，覆盖在产获证食品生产企业，覆盖生产、流通、餐饮、网络销售等不同业态。

3.加大食品安全处罚力度

改革开放特别是近20年以来，我国食品产业快速发展，以“四个最严”守护食品安全。这与广大食品企业提升企业道德素养、改善食品安全质量的积极作为密不可分。

但与此同时，仍有一些不法经营者为牟取暴利，采取以次充好、偷工减料、以假充真、虚假宣传等不法手段，生产和销售假冒伪劣食品，严重损害了消费者的权益。更有甚者，在普通食品中添加有毒有害的非食品物质，冒充保健食品出售，不仅损害了消费者的经济利益，还严重危害消费者健康，甚至危及消费者生命安全。

鉴于一些不法经营者实施的上述行为，为了保障食品安全，应加大食品安全领域的处罚力度。现行有效的《条例》规定，对于情节严重的食品安全违法行为，应从重从严处罚。

《条例》列举了以下6种情节严重的食品安全违法行为：一是违法食品货值金额2万元以上或违法行为持续3个月以上；二是造成食源性疾病并出现死亡病例，或造成30人以上食源性疾病但未出现死亡病例；三是故意提供虚假信息或隐瞒真实情况；四是拒绝、逃避监督检查；五是因违反食品安全法律法规受到行政处罚后1年内又实施同一性质的食品安全违法行为，或因违反食品安全法律法规受到刑事处罚后又实施食品安全违法行为；六是其他情节严重的情形。

要遏制严重食品安全事件的发生，不仅要处罚违法企业，还要处罚违法企业的相关责任人。在这方面，《条例》提供了法律依据，该条例规定，食品企业等单位如果违反了《食品安全法》，且存在以下情形之一，除了对单位处罚之外，还要对单位的法定代表人、主要负责人、直接负责的主管人员和其他直接责任人员，处以其上一年度从本单位取得收入的1倍以上10倍以下罚款，这些情形包括：一是故意实施违法行为；二是违法行为性质恶劣；三是违法行为造成严重后果。

4.完善食品安全社会共治

在保障食品安全的过程中，应完善食品安全社会共治机制，结合我国食品安全现状，至少可从两方面加以推进：一是加强食品安全科普，二是推进食品安全举报制度的实施。在加强食品安全科普方面，国家应将食品安全知识纳入国民健康教育内容，普及食品安全科学常识和法律知识，增强全民食品安全意识。各级食品安全监管部门、行业协会、相关科研院所等机构，应充分利用“3·15”消费者权益日、全民营养周、中国学生营养日、全国食品安全宣传周、“你点我检”等平台，举行丰富多彩的食品安全宣传活动，让更多的人了解更多的食品安全知识。

食品是一种专业性产品，食品安全涉及的因素很多，普通消费者很难从外观判断包装里面的食品是否安全。不过，普通消费者从标签上可获知很多信息，如果一种预包装食品的标签不合格，建议消费者不要购买，因为，这种食品存在安全隐患的概率更大。

在食品安全科普活动中，专业人士应将食品标签解读作为一个常规项目，引导消费者正确识读食品标签。食品安全法和相关食品安全国家标准规定，在我国生产和销售的预包装食品标签应标明以下信息：一是名称、规格、净含量、生产日期；二是成分或者配料表；三是生产者的名称、地址、联系方式；四是保质期；五是产品标准代号；六是贮存条件；七是所使用的食品添加剂在国家标准中的通用名称；八是生产许可证编号；九是其他应标明的信息。其中，婴幼儿等特殊人群专用的主辅食品，其标签还要标明主要营养成分及其含量。而转基因食品的标签上应显著标示该食品配料中含有转基因原料。如果销售散装食品，销售者应在散装食品的容器、外包装上标明以下信息：食品的名称、生产日期或生产批号、保质期，以及食品生产经营者的名称、地址、联系方式等。

推进食品安全举报制度的实施，有利于提高食品安全违法行为的曝光率，倒逼食品企业加强管理、提高食品安全质量。相关行政部门应进一步完善食品安全举报制度，鼓励广大消费者举报食品安全违法行为，并视情况给予相应的奖励。同时，完善内部举报制度，提高对内部举报人的奖励标准。

总之，新修订《条例》的出台，体现了习近平总书记关于食品安全“四个最严”的要求，解答了食品安全监管中的诸多疑惑，使食品安全监管法律法规的执行更加细化、更具可操作性，有助于增强我国食品安全监管的科学性，推动食品产业规范发展。

第二届食品安全国家标准审评委员会成立

案例概述*

2019年7月12日，第二届食品安全国家标准审评委员会（以下简称审评委员会）成立大会在京召开。国家卫生健康委主任马晓伟对大会作出批示，国家卫生健康委副主任李斌、时任农业农村部副部长于康震、国家市场监督管理总局食品安全总监王铁汉、中国工程院院士陈君石等出席并讲话。会议由国家卫生健康委食品司司长刘金峰主持。各专业委员会主任委员、副主任委员、委员和单位委员代表等也参加了会议。会议审议通过《食品安全国家标准审评委员会章程》(以下简称《章程》)。

1. 打造最严谨的食品安全标准体系

马晓伟在批示中指出，食品安全标准是保障公众身体健康和生命安全、规范食品生产经营的准绳，专业性和政策性强。希望委员认真贯彻落实习近平总书记关于“最严谨的标准”的要求，不忘初心、牢记使命，增强责任意识、团结协作、勇于担当、依法履职、严格自律，打造最严谨的食品安全标准体系。

李斌在讲话中阐述了食品安全标准工作在实施健康中国战略中的重要意义，指出新形势下食品安全标准的工作目标和工作方向，要求各位委员和秘书处团结协作，尽职担当，履行好标准审查职责，保障食品安全标准科学严谨、安全可靠。

国际食品法典委员会（CAC）秘书长汤姆·海兰德在贺信中指出，中国在食品安全标准领域取得的成就世界瞩目，标准制定原则和程序与国际食品法典标准契

---

* 本案例摘编自《第二届食品安全国家标准审评委员会成立大会召开》，中国政府网 2019 年 7 月 14 日，http://www.gov.cn/xinwen/2019-07/14/content_5409106.htm；柳青《新一届食品安全国标审评委名单公布 委员不得在食品企业担任职务》，百家号·封面新闻 2019 年 7 月 16 日，https://baijiahao.baidu.com/s?id=1639212968817626428&wfr=spider&for=pc。

合，标准体系框架也充分借鉴和采纳国际食品法典的内容。中国主持两届国际食品法典委员会，为完善国际食品标准、保护全球消费者健康和促进国际食品贸易公平作出了巨大贡献。

陈君石代表新一届委员发言时表示："尽管我个人一直认为标准不是越多越好，但我们食品安全国家标准还是需要进一步完善，覆盖面要进一步扩大。"陈君石认为，食品安全标准要强调基于科学，要把风险评估和食品安全标准作更紧密的结合。

于康震、王铁汉致辞表示将依法履职，共同打造最严谨的食品安全标准体系。

2. 设立14个专业委员会，聘请院士组成专家顾问组

本届委员会包括393名来自医学、农业、食品、营养、生物、环境等领域的委员，以及17个部门和中国消费者协会等作为单位委员。设立污染物、微生物、食品添加剂、食品产品、营养与特殊膳食食品、食品相关产品、标签、生产经营规范、理化检验方法与规程、微生物检验方法与规程、毒理学评价方法与程序、食品中放射性物质、农药残留、兽药残留等14个专业委员会，聘请院士、港澳和国际权威专家组成专家顾问组、相关领域资深专家学者组成合法性审查工作组，分别提供咨询意见、开展合法性审查。

3. 审评委员会工作分工安排

根据《食品安全法》和《章程》，审评委员会事项由主任委员负责，常务副主任委员、副主任委员、技术总师协助主任委员工作。具体人员和分工如下：

马晓伟，主任委员，领导委员会全面工作；主持主任会议。

李斌，常务副主任委员，协助主任委员负责委员会日常工作；受委托主持主任会议。

于康震，副主任委员，负责审核农药残留、兽药残留标准。

孙梅君，副主任委员，负责食品安全监管与标准工作的衔接。

陈君石，技术总师，负责食品安全国家标准技术把关；主持技术总师会议。

审评委员会秘书长、副秘书长、办公室主任协助主任委员、常务副主任委员、副主任委员联系各专业委员会工作。具体人员和分工如下：

刘金峰，秘书长，落实主任委员、常务副主任委员工作部署；负责秘书处工作；主持秘书长会议，负责食品安全国家标准的行政审查、合法性审查和部门

协调。

张磊时，副秘书长，落实秘书长工作部署；联系委员会日常工作；主持会议，牵头食品安全国家标准的行政审查、合法性审查和部门协调。

程金根，副秘书长，落实农业农村部副主任委员工作部署。

梁钢，副秘书长，落实市场监管总局副主任委员工作部署，协调市场监管总局相关机构和标准委。

卢江，副秘书长，落实秘书长工作部署；主持秘书处办公室工作；负责专业技术协调。兼任办公室主任，为委员会会议（包括主任会议、技术总师会议、专业分委员会会议等）和日常工作提供保障。

案例点评

作为承担食品安全国家标准审查工作、提出实施食品安全国家标准意见建议、研究解决标准实施中的重大问题的组织，食品安全国家标准审评委员会在标准体系的建设过程中，为保障标准的科学性、实用性发挥了至关重要的作用。

1.第一个标准化技术委员会成立背景

20世纪80年代以前，我国未成立专门的食品卫生标准委员会，一般由卫生行政部门直接成立专家组，组织开展标准研制工作。

我国食品卫生监督工作自20世纪50年代末期逐步开展，食品卫生与环境卫生、劳动卫生、学校卫生、放射卫生一并作为卫生防疫监督管理体系的组成，由各级卫生防疫站承担相关工作。因此食品卫生相关标准化工作初期由各级卫生防疫站组织相关协作组开展。1977年，按照《食品卫生管理试行条例》提出的制定食品卫生标准的要求，原卫生部下属的中国医学科学院卫生研究所组织开展第一批食品卫生标准的制定工作，共54项。1978年，我国成立国家标准局。1979年7月，国务院颁布了《中华人民共和国标准化管理条例》，我国开始组建专业标准化技术委员会，负责标准的起草、技术审查等工作。1980年，食品添加剂标准化技术委员会正式成立，成为我国食品领域第一个标准化技术委员会，不过在当时，该委员会主要负责审查食品添加剂工业标准，此类标准并未纳入食品卫生标准体系。

2.食品卫生标准分委会情况

1981年，原卫生部专门成立了全国卫生标准技术委员会，下设包括食品卫生标准分委会在内的7个专业卫生标准委员会。食品卫生标准分委会聘任国内来自卫生科研单位、高校等机构的专家担任标委会委员，负责定期组织开展食品卫生标准的年度计划和中长期规划制定工作。1984年，食品卫生标准分委会在北京组织召开第一次扩大会议，会议根据《食品卫生法（试行）》规定，制定了食品卫生标准的审批程序，明确了协作组的任务和职责。从此食品卫生标准的制（修）订工作规划、标准审批程序及各协作组组长的职责逐步有序和规范化。2008年7月，第六届卫生部食品卫生标准专业委员会成立，在食品卫生标准委员会的框架内，按照食品标准类别设立了污染物、微生物、农药残留、营养与特殊膳食食品、食品产品及卫生规范、食品容器包装材料等7个分委会及特别工作组，大幅提升了食品卫生标准工作的覆盖面和专业化水平。作为唯一设立分委会的卫生标准专业委员会，充分体现了食品卫生标准工作任务的重要性和艰巨性。

食品卫生标准相关委员会成立后，共进行过3次食品卫生标准清理整顿工作。如1991年5月召开的食品卫生制标协作组组长会议，贯彻《中华人民共和国标准化法》工作会议及全国卫生标准技术委员会第三次会议精神，落实了食品卫生标准的清理整顿的任务，通过复审、合并、废止，理顺了食品卫生标准与其他食品标准之间的相互关系。我国加入世界贸易组织（WTO）后，食品卫生标准国内外关注度日益增高。2001年和2004年，全国食品卫生标准专业委员会对我国食品卫生标准又进行了两次全面清理整顿。两次清理整顿针对我国食品卫生状况及监管中存在的问题，将我国标准与CAC标准进行比较分析，根据“危险性评估”的原则与方法，对两者不一致的内容，重新进行评估，对与CAC标准不一致而有充分科学依据的，提出了合理理由。此项工作进一步提升了我国食品卫生标准与CAC标准的协调性。至2009年《食品安全法》发布前，食品卫生标准专业委员会历经6次换届，承担了28年食品卫生标准技术管理工作，在我国经济水平、工业水平、国际贸易快速发展时代，对我国食品卫生领域的发展以及提升食品安全监督管理水平，作出了重要的贡献。

3.第一届食品安全国家标准审评委员会成立

2009年《食品安全法》颁布实施。按照《食品安全法》的要求，2010年1月原卫生部组建了第一届食品安全国家标准审评委员会（简称审评委员会），由医学、农业、食品、营养等多个领域的350名委员以及工业和信息化、农业、商务、工商、质检、食品药品监管等20个单位委员组成。第一届审评委员会第一次主任会议审议通过《食品安全国家标准审评委员会章程》，明确审评委员会的主要职责是审评食品安全国家标准，提出实施食品安全国家标准的建议，对食品安全国家标准的重大问题提供咨询，承担食品安全国家标准其他工作。审评委员会设置了食品产品、营养与特殊膳食食品、食品添加剂、食品相关产品、微生物、污染物、农药残留、兽药残留、生产经营规范、检验方法与规程10个专业委员会，由原卫生部部长担任委员会主任委员，原卫生部和原农业部副部长、两院院士担任委员会副主任委员。同时，委员会设技术总师，对食品安全国家标准技术审评工作全面把关。

相较于卫生标准技术委员会时期，第一届审评委员会主要有以下几点变化：一是由原卫生部和原农业部主要领导干部、两院院士直接参与委员会工作，体现出国家对于做好新时期食品安全标准工作的重视；二是委员会按专业领域设置10个专业分委员会，并广泛吸纳各专业领域专家，充分发挥多领域、多学科专家作用，形成合力；三是成立审评委员会秘书处，2012年后挂靠在国家食品安全风险评估中心，对各专业委员会统一管理，提升了委员会日常工作的专业性和效率；四是通过制定《食品安全国家标准管理办法》《食品安全国家标准审查管理办法》《食品安全国家标准制修订项目管理办法》，完善了食品安全标准管理制度；五是强化食品安全风险监测和评估结果在食品安全国家标准制定过程中的应用，夯实了标准的科学基础。

4.第二届食品安全国家标准审评委员会成立

2019年，国家卫生健康委根据修订后的《食品安全法》相关规定，组建了第二届审评委员会。第二届审评委员会下设14个专业委员会。在第一届审评委员会设置的10个专业委员会的基础上，增设了食品标签、食品中放射性物质两个专业委员会，并将检验方法分委员会下设的理化、微生物及毒理三个工作组拆分为独立的专业委员会。第二届审评委员会进一步扩大了委员队伍，由393

名医学、农业、食品、营养、生物、环境等领域专家（农药残留和兽药残留专业委员会除外）以及17个部门和中国消费者协会单位委员组成。委员会聘请23名院士、港澳和国际权威专家组成专家顾问组，提供标准技术咨询和风险交流。委员会还增设了合法性审查工作组，由相关领域资深专家组成，负责标准合法性审查，审议社会稳定风险评估意见。

第二届审评委员会充分体现“严谨”“优化”原则和社会共治理念。一是明确委员会审查工作指导原则。以维护健康和生命安全为宗旨，以食品安全风险评估结果为基础，坚持科学性、实用性原则，立足我国国情，构建“最严谨的标准”体系。二是完善委员会工作机制。以主任会议、技术总师会议、秘书长会议和专业委员会会议履行议事程序。委员会秘书处挂靠在国家卫生健康委食品司，负责委员会的行政管理工作，委员会秘书处办公室挂靠在国家食品安全风险评估中心，负责委员会日常专业技术管理工作。三是强化开展食品安全风险评估与制定食品安全标准紧密衔接，在标准和评估两个委员会换届中实现专业资源的融会互通。四是聘请院士、港澳和国际权威专家组成专家顾问组，有效利用国际专家资源，为我国食品安全标准水平进入世界前列提供助力；成立合法性审查工作组，切实加强委员会审查的合法性。五是纳入社会团体作为委员单位，发挥食品行业组织、消费者协会作用，体现社会监督和共建共治。

在国家卫生健康委的领导下，第二届审评委员会聚焦食品安全标准体系建设，坚守健康安全底线，坚持依法科学推进，注重标准审查质量，取得显著成效。截至2022年9月，第二届审评委员会已审查标准和修改单831项次，发布标准和修改单191项，为完善我国食品安全国家标准体系作出了积极贡献。

《2019年度食品安全国家标准立项计划》启动

案例概述*

2019年8月2日,《国家卫生健康委办公厅关于印发2019年度食品安全国家标准立项计划的通知》中提到：为贯彻落实“最严谨的标准”要求，根据《食品安全法》规定，我们制定了《2019年度食品安全国家标准立项计划》(以下简称《计划》)。《计划》的立项标准涵盖食品产品、食品添加剂质量规格、食品相关产品、生产经营规范、检验方法与规程等57项内容。

1.《计划》的四点要求

一是做好标准起草工作。标准起草应当以食品安全风险评估结果为依据，以保障健康为宗旨，充分考虑我国经济发展水平和客观实际需要，可参考相关国际标准和风险评估结果，深入调查研究，确保标准严谨，指标设置科学合理。

二是项目牵头单位负责组建标准起草协作组。确保各项目承担单位分工协作、密切配合、优势互补，并充分调动发挥监管部门、行业组织、企业、科研院校和专业机构等相关单位和领域专家的作用。

三是项目承担单位登录食品安全国家标准管理信息系统填报。自行打印2019年食品安全国家标准制定、修订项目委托协议书或购买服务合同，由项目承担单位相关负责人签字并加盖单位公章，于2019年8月20日前报送食品安全国家标准审评委员会秘书处办公室(以下简称秘书处办公室)。

四是项目承担单位应当严格按照协议书或合同要求，制订工作计划、项目路线图和进度表，确保标准质量和工作进度。项目承担单位要对所制定标准文本负全

---

* 本案例摘编自《国家卫生健康委办公厅关于印发2019年度食品安全国家标准第二批立项计划的通知》，国家卫生健康委网站 2019 年 9 月 2 日，http://www.nhc.gov.cn/sps/s7887k/201909/74026f37bc424cc3bdc1ffbea6842ae6.shtml。

责，确保标准在起草、送审、修改、校对、印刷、解读等各环节准确无误，对于出现差错的，将根据情况予以警示、约谈、通报批评直至取消项目承担资格。委托项目完成后，应当按规定向秘书处办公室提交经费决算报告，经费决算报告由财务负责人和单位相关负责人签字并加盖公章。

2.《计划》的相关内容

《计划》共有57项内容，其中，食品产品2项、食品添加剂质量规格10项、食品相关产品1项、生产经营规范7项、检验方法与规程37项（详见表1）。

表1　2019年度食品安全国家标准立项计划

序号	项目名称	制定/修订	承担单位
食品产品（2项）			
1	牛奶蛋白	制定	国家乳业工程技术研究中心，中国乳制品工业协会，上海海关动植物与食品检验检疫技术中心
2	《食品安全国家标准　发酵酒及其配制酒》（GB 2758—2012）	修订	中国食品科学技术学会，中国食品发酵工业研究院有限公司，国家食品安全风险评估中心，中国酒业协会
食品添加剂质量规格（10项）			
3	《食品安全国家标准　食品添加剂β-胡萝卜素》（GB 8821—2011）	修订	中国食品添加剂和配料协会
4	《食品安全国家标准　食品添加剂乳酸链球菌素》（GB 1886.231—2016）	修订	华东理工大学
5	《食品安全国家标准　食品添加剂辛烯基琥珀酸淀粉钠》（GB 28303—2012）	修订	中国食品添加剂和配料协会
6	《食品安全国家标准　食品添加剂叶黄素》（GB 26405—2011）	修订	河北省食品检验研究院，中国食品添加剂和配料协会
7	食品添加剂　蓝锭果红	制定	湖南省食品质量监督检验研究院
8	食品添加剂　爱德万甜	制定	华东理工大学，上海市食品添加剂和配料行业协会，山东省食品药品检验研究院
9	食品添加剂　5-戊基-3H-呋喃-2-酮	制定	上海香料研究所
10	食品添加剂（2S，5R）-N-［4-（2-氨基-2-氧代乙基）苯基］-5-甲基-2-（丙基-2-）环己烷甲酰胺	制定	中国香料香精化妆品工业协会
11	食品添加剂　5-甲基-2-呋喃甲硫醇	制定	上海香料研究所
12	食品添加剂　6-甲基辛醛	制定	辽宁省卫生健康服务中心，大连工业大学，锦州医科大学，辽宁省食品检验检测院
食品相关产品（1项）			
13	食品接触用硅橡胶材料及制品	制定	常州进出口工业及消费品安全检测中心，暨南大学，中国农业科学院农业质量标准与检测技术研究所

续表

序号	项目名称	制定/修订	承担单位
生产经营规范（7项）			
14	《食品安全国家标准　食品生产通用卫生规范》（GB 14881—2013）	修订	国家食品安全风险评估中心，中国食品工业协会，上海市市场监督管理局，中国食品科学技术学会，中国焙烤食品糖制品工业协会，中轻食品工业管理中心
15	预防和降低果汁中展青霉素操作规范	制定	四川大学，中国食品工业协会，中国饮料工业协会，黑龙江省疾病预防控制中心
16	罐装食品中锡污染控制规范	制定	中国罐头工业协会，中国食品发酵工业研究院有限公司，中国食品工业协会
17	葡萄酒、咖啡和可可中赭曲霉素A污染控制规范	制定	中国食品工业协会，中国食品发酵工业研究院有限公司，中国酒业协会，辽宁省卫生健康服务中心
18	食品中丙烯酰胺污染控制规范	制定	中国食品科学技术学会，中国食品工业协会，中国焙烤食品糖制品工业协会
19	酒中氨基甲酸乙酯污染控制规范	制定	中国食品工业协会，中国食品发酵工业研究院有限公司，中国酒业协会，国家食品安全风险评估中心，辽宁省卫生健康服务中心，江南大学
20	食品中铅污染控制规范	制定	中国食品科学技术学会，中国食品工业协会，黑龙江省疾病预防控制中心
检验方法与规程（37项）			
21	化学分析方法验证和确认通则	制定	国家食品安全风险评估中心，厦门海关技术中心，深圳海关食品检验检疫技术中心，理化检验方法验证协作组
22	微生物学方法验证和确认通则	制定	国家食品安全风险评估中心，青岛海关技术中心，中国检验检测学会，微生物检验方法验证协作组
23	食品接触材料及制品方法验证和确认通则	制定	国家食品安全风险评估中心，广州海关技术中心，中国塑料加工工业协会，食品接触材料方法验证协作组
24	《食品安全国家标准　食品中镉的测定》（GB 5009.15—2014）	修订	广东省疾病预防控制中心，天津师范大学，湖南省食品质量监督检验研究院，国家粮食和储备局科学研究院，济南市疾病预防控制中心
25	《食品安全国家标准　食品中铬的测定》（GB 5009.123—2014）	修订	广东省疾病预防控制中心，广东省食品检验所，湖南省食品质量监督检验研究院
26	《食品安全国家标准　食品中锑的测定》（GB 5009.137—2016）	修订	宁波检验检疫科学技术研究院，天津海关动植物与食品检测中心，广东省疾病预防控制中心
27	《食品安全国家标准　食品中锡的测定》（GB 5009.16—2014）	修订	广东省食品检验所，天津海关动植物与食品检测中心，宁波检验检疫科学技术研究院
28	《食品安全国家标准　食品中镍的测定》（GB 5009.138—2017）	修订	天津海关动植物与食品检测中心，广东省疾病预防控制中心，广东省食品检验所
29	《食品安全国家标准　食品中米酵菌酸的测定》（GB 5009.189—2016）	修订	广东省食品检验所，浙江省疾病预防控制中心，广州质量监督检测研究院，长春海关技术中心
30	食品接触材料及制品氟迁移量的测定	制定	宁波检验检疫科学技术研究院，上海海关工业品与原材料检测技术中心，上海市质量监督检验技术研究院

续表

序号	项目名称	制定/修订	承担单位
31	《食品安全国家标准　食品接触材料及制品游离酚的测定和迁移量的测定》(GB 31604.46—2016)	修订	常州海关常州进出口工业及消费品安全检测中心，上海海关工业品与原材料检测技术中心，江南大学，广州质量监督检测研究院
32	《食品安全国家标准　食品接触材料及制品纸、纸板及纸制品中荧光增白剂的测定》(GB 31604.47—2016)	修订	广州海关技术中心，广州质量监督检测研究院，湖北省食品质量安全监督检验研究院
33	《食品安全国家标准　食品接触材料及制品邻苯二甲酸酯的测定和迁移量的测定》(GB 31604.30—2016)	修订	宁波检验检疫科学技术研究院，大连海关技术中心，中国农业科学院农业质量标准与检测技术研究所，中国塑料加工工业协会
34	食品接触材料及制品　异噻唑啉酮类化合物迁移量的测定	制定	广州海关技术中心，常州海关常州进出口工业及消费品安全检测中心，大连海关技术中心
35	《食品安全国家标准　食品中环己基氨基磺酸钠的测定》(GB 5009.97—2016)	修订	成都市食品药品检验研究院，湖南省食品质量监督检验研究院，宁波市食品检验检测研究院，济南市疾病预防控制中心
36	《食品安全国家标准　食品中三氯蔗糖(蔗糖素)的测定》(GB 22255—2014)	修订	广东省食品检验所，湖南省食品质量监督检验研究院，青岛海关技术中心
37	《食品安全国家标准　食品中9种抗氧化剂的测定》(GB 5009.32—2016)	修订	四川省食品药品检验检测院，青岛海关技术中心，青岛大学
38	食品中胭脂红酸(胭脂虫红)的测定	制定	宁波检验检疫科学技术研究院，天津海关动植物与食品检测中心，四川省食品药品检验检测院
39	食品中抗坏血酸棕榈酸酯的测定	制定	青岛海关技术中心，上海市质量监督检验技术研究院，宁波市食品检验检测研究院，长春海关技术中心
40	《食品安全国家标准　食品中N-亚硝胺类化合物的测定》(GB 5009.26—2016)	修订	厦门海关技术中心，天津海关动植物与食品检测中心，福建省疾病预防控制中心
41	《食品安全国家标准　食品中蛋白质的测定》(GB 5009.5—2016)	修订	北京海关技术中心，上海海关动植物与食品检验检疫技术中心，中国农业科学院北京畜牧兽医研究所
42	《食品安全国家标准　食品中脂肪酸的测定》(GB 5009.168—2016)	修订	上海市质量监督检验技术研究院，深圳市计量质量检测研究院，国家食品安全风险评估中心，济南市疾病预防控制中心
43	《食品安全国家标准　食品相对密度的测定》(GB 5009.2—2016)	修订	北京市疾病预防控制中心，宁波市食品检验检测研究院，驻马店市食品药品检验所
44	《食品安全国家标准　食品中淀粉的测定》(GB 5009.9—2016)	修订	北京市疾病预防控制中心，上海市质量监督检验技术研究院，湖北省疾病预防控制中心
45	《食品安全国家标准　酒中乙醇浓度的测定》(GB 5009.225—2016)	修订	深圳市计量质量检测研究院，福建省产品质量检验研究院，湖北省疾病预防控制中心，山东省食品药品检验研究院，中国酒业协会
46	《食品安全国家标准　婴幼儿食品和乳品中左旋肉碱的测定》(GB 29989—2013)	修订	四川省食品药品检验检测院，深圳市计量质量检测研究院，上海市质量监督检验技术研究院，中国乳制品工业协会，中国食品科技学会

续表

序号	项目名称	制定/修订	承担单位
47	《食品安全国家标准　婴幼儿食品和乳品中维生素C的测定》(GB 5413.18—2010)	修订	青岛海关技术中心，上海市质量监督检验技术研究院，青岛大学，中国乳制品工业协会，中国食品科技学会
48	食品中双酚A、双酚F和双酚S的测定	制定	北京市疾病预防控制中心，中国检验检疫科学研究院，北京市食品安全监控和风险评估中心
49	《食品安全国家标准　食品中氯丙醇及其脂肪酸酯含量的测定》(GB 5009.191—2016)	修订	福建省疾病预防控制中心，南京市产品质量监督检验院，武汉市食品化妆品检验所，福建省产品质量检验研究院
50	《食品安全国家标准　食品微生物学检验　沙门氏菌检验》(GB 4789.4—2016)	修订	深圳海关食品检验检疫技术中心，国家食品安全风险评估中心，广东省微生物研究所，中国食品科学技术学会
51	《食品安全国家标准　食品微生物学检验　克罗诺杆菌属(阪崎肠杆菌)检验》(GB 4789.40—2016)	修订	国家食品安全风险评估中心，深圳海关食品检验检疫技术中心，河南省疾病预防控制中心，中国食品科学技术学会
52	动物性水产品中颚口线虫的鉴定	制定	上海海关动植物与食品检验检疫技术中心，中国检验检测学会，寄生虫检验方法协作组
53	动物性水产品中异尖线虫的鉴定	制定	南京海关动植物与食品检测中心，中国检验检测学会，寄生虫检验方法协作组
54	动物性水产品中管圆线虫的鉴定	制定	广州白云机场海关综合技术服务中心，中国检验检测学会，北京市食品安全监控和风险评估中心，寄生虫检验方法协作组
55	动物性水产品中华支睾吸虫的鉴定	制定	厦门海关技术中心，寄生虫检验方法协作组
56	动物性水产品中并殖吸虫的鉴定	制定	中国疾病预防控制中心寄生虫病预防控制所，寄生虫检验方法协作组
57	动物性水产品中曼氏迭宫绦虫裂头蚴的鉴定	制定	广州白云机场海关综合技术服务中心，北京市食品安全监控和风险评估中心，寄生虫检验方法协作组

案例点评

以科学为基础，建立规范的标准制定程序，是制定我国食品安全国家标准的重要原则。虽然我国已经构建了较为完善的食品安全国家标准体系，但与“最严谨的标准”要求尚存在差距。国家卫生健康委坚持以科学为基础、以目标为导向，建立了规范的标准制定程序，并通过标准跟踪评价等机制对标准体系不断完善。

1.食品安全国家标准工作程序

日前，国家卫生健康委制定并先后发布《食品安全国家标准审评委员会章程》和《食品安全标准管理办法》，明确食品安全国家标准的制定和审查程序，统一工作要求，提高标准审查效能。标准的制定和修订可以分为提出标准规划计划、确定标准年度制（修）订计划、起草标准、审查标准、公开征求意见、批准和发布标准、跟踪评价标准和修改完善标准等8个步骤。

一是提出标准规划计划。国家卫生健康委会同国务院各相关部门制定食品安全国家标准规划及年度实施计划。

二是确定标准年度制（修）订计划。国家卫生健康委每年向各部门和社会公开征集标准立项建议，秘书处办公室收集整理后提出年度立项计划建议草案。食品安全国家标准审评委员会根据食品安全标准工作需求，对食品安全国家标准年度立项计划建议草案进行审查，向国家卫生健康委提出食品安全国家标准年度制（修）订计划建议的意见。

三是起草标准。国家卫生健康委择优选择有相应技术能力的单位起草食品安全国家标准，鼓励多家单位合作形成标准起草组。标准项目承担单位是标准研制的第一责任人，应在起草过程中深入调查研究，广泛征求监管部门、行业企业等各方意见。

四是审查标准。食品安全国家标准审评委员会专业委员会对标准科学性、实用性开展两轮审查。专业委员会审查通过的标准，由专业委员会主任委员签署审查意见后，提交审评委员会技术总师会议、秘书长会议审查，必要时提交主任会议审议。

五是公开征求意见。对于标准草案，制（修）订单位应书面征求标准使用单位、科研院校、行业和企业、消费者、专家、监管部门等各方面意见。标准草案经审评委员会专业委员会第一轮审查后，在国家卫生健康委网站上公开征求意见，并同时按照世界贸易组织相关协定进行通报。

六是批准和发布标准。经过秘书长会议审查或主任会议审议通过的标准，经报批程序后，以公告形式发布。标准在国家卫生健康委网站上公布，供公众免费查阅。

七是跟踪评价标准。食品安全国家标准公布后，国家卫生健康委组织各部门的相关单位对标准的实施情况进行跟踪评价。任何公民、法人和其他组织均可以对标准实施过程中存在的问题提出意见和建议。

八是修改完善标准。根据跟踪评价结果和其他渠道反馈提出标准内容需作调整时，根据审评委员会专业委员会审查意见，可以以勘误、食品安全国家标准修改单或修订等方式进行。对需要修订的食品安全国家标准，及时纳入食品安全国家标准修订立项计划。

2. 食品安全国家标准立项原则

国家卫生健康委每年组织食品安全国家标准的立项，严格按照立项原则筛选立项建议，在充分征求各方意见的基础上提出立项标准名单。第一，立项建议应当符合《食品安全法》第二十六条规定，以保障公众健康、提高标准质量为目的；第二，立项建议应具有充分的科学依据和社会稳定风险评估依据，聚焦食品安全风险评估结果证明存在的食品安全问题，优先制（修）订风险防控急需的食品安全标准；第三，应强化标准立项与食品安全风险监测、风险评估和标准跟踪评价工作衔接，使标准范围覆盖我国主要食品类别，涵盖已知安全风险因素，符合国际先进风险管理理念和我国发展实际。

3. 食品安全国家标准跟踪评价

我国食品安全国家标准跟踪评价工作积极适应各阶段食品安全风险管理需求，评价模式不断发展，目前已初步构建起常态跟踪评价和专项跟踪评价互为补充的食品安全国家标准跟踪评价模式，为完善我国食品安全国家标准体系提供了重要参考。

食品安全国家标准常态跟踪评价是广泛收集对所有现行食品安全国家标准的意见和建议，不设置切入角度。反馈意见针对每项标准设置的限量指标、标准文本内容、标准实施效果等各方面。标准使用各方均可通过常态跟踪评价平台反馈意见。国家食品安全风险评估中心负责通过平台在线收集意见，并进行分析处理。食品安全国家标准专项跟踪评价将食品产品分为13大类，由国家卫生健康委组织各省级卫生健康行政部门根据当地食品产业发展情况，组建13个省级标准跟踪评价协作组，会同相关部门开展工作。

4. 食品安全国家标准的制定修订

按照《食品安全法》的规定，制定修订食品安全国家标准，应当以保障公众身体健康为宗旨，做到科学合理、安全可靠。第一，食品安全标准应以食品安全风险评估结果为依据，以保护人体健康为基本宗旨，科学合理设置标准内容。第二，食品安全标准的制定应注重可操作性，应符合我国国情和食品产业发展实际，应充分考虑各级食品安全监管部门的监管需要和企业执行能力，有利于解决监管工作中发现的重大食品安全问题。第三，标准的制定应能及时应对新发展阶段提出的新要求，适应新消费形式、新型食品等对于标准的新需求。第四，标准的制定要充分考虑标准体系的协调一致，保证不同标准之间的相互衔接。第五，标准在充分考虑我国国情的基础上，应积极借鉴相关国际标准和先进管理经验，密切跟踪和参与国际食品法典标准相关工作。

我国食品安全国家标准工作按照上述原则，紧密围绕“十四五”食品安全标准体系高质量发展需求，大力推动标准体系向纵深拓展。一是进一步强化风险评估在标准制（修）订中的应用，开展污染物、真菌毒素、食品添加剂、食品接触材料、消毒剂等风险评估，为标准修订提供科学依据，稳步提升标准科学水平。二是充分考虑我国实际，致病菌限量、食品产品等标准进一步扩大通用性，覆盖更多食品类别，更好地适应我国国情，保障消费者健康。三是进一步满足监管需求，大力推动食品标签、营养标签、乳制品等社会关注热点标准，发布婴儿配方食品、较大婴儿配方食品、幼儿配方食品标准，干酪、浓缩乳制品、饮料、竹木、纸、食品添加剂质量规格等标准，做好新发布标准的解读工作，进一步满足监管和行业需求。四是注重生产过程管理，重点推动通用规范和危害因素控制规范类标准的制定工作，餐（饮）具集中消毒、食品中黄曲霉毒素污染等规范标准顺利发布。五是开展重点方法标准专项研究，制定缺失方法，扩大方法标准的适用范围，进一步提高方法标准适用性，提升方法标准与限量指标的配套衔接。

13部门联合开展整治保健市场乱象“百日行动”

案例概述*

2019年1月8日，市场监管总局等13个部门召开联合部署整治保健市场乱象“百日行动”电视电话会议。决定即日起，开展为期100天的保健市场乱象专项整治，在全国范围内加大对保健市场重点行业、重点领域、重点行为的事中事后监管力度，依法严厉打击虚假宣传、虚假广告、制售假冒伪劣产品等扰乱市场秩序、欺诈消费者等各类违法行为。4月28日，市场监管总局召开新闻发布会通报工作情况，经过100天的联合整治，保健市场乱象得到有效遏制。

1.“百日行动”取得阶段性工作成果

2019年1月8日电视电话会议后，市场监管总局、工信部、公安部、民政部、住房城乡建设部、农业农村部、商务部、文化和旅游部、国家卫生健康委、广电总局、国家中医药管理局、国家药监局、中央网信办等13个部门，积极配合市场监管部门开展“百日行动”，重点摸排“六个整治重点”——重点行为及领域、重点商品及服务、重点场所及区域、重点人群、重点时段、重点行为，严厉打击“十类重点违法行为”，严格落实“十一项重点任务”，形成整治保健市场乱象高压态势。

1月30日，市场监管总局召开联合整治保健市场乱象“百日行动”媒体通气会，总结了目前阶段的工作成果，并公布了各级市场监管部门查处的14个典型案例。案件类型包括，江苏张家港市查处金港镇领康食品商行虚假宣传案等5个利用会议

---

* 本案例摘编自《市场监管总局公布14个典型案例，这些保健乱象被查了！》，百家号·中国消费者报2019年1月30日，https://baijiahao.baidu.com/s?id=1624082255713755556&wfr=spider&for=pc；赵文君《整治“保健”市场乱象百日行动　为消费者挽回经济损失1.23亿元》，百家号·新华社2019年4月28日，https://baijiahao.baidu.com/s?id=1632046326820126249&wfr=spider&for=pc；张明浩《整治保健市场乱象百日行动立案21152件 挽回消费者经济损失1.23亿元》，百家号·央广网2019年4月28日，https://baijiahao.baidu.com/s?id=1632053814223695576&wfr=spider&for=pc。

销售模式进行虚假宣传的案例，四川攀枝花市仁和区鑫康美容馆发布涉及疾病治疗功能、使用医疗用语的广告及对产品及服务作引人误解的虚假宣传案等2个虚假广告宣传的案例，上海市查处未按注册的产品配方要求组织生产保健食品、生产经营标签与实际不符、标注虚假生产日期的食品案3个违反保健食品相关管理规定的案例，四川宜宾市查处假借四川电视台新闻频道名义搞保健商品促销的违法违规行为案例，新疆沙雅县查处沙雅县权健自然医学康复中心虚假宣传案等3个直销企业经销商的虚假宣传及传销行为的案例。

2. 13个联合督导组赴全国进行督导

2019年3月14日，市场监管总局再次召开新闻发布会，向社会发布联合整治保健市场乱象“百日行动”工作进展情况。市场监管总局价监竞争局、新闻宣传司负责同志参加了发布会。

价监竞争局主要负责同志介绍了近期市场监管总局等13部门围绕执法办案、舆论宣传、督导检查、长效机制建立等方面开展的工作以及下一步工作安排，并就查办案件情况、监管执法中存在的困难和挑战、长效机制建立的进展等问题回答记者提问。

为督促各地对保健市场乱象开展全面治理，确保“百日行动”取得实效，自2019年2月18日起，13部门组成13个联合督导组，赴全国进行督导。截至2019年3月14日，13个督导组已完成对北京、天津、山西、内蒙古、辽宁、吉林、黑龙江、上海、江苏、浙江、福建、山东、湖北、湖南、重庆、四川、陕西、甘肃18个省（自治区、直辖市）的督导工作。各督导组通过座谈交流、实地走访、查阅文档、抽查案卷等方式，针对“百日行动”的“六个整治重点”“十类重点违法行为”，以及落实“十一项重点任务”情况，进行检查、督导。

3.“百日行动”为消费者挽回经济损失1.23亿元

经过多部门的认真准备，2019年4月28日，市场监管总局等13部门共同召开新闻发布会，通报联合整治保健市场乱象“百日行动”有关情况。据介绍，“百日行动”开展以来，全国共立案21152件，案值130.02亿元，结案9505件，罚没款6.64亿元。受理消费者投诉举报4.4万次，为消费者挽回经济损失1.23亿元。市场监管总局先后5次曝光了100个典型案例。

联合工作组办公室主任、市场监管总局价监竞争局相关负责人介绍，截至2019

年4月18日，全国共出动执法人员274.1万人次对重点行业、重点领域、重点商品进行监督检查，其中检查社区、公园、广场等人员密集场所28.2万个，检查宾馆、酒店等重点场所38.3万个，检查保健类店铺73.1万个，检查旅游景区、农村场镇、农村集市、城乡接合部等重点区域21.9万个。开展行政指导、行政约谈6.4万次，开展宣传活动19.1万次、协作执法4.2万次，清理虚假信息9.7万条，整改网站、App、公众号1428个，关闭网站、App、公众号3877个，撤销所涉直销产品备案49个，吊销食品经营许可证54户、营业执照90户，捣毁制假售假窝点465个。

民政部相关负责人表示，“百日行动”期间，各级民政部门重点对养老服务领域进行了排查整治，对全国所有养老机构和社区养老服务设施进行了全面排查，严禁借养老服务名义或利用养老服务场所进行保健产品虚假宣传、违规销售等扰乱市场秩序的行为，进一步规范了养老机构和社区养老服务设施运营管理，普遍提高了入住老年人对“保健”产品虚假宣传的辨别能力。

4. 各地监管执法仍存在的一些困难和挑战

通过两个多月的集中整治，对保健市场乱象已经形成全面打击的高压态势，“百日行动”取得阶段性进展。但各地在前一阶段的监管执法中也存在一些困难和挑战，主要表现在：一是取证难、查处难。违法行为更加隐蔽，证据难以保存。一些经营者为了“避风头”，出现暂时关门歇业、转移经营场所、转入地下经营等情形，查处难度加大。二是理解难。普通民众尤其是老年人对保健市场的认识有待进一步提升，老年人容易被小恩小惠诱惑的心理基础短期内难以消除，甚至容易形成执法办案阻力。三是认定难。保健市场领域广、商品类别多、违法行为复杂，专业性较强。新业态、新问题发展变化迅速，一些违法行为人行走在法律的边缘，以合法的外衣掩盖侵害百姓权益、谋取不正当利益的本质，逃避法律规制。

为有效进行源头治理，市场监管总局等部门从行动一开始就研究建立长效监管机制，已经向相关部委及全国市场监管系统发函征求意见，还通过发布公告的方式广泛征集社会公众的意见建议。先后在北京、江苏、上海等地与企业、行业协会、专家学者、新闻媒体等召开座谈会，听取社会各界意见建议。共收到546条意见建议，其中47个地方意见建议214条，社会公众意见建议261条。

接下来，各部门将持续整治保健市场乱象。延续现有的由市场监管总局牵头，多部门联合的工作机制，做好“百日行动”总结，开展“回头看”适时组织抽查、暗查暗访，确保行动成果有效保持，继续加强监管执法和案件查办，严防违法分子

“躲风头”后“伺机出动”，再次扰乱市场秩序。同时，有关部门还需抓好科普及普法工作，建立健康科普和普法长效宣传机制，引导民众科学理性消费，增强自我保护意识和法制维权意识，净化市场环境、优化营商环境，规范、引导和促进行业发展，形成共建、共治、共享的全社会共同参与的良好局面。

案例点评

1. 保健市场乱象引发多方关注

近年来，保健市场迅猛发展，但一派火热的背后，是积弊已久的沉疴乱象。比如，一些不良商家、不法企业利用专家义诊、健康讲座、免费授课、服务体验等形式对人们特别是对老年人群体进行“洗脑式”宣传，借机发布不实广告谋取商业利益。为重建一个规范、有序、诚信、繁荣的保健市场，自2019年1月8日起，国家13个部门在全国范围内集中开展为期100天的联合整治保健市场乱象百日行动。这项行动在整治保健乱象的同时，也是政府工作部门正向引导舆论、科学舆论管理的一面旗帜。公众舆论作为社会知觉的显著体现，能够反映民意，且在一定程度上影响公共管理决策。换言之，占据舆论高地意味着顺应民心，可以有效辅助社会治理。一般来说，政府官方部门的舆论管理主要有以下三个方面。

第一，重视公众诉求，满足公众知情权。“水能载舟亦能覆舟”，公众是舆论的主体，公众诉求即民心所向。随着社会发展，社会文明化进程提升公众参政议政的意愿的同时，公众对公共事务批判质疑的声音也在扩大，政府和公众之间出现了一种结构性张力。公众诉求空间不断增大，公众诉求机制不断完善，相对应地，对政府回应公众关切期望也在不断提高。因此，政府相关部门应重视公众诉求，尊重公众知情权，最大程度做到信息公开，积极回应社会关切，及时处理社会问题，从而凝聚社会共识。在13个部门“百日行动”中，信息公开方面既做到了举办会议公布典型案例、召开发布会通报情况，也及时清理了虚假网络信息，整改网站和客户端，尽最大可能保证公众接收真实、可靠的消息。

第二，政府相关部门及时介入，加强引导功能。舆论环境是社会总体环境的重要组成部分，政府相关部门的及时介入对于前期预判舆论，中期引导舆论，后期预防舆论次生灾害卓有成效。社交媒体时代，及时、迅速、互动是突出特点，信息发布零成本、低门槛让网络空间成为公众自由表达的重要平台，舆论环境更为复杂多元。秉持顶层设计原则，政府官方部门从高处着眼，实处着手，精准管理舆论。在持续两个多月的集中治理中，多部门对保健市场乱象的打击形成统一目标的高压态势，全方位围追堵截，不放过任何一家企业。媒体持续报道，联手相关部门抓好科普及普法工作，共同建立起健康科普和普法长效宣传机制，引导民众科学理性消费，增强自我保护意识和法制维权意识，高屋建瓴地帮助公众重塑保健品购买观念，潜移默化引导公众舆论。

第三，拓展公众参与渠道，两个舆论场协同管理。借用主体间性的视角构建舆论管理的基本逻辑，旨在搭建平等、自由、民主的公众与舆论管理间的关系，消除二者间的紧张与对立。拓展公众参与渠道一方面体现公众基本权利，服务于民主，因为民意公开与民主建设呈正相关，公众意见充分表达的公共领域中，人民有权利共同决定公共事务，作出正确决策。另一方面相信舆论的对冲与自我净化机制，无须采取强力手段干预，公共空间能形成意见的自由市场，官方和民间两个舆论场共同推动政策实施乃至社会发展的科学性与合理化。“百日行动”中，作为牵头单位，市场监管总局向相关部委以及全国市场监管系统征求意见，同时广泛向全社会征集对建立长效机制的意见，听取社会各界意见建议，形成共建、共治、共享的全社会共同参与的局面，最终实现公众、政府两个主体的共同治理。

2.规范是发展保健市场的必然要求

保健市场中的违法违规甚至犯罪的行为亟须监管和惩治，将保健市场纳入法治化监管轨道，是我国当前规范和发展保健市场的必然要求。

从“百日行动”的整治重点来看，集中整治的重点行业及领域包括保健食品、保健用品和保健服务。保健食品不同于普通食品和药品，是具有特定保健功能的食品，但不具有药品治疗和预防疾病的功能。保健用品是指具有特定保健功能的外用产品，包括具有保健功能的器材、用品、用具，日用消费品，净水器、空气净化器等小家电，玉石器等穿戴用品等，保健用品同样不具有药品治疗和预防疾病的功能。保健服务是以保健为目的的特殊服务业，其不同于以诊断和治疗疾病为目的的医疗服务。从“百日行动”发布的典型案例来看，主要集中于保健食品和保健用品的执法监管，保健服务的执法典型案例较少。在涉及保健用品的典型案例中，存在保健用品与医疗器械未加区分、一并监管的情形。这可能导致执法工作范围的不当扩大。实际上，医疗器械是以医疗为目的的物理“工具”，保健用品是以保健为目的的外用产品，二者在使用方式和使用目的上存在区别。如《贵州省保健用品管理条例》中明确区分了“保健用品”与“医疗器械”的概念。

“百日行动”集中整治的行为包括虚假宣传、虚假广告、制售假冒伪劣产品、违规直销和传销，以及以“保健”为名开展的各类违法违规行为。其中，虚假宣传既包括“无中生有”的宣传，也包括“超出核定范围”的宣传，是“百日行动”执法重点中的重点。例如，“百日行动”典型案例之十为将主要原料为“水、仙草、蜂蜜、γ-氨基丁酸”，不含灵芝成分的凉茶类普通饮料，宣称为“福芝灵”饮品、“祥芝灵”饮品是目前国内唯一的高浓缩液态灵芝产品，并宣称其对一系列疾病有显著的预防和治疗效果。这属于“无中生有”的宣传，将保健食品宣称为具有药品的预防和治疗疾病的效果，显然是不对的。在典型案例之九中，当事人宣传“百世乐”高电位治疗仪“安全性100%”，适用于失眠、神经衰弱、高血脂、高血压、糖尿病、心脏病等人群。实际上，百世乐治疗仪属于第三类医疗器械，有较高风险，需要采取特别措施、严格控制管理，以保证其安全、有效；且其经核准的适用范围仅为对失眠、头痛、颈肩痛、腰痛、关节痛及便秘症有辅助治疗作用。这属于超出产品注册证核定的适用范围的宣传。通过以上两个示例可见，典型案例所反映出的问题和经验做法，在一定程度上具有可复制性。监管中应当积极发挥典型案例的示范作用，为此后一系列类似案件的处理提供参考和借鉴。

在整治行动中，执法部门严格依照相关法律规定，包括《中华人民共和国反不正当竞争法》(以下简称《反不正当竞争法》)第八条、第二十条，《中华人民共和国广告法》(以下简称《广告法》)第十五条、第十六条、第二十八条，《食品安全法》第三十五条，《食品经营许可管理办法》第四十五条，《保健食品中可能非法添加的物质名单（第一批）》，最高人民法院、最高人民检察院《关于办理危害食品安全刑事案件适用法律若干问题的解释》，《最高人民检察院、公安部关于公安机关管辖的刑事案件立案追诉标准的规定（一）》第二十条，《禁止传销条例》第七条，《中华人民共和国消费者权益保护法》(以下简称

《消费者权益保护法》）第二十条等，对涉嫌违法违规甚至犯罪的行为依法处理，从而切实维护广大消费者的合法权益，保障市场的正常秩序和社会的和谐稳定。

从相关数据和案例来看，“百日行动”取得了比较明显的成效。“百日行动”联合工作组也在持续监管执法和加大舆论宣传的基础上，着手研究建立长效监管机制，进一步稳固“百日行动”所取得的成效。长效监管机制的建立，可以避免“百日行动”的整治效果中断，将其中的有益经验通过制度化形式确定下来，同时努力推动形成共建、共治、共享的全社会共同参与的局面，将有助于监管力量持续发挥作用。

建立长效监管机制，也有助于弥补“整治行动”式执法活动的局限性。适时组织抽查、暗查暗访的“回头看”机制探索值得肯定。2019年8月27日，市场监管总局联合相关部委下发通知，将自2019年9月1日起组织开展“百日行动回头看”工作，派出工作组对各地“百日行动”整治成效进行抽查，进而推动各地建立保健市场的长效监管机制。“回头看”代表着对整治行动的回顾性审查，强调“百日行动”不是走过场，而是要形成持续监管态势和长效监管机制，也是落实“不忘初心、牢记使命”主题教育的要求。“回头看”过程中发现的如吉林省、天津市、湖北省等地区的整治工作表现良好，这些地区的有益经验做法可以为其他地方建立长效监管机制提供示范性参考。

建立起长效监管机制，还有必要从法律层面明确保健市场的核心概念，包括前述保健食品、保健用品和保健服务，需要进一步明确相关概念的内涵，并合理划分具体种类，进而确定相应的监管主体和监管范围。这样也能为企业活动提供清晰的规范指引。保健市场的健康发展还有赖于行业自律和社会共治。对此，企业可以积极参与相关立法活动，代表保健行业的发展和企业利益的追求充分表达意见，政府也应当畅通民众的意见表达渠道。在信息化时代下，保健市场的法治化监管还应当积极拥抱新兴科技，探索如何利用好信息化手段做到严格执法、统一执法、精准执法、智慧执法。由此看来，“百日行动”绝不是终点，保健市场的监管法治化“任重而道远”。

7部委联合印发《国产婴幼儿配方乳粉提升行动方案》

案例概述*

2019年6月4日，国家发展改革委、工信部、农业农村部、国家卫生健康委、市场监管总局、商务部、海关总署7部委印发《国产婴幼儿配方乳粉提升行动方案》（以下简称《方案》），力促国产婴幼儿配方乳粉提升品质、竞争力和美誉度，做强做优国产乳业。《方案》首次提出，要力争国产婴幼儿配方乳粉自给水平稳定在60%以上。

1.奶粉行业坚持“最严格的监管制度”

市场监管总局曾发布数据，当前国产婴幼儿配方奶粉质量正处于历史最好时期，近3年抽检合格率连续稳定在99%以上，许多关键指标优于进口奶粉。但是，大量一、二线城市消费者仍倾向于选择进口奶粉，导致国产奶粉市场占有率不高。2019年前4个月，进口婴幼儿奶粉数量继续增长，增速超过20%。如何获得消费者的认可？北京工商大学产业经济研究中心副主任周清杰表示，近年来国家监督管理部门发布的抽检数据鼓舞了奶粉行业发展，有助于提升国产奶粉的品牌形象。但食品属于信任品，最终让消费者有信心，需要在安全、标准、监督等方面全方位有针对性地加以强化。2008年奶粉安全事件之后，乳制品产业虽然努力很多，但信誉方面的损失很难在短期内恢复。此次《方案》的推出，给国产奶粉行业提供了发展方向和目标，为提振整个行业信心注入了力量。他认为，随着产业的稳定发展，监管部门合格率的信息公示以及制造企业的努力，好东西一定会被市场认可。

---

* 本案例摘编自孔德晨《七部委联合印发〈国产婴幼儿配方乳粉提升行动方案〉：婴幼儿奶粉力争六成自给》，人民网2019年6月12日，http://health.people.com.cn/n1/2019/0612/c14739-31131761.html；《七部门印发〈国产婴幼儿配方乳粉提升行动方案〉》，中国政府网2019年6月3日，https://www.gov.cn/xinwen/2019-06/03/content_5397128.htm。

此次《方案》提出，奶粉行业将坚持“最严格的监管制度”，严格落实企业主体责任和各级政府属地管理责任，健全全行业、全链条产品质量安全管理体系，实行从源头到消费的全过程监管。其中，在标准方面，将加强标准引领和创新驱动，例如修订生鲜乳食品安全国家标准，完善婴幼儿配方乳粉生产工艺行业标准，制定完整的工艺要求，提高生产管理控制水平。在研发方面，将实施国家母乳研究计划，争取用3年时间收集并整合企业现有数据资源，建立统一的母乳研究数据库，对不同区域、不同成长阶段的婴幼儿所需营养元素进行分析研究，促进相关信息互联共享。未来还将逐步建立全国统一的婴幼儿配方乳粉质量安全追溯平台，实现全过程、电子化信息查询追溯，力争3年内实现质量安全追溯体系建设覆盖60%以上婴幼儿配方乳粉企业，并与国家重要产品质量追溯平台对接。

2.加快国产奶粉产业升级步伐

目前国产奶粉企业数量不少、品牌众多。《方案》明确要推进产业升级。首先，要推进奶源基地专业化生产，逐步将“养殖户+奶站+婴幼儿配方乳粉企业”链条升级为“专业饲养企业（合作社）+婴幼儿配方乳粉企业”。其次，将促进行业兼并重组和提档升级。鼓励各地通过企业并购、协议转让、联合重组、控股参股等多种方式开展婴幼儿配方乳粉企业兼并重组，淘汰落后产能。加快推进连续3年年产量不足1000吨或年销售额不足5000万元、工艺水平和技术装备落后的企业改造升级，进一步提高行业集中度和整体发展水平。最后，支持国内企业在境外收购和建设奶源基地，降低原料成本；鼓励有实力、信誉好的企业在国外设立加工厂，并将生产的产品以自有品牌原装进口；也鼓励国外乳粉企业在国内设立外商投资企业，促进中国品牌与外国品牌公平竞争。

据悉，中国未来将实施国家母乳研究计划，建立统一的母乳研究数据库。此外，中国还将逐步建立全国统一的婴幼儿配方乳粉质量安全追溯平台。

3.《方案》的主要内容

《方案》的指导思想：以习近平新时代中国特色社会主义思想为指导，深入贯彻党的十九大和十九届二中、三中全会精神，统筹推进“五位一体”总体布局和协调推进“四个全面”战略布局，牢固树立新发展理念，落实高质量发展要求，以推进供给侧结构性改革为主线，贯彻《中共中央　国务院关于开展质量提升行动的指导意见》《国务院办公厅关于推进奶业振兴保障乳品质量安全的意见》，坚持“四个最严”，进一步强化标准规范、科技创新、执法监督和市场培育，全面提升国产婴幼儿配方乳粉的品质、竞争力和美誉度。

《方案》的基本原则：一是坚守质量底线，确保食品安全；二是坚持创新驱动，加强品牌引领；三是立足国内实际，找准市场定位；四是坚持市场主导，政府支持引导。

《方案》的行动目标：大力实施国产婴幼儿配方乳粉“品质提升、产业升级、品牌培育”行动计划，国产婴幼儿配方乳粉产量稳步增加，更好地满足国内日益增长的消费需求，力争婴幼儿配方乳粉自给水平稳定在60%以上；产品质量安全可靠，品质稳步提升，消费者信心和满意度明显提高；产业结构进一步优化，行业集中度和技术装备水平继续提升；产品竞争力进一步增强，市场销售额显著提高，中国品牌婴幼儿配方乳粉在国内市场的排名明显提升。其中，要通过加强标准引领和创新驱动，健全企业质量安全管理体系，完善产品检验检测制度，加强体系检查与产品抽检等，实施“品质提升行动”，持续强化产品质量保障；通过推进奶源基地专业化生产，促进企业兼并重组和提档升级，鼓励国内外企业合作与公平竞争等，实施“产业升级行动”，不断提高产品市场竞争力；通过完善产品质量安全报告和信息发布制度，加强舆论宣传与引导，推动建立企业诚信管理体系，加强进口乳粉及跨境电商管理，实施“品牌培育行动”，大力提升国产乳粉美誉度。

落实《方案》的保障措施：一是加大政策支持力度；二是发挥好行业协会作用；三是加强责任落实与政策评估。

案例点评

1.《方案》有利于推动我国婴幼儿配方乳粉行业高质量发展

对母乳不足的婴儿来说，婴幼儿配方乳粉是促进他们生长发育的主食，婴幼儿配方乳粉的生产供应与质量安全不仅是一个经济问题，也是重大的社会民生问题，历来受到党中央、国务院和社会各界的高度重视。目前，我国婴幼儿配方乳粉行业的法规标准逐步完善，加工技术和装备已达国际水平，产品质量稳步提高，国人的消费信心逐渐增强。但是，国产婴幼儿配方乳粉在生产质量管理体系、核心关键技术创新水平、产品的整体品质等方面与世界乳业发达国家相比，还存在一定差距。《方案》指明了我国婴幼儿配方乳粉行业今后努力的方向，有利于进一步落实习近平总书记强调的“要下决心把乳业做强做优，让祖国的下一代喝上好奶粉”的要求；有利于引导婴幼儿配方乳粉行业深入贯彻国家“十四五”时期推动高质量发展，立足新发展阶段、贯彻新发展理念、构建新发展格局的战略部署；有助于婴幼儿配方乳粉行业持续开展核心技术创新，推动生产企业在产品配方、生产工艺、质量控制等方面大胆创新；有利于进一步提升国产婴幼儿配方乳粉的品质、市场竞争力和消费信心，促进国产婴幼儿配方乳粉行业高质量发展。

2. 国产婴幼儿配方乳粉质量提升行动的主要方向

目前，我国婴幼儿配方乳粉质量得到了大幅度提升，但还有很大的提升空间。目前，我国几乎还没有百年以上历史或拥有医药背景的婴幼儿配方乳粉生产企业，像飞鹤、伊利、君乐宝、澳优等这样的大型企业较少，生产企业以中小型居多。

从近年来国家监督抽检的不合格结果分析，一些国产乳粉产品质量还存在以下问题：一是产品的黄曲霉毒素M1、微生物限量指标（菌落总数、阪崎肠杆菌等）不符合国家标准；二是产品的质地需提高；三是奶粉的均匀性和冲调性要改善；四是产品的部分营养素指标（必需成分、可选择成分）和营养素比值还需进一步稳定；五是部分产品还存在引起宝宝便秘、上火等问题。

在很长一段时间内，我国婴幼儿配方乳粉行业存在不少问题：一是缺乏原创创新能力，产品技术含量不高；二是生产工艺核心技术不足，引发产品中活性营养损失的问题；三是配方设计参照国外母乳标准，不太适合中国婴幼儿体质；四是一些中小企业的工艺技术和质量控制水平不高，影响了工艺的稳定性和乳粉各组分的均匀性，导致质量指标不符合标准等问题。

可以说，产品配方决定婴幼儿配方乳粉的营养价值，生产工艺技术和生产过程控制能力决定乳粉的品质。采用先进的生产工艺技术，提高生产过程控制能力，对于提高乳粉的质量非常重要。上述产品质量方面问题产生的原因，主要是生产工艺核心技术创新不够、生产过程控制能力不足，这是国产婴幼儿配方乳粉提升行动应该努力的主要方向。

3.婴幼儿的饭碗必须牢牢端在中国人自己手上

第一，必须确保国产婴幼儿配方乳粉自给率稳定在60%以上。

《方案》提出力争婴幼儿配方乳粉自给水平稳定在60%以上是最大亮点。数据显示，进口婴幼儿配方乳粉消费量逐年快速增加，2014年为121366吨，2015年为175976吨，2016年为221372吨，2017年296014吨，2018年为324474吨，2019年为345451吨；受疫情影响连续两年下降，2020年为289926吨，2021年为261700吨。2019年国产婴幼儿配方乳粉市场占有率首次超过50%，2020年扩大到54%，2021年达到了约68%，市场主导地位进一步巩固。国产婴幼儿配方乳粉虽然仍是我国市场的主要产品，但随着外资品牌向中小城市下沉力度的加大，国产品牌产品出现竞争力不足、市场占有率逐年降低的问题。婴幼儿配方乳粉是婴幼儿的主要口粮，且每年需求量巨大，必须加大创新力度，切实提高国产乳粉的品质、品牌等竞争力，改变乳粉自给率下滑的局面，力争自给率稳定在60%以上，确保我国婴幼儿口粮质量和供应安全。

第二，必须提高婴幼儿配方乳粉行业和品牌企业的集中度。

力争婴幼儿配方乳粉自给水平稳定在60%以上的目标，实质上是明确提出了要增加在中国市场出售的国产品牌乳粉比例。要实现这个目标，就必须提高国产婴幼儿配方乳粉行业和国产品牌企业的集中度。

根据欧睿（Euromonitor）数据，近年来我国婴幼儿配方乳粉竞争格局基本形成，行业集中度逐渐提高，国产品牌信任度不断提升。2020年市场份额排名前十的企业中，飞鹤占14.8%、惠氏占12.8%，达能占10%、君乐宝占6.9%、澳优占6.3%、伊利占6.2%、雅培占6.2%、美赞臣占5.1%、美素佳儿占4.6%、合生元占4.0%，其他品牌共占23.1%。从数据可以看出，前10位品牌占据了中国市场份额的76.9%。其中，国产品牌有4个，市场份额占31.9%；外资品牌有6个，市场份额占45.0%。数据显示，国产品牌与外资品牌几乎平分秋色，与国产品牌婴幼儿配方乳粉自给率保持60%以上还有较大差距。尼尔森数据显示，2021年中国婴幼儿配方乳粉行业前10名企业市场份额占据了80%，有6个是国产品牌，国产品牌乳粉市场份额提升至55%以上。根据尼尔森数据，2021年，中国婴幼儿配方乳粉市场销售额前三大品牌行业集中度为43.7%、前十大品牌行业集中度为82.1%。2022年，中国婴幼儿配方乳粉市场份额前5名企业占据了64.3%，分别是飞鹤（20.4%）、伊利（14.4%含澳优）、达能（12%）、雀巢（10%）、君乐宝（7.5%）。其中，国产品牌占了3个，市场份额为42.3%。外资品牌市场份额为22%。

国家陆续出台的一系列政策措施体现了对国产品牌婴幼儿配方乳粉的大力支持，推动着飞鹤、伊利、君乐宝、澳优等龙头企业进一步提高市场占有率。2021版新国标和第二次产品配方注册的实施，将进一步推动婴幼儿配方乳粉行业提升集中度。未来的婴幼儿配方乳粉行业和市场，将会是资金筹集能力强、产品科技研发强、质量安全管理能力强和市场开拓能力强的大型乳粉生产企业之间的激烈竞争，市场份额将逐步向龙头企业集中，行业集中度不断提升。

第三，提升产品品质是稳定60%以上自给率的基础。

采取有力措施全面提升国产品牌婴幼儿配方乳粉的品质、市场竞争力和美誉度，在乳粉品质提升与消费者信心提升两方面狠下功夫，国产品牌婴幼儿配方乳粉自给率稳定60%以上的目标是完全可以实现的。

在《方案》提出的产品品质提升、产业升级、品牌培育三个行动中，提升产品品质是基础，基础不牢，地动山摇。婴幼儿配方乳粉属于特殊食品，在所有乳品中生产工艺是最复杂的，对产品配方、原配料、工艺流程、核心技术、关键设备等要求是最严格、最高的。

我国婴幼儿配方乳粉市场呈现出新特点，首先，新生代父母对乳粉活性营养、功能性等提出了更高要求。其次，2021版婴幼儿配方乳粉新国标的颁布和第二次产品配方注册的实施，对乳企的科研实力和产品品质提出了更高要求。乳粉市场的竞争核心将从原来的奶源之争向科研实力之争转型，拥有强大科研实力、先进生产工艺和强大质量安全管理能力的龙头企业是确保国产婴幼儿配方乳粉自给率稳定60%以上的主力军。

乳粉生产企业必须抓住优质奶源、前沿先进的工艺技术、良好的质量安全控制体系三个重点，全力提升国产乳粉的产品品质。

在优质奶源方面，必须树立鲜奶优于乳粉的理念，为消费者提供更好的产品新鲜度。国产品牌婴幼儿配方乳粉应充分发挥奶源新鲜度上的优势，从奶源到工厂全程4℃冷链运输，2小时直达乳粉厂，建立新鲜乳粉标准体系，落实好婴幼儿配方乳粉的新鲜度团体标准。加快突破婴幼儿配方乳粉领域原配料关键核心技术，如乳铁蛋白、乳清原料、活性营养素等，逐渐实现乳粉原配料供应链的自主掌控和稳定性。

在母乳研究方面，必须加大科研投入，持续深入开展牛乳、羊乳和母乳的营养成分差异化研究、母乳活性营养组分、各地区母乳三大类脂肪酸的关键比例、脑部发育重要营养物质DHA/ARA的比例、精准定量乳铁蛋白、骨桥蛋白等11种活性物质在6个不同泌乳阶段的变化、维持肠道健康、帮助免疫力构建等关键内容，使婴幼儿配方乳粉的营养成分尽可能地与母乳接近，更新迭代产品配方。开发出添加乳铁蛋白、OPO、A2多种功能因子、针对特殊群体生长发育的功能性婴幼儿配方乳粉，满足人类生命早期的全部营养需求。

在工艺技术方面，全线采用世界先进生产设备，探索活性膜分离、层析、真空冻干、微米闪溶、全程智能控温、活性微胶囊等多项尖端生产工艺，以保障生产过程中最大限度保留活性营养成分。可考虑采用超滤工艺生产乳清粉、乳清蛋白粉等，以解决婴幼儿配方乳粉原料供应卡脖子问题。从新鲜度、营养分布均匀性等角度，采用干湿混合制造工艺，严格生产条件及质量控制要求。

第四，提升消费信心是稳定60%以上自给率的关键。

目前国内婴幼儿配方乳粉市场呈现外资与内资激烈竞争的局面，三年内要达到稳定60%以上自给率，关键在于消费者对国产婴幼儿配方乳粉的认可度，毕竟消费者拥有购买自主权。

艾媒咨询2018年调研数据显示，有19.7%中国消费者更倾向于购买国产婴幼儿配方乳粉，并且三、四线城市消费者对于国产乳粉信心更强，购买国产乳粉意愿比例分别为28.1%和28.9%。对于进口婴幼儿配方乳粉品牌，高收入消费者、职业妈妈购买意愿更强。对于国产乳粉品牌，中低收入消费者、全职妈妈信心更强。在购买婴幼儿配方乳粉过程中，乳粉的品牌声誉对于消费者的购买决策的影响最大。四成消费者最关心乳粉的营养功能。

随着国产婴幼儿配方乳粉严把质量关，品牌知名度逐渐提升，国产乳粉合格率达到99.9%，消费者对国产乳粉消费信心逐渐增强，市场占有率逐渐扩大，国产乳粉品牌正在努力夺回国内市场。根据第三方机构统计数据，2018年国产婴幼儿配方乳粉市场占有率达到了49%，2020年市场份额达到65%左右，2021年市场份额达到70%左右，国产乳粉品牌重新占据中国市场主导地位。

总之，为实现《方案》提出的“力争婴幼儿配方乳粉自给水平稳定在60%以上”的要求，还需要更多的努力。一要依托国家政策的支持和监管力度的加强；二要提高国产婴幼儿配方乳粉生产企业的质量安全管理水平；三要以更大力度、更精准到位的措施来提振消费者对国产婴幼儿配方乳粉的信心；四要抓住进口婴幼儿配方乳粉总量下滑以及消费者对国产乳粉的认知与认可都在不断提升、国产乳粉市场占有率持续上升的大好形势，更加注重精耕上游资源及全产业链、精耕产品品牌影响力、精耕产品市场竞争力、精耕销售渠道与消费者，确保我国婴幼儿配方乳粉行业持续稳定健康发展。

市场监管总局发布《保健食品标注警示用语指南》和《保健食品原料目录与保健功能目录管理办法》

案例概述*

2019年8月20日上午10时，市场监管总局召开专题新闻发布会，介绍《保健食品标注警示用语指南》(以下简称《指南》)和《保健食品原料目录与保健功能目录管理办法》(以下简称《"两个目录"管理办法》)两项新措施情况。前者加强对企业标签标识内容的规范指导，特别是对标注警示用语提出明确意见。后者总的考虑是，通过对"两个目录"的管理，为保健食品"管住、管活、管优"提供制度保障。时任市场监管总局副局长孙梅君、特殊食品安全监督管理司司长周石平、稽查专员张晋京出席新闻发布会。

1.实施最严监管，落实企业主责

孙梅君在新闻发布会上指出，党中央、国务院高度重视食品安全工作，近年来，各级市场监管部门坚持以人民为中心，认真贯彻落实习近平总书记提出的"四个最严"要求，加强保健食品全过程监管，严厉打击各类违法犯罪行为，取得积极成效。总的来看，保健食品质量安全状况不断好转。但是，保健食品市场还存在一些突出问题：违法企业为了增强产品功效，非法添加药物，坑害消费者；有的商家虚假宣传、夸大功效，甚至把保健食品吹成"神药"，欺骗消费者。与此同时，注册申报质量不高、产品低水平重复等问题，也给审评审批工作带来困难。因此，迫切需要深化改革创新，实施最严监管，落实企业主责。

孙梅君重点介绍了三方面的制度新规：

---

* 本案例摘编自《保健食品原料目录与保健功能目录管理办法》，中国政府网2019年8月2日，https://www.gov.cn/gongbao/content/2019/content_5449662.htm；《市场监管总局关于发布〈保健食品标注警示用语指南〉的公告》，国家市场监督管理总局网站2019年9月2日，https://www.samr.gov.cn/zt/ndzt/2019n/bjspjsqjxcjwljxyjsckpxc/zcfg/art/2023/art_fdb7d9ff30a7467eab4a2da27e697cf6.html。

第一，在保健食品标签标注警示语。现行的保健食品标签管理，虽然要求不得涉及疾病预防、治疗功能，但标签上仅仅声明“本品不能代替药物”，而且声明标注的位置和大小也没有具体规定，企业往往把它标注在不显眼的位置，字体也很小，让虚假宣传、夸大功效的营销行为有了可乘之机。此次发布的《指南》，对企业标签标识内容进行规范指导，特别是对标注警示用语提出明确意见。一是设置警示区，提高关注度。《指南》提出，警示区必须设置在最小包装物的主要展示版面上。二是标注警示语，提高认知度。《指南》提出，在标签上标注“保健食品不是药物，不能代替药物治疗疾病”警示语，将保健食品与药物进行明确区分，提示消费者慎重选用。三是规定面积大小，提高辨识度。《指南》提出，警示区面积不少于其所在版面的20%。四是规定印刷字体，提高清晰度。《指南》提出，警示用语使用黑体字，让消费者特别是老年人看得更加清楚。

第二，规范保质期标注方式。大家在选购食品时都比较注意查看保质期。现行的食品安全法律法规中，要求保质期显著标注、容易辨识，但如何标注规定得不具体。此次发布的《指南》对保质期的标注作了进一步的规范。一是统一标注形式。将保质期的标注统一按照食用截止日期来标注，就是按照“保质期至某年某月某日”的方式进行描述，与生产日期的标注形式相统一。二是标注位置醒目。要求在产品最小销售包装（容器）上的明显位置清晰标注保质期和生产日期，如果日期标注采用“见包装物某部位”的话，应当准确标注所在包装物的具体位置。三是色差对比鲜明。保质期标注应当与所在位置的背景颜色形成鲜明对比，让消费者容易识别。

第三，严格保健食品注册备案管理。对保健食品原料安全和保健功能评价，是保健食品准入管理的主要内容。现行《食品安全法》规定，对保健食品实行备案和注册审批。对保健食品原料和保健功能实行目录管理，是实现备案和注册“双轨制”的重要基础。为落实“放管服”改革要求，提高上市产品质量，市场监管部门会同国家卫生健康委研究制定了《“两个目录”管理办法》，总的考虑是，通过对“两个目录”的管理，为保健食品“管住、管活、管优”提供制度保障。

2.多措并举防范虚假夸大宣传

周石平介绍了防范保健食品虚假夸大宣传的其他措施。他指出，《指南》除规定标签上显著标注“保健食品不是药物，不能代替药物治疗疾病”的警示用语、保质期外，还对标签标注服务电话、经营场所标注消费提示等也作了详细要求。

一是规定在保健食品标签上明确标注投诉服务电话等信息。这既是企业落实产品服务以及质量安全主体责任的措施，也是便利消费者咨询、维权的更直接更有效的举措。

二是规定保健食品经营者在经营场所、网络平台等显要位置标注消费提示信息。这也是为了更直观地提醒消费者理性、明白消费，同时对商家营销行为也是一种约束和监督。

此外，市场监管总局2019年还部署开展了两项工作。一是开展保健食品“五进”科普宣传活动。2019年5—12月，在全国范围内以“科学认知保健食品　明白理性放心消费”为主题开展保健食品进社区、进乡村、进校园、进商超、进网络“五进”科普宣传，针对不同消费群体，组织社区护老、知识下乡、校园护苗、商超咨询台、网络课堂等活动，增强科普宣传可及性和便捷性，普及保健食品相关知识。二是制作发布了公益广告。“防范保健食品欺诈和虚假宣传”公益广告宣传片于2019年6月17日正式对外发布，围绕“保健食品不是药物，不能代替药物治疗疾病”的核心理念，引导全社会科学认知保健食品，切实增强防范欺诈和虚假宣传的意识。目前，在各级各地广电部门的大力支持下广泛传播。

3.保健食品目录体现管理新思路

张晋京介绍了《“两个目录”管理办法》的管理思路和要求。他表示，《“两个目录”管理办法》在总结以往我国食品原料管理有关经验的基础上，参考借鉴了国外的一些做法，通过设立一整套严密的程序，保证目录制定的科学性，严守食品安全底线。

一是对目录制定和管理的程序作出了详细规定。设立了技术评价、公开征求意见、审查、公布以及再评价和进行相应调整的一系列程序性规定。二是明确了保健食品原料目录的纳入标准。原料目录的纳入以我国20多年保健食品注册审批工作及1.6万个批准注册产品相关数据为基础，不仅要审核安全性，还要明确原料的用量和对应的功效，并重点审核其科学依据。三是明确了保健功能目录的纳入标准。首先规定了设立保健功能的定位，是以补充膳食营养物质、维持改善机体健康状态或者降低疾病发生风险因素为目的，这就强调了保健食品与普通食品和药品的区别；同时，保健功能应当具有明确的健康消费需求，能够被正确理解和认知。四是对目录发布后的后续管理也提出了要求。要求根据相关科学研究进展和食品安全风险防控的需要，对保健食品原料目录和保健功能目录实行动态管理，必要时对已列入目录的保健食品原料和保健功能组织开展再评价，并根据再评价的结果对目录进行相应调整。五是考虑了与其他食品安全监管制度的衔接。《“两个目录”管理办法》明确保健食品原料目录的制定、按照传统既是食品又是中药材物质目录的制定、新食品原料的审查等工作，应相互衔接。

4.总局还将出台系列整治行动新措施

孙梅君指出，市场监管总局接着还有一系列措施将陆续出台。一是制定广告审查管理办法，严格保健食品广告审查；二是有序开展换证清理工作；三是加强生产许可审查、日常监管、监督抽检、体系检查；四是开展多部门联合执法，严厉查处各类违法违规行为，对非法添加、非法销售、制假售假的黑窝点，重拳打击、绝不手软，净化保健食品市场；五是持续开展“五进”科普宣传，引导科学认识保健食品。保健食品公益广告在广电部门的大力支持下正在广泛播出，欢迎大家广而告之。让我们共同努力，打一场维护食品安全的人民战争。

在发布会的最后，市场监管总局新闻宣传司司长、新闻发言人于军表示，《指南》和《“两个目录”管理办法》正式公布之后，请各位媒体朋友广泛宣传报道，让广大保健食品生产经营企业切实落实主体责任、严格执行规定；让广大消费者真正了解“保健食品不是药物，不能代替药物治疗疾病”，避免上当受骗。

案例点评

1.规范保健食品用语，规范指导企业合规经营

我国具有悠久的养生保健历史。我国将具有特定保健功能、适宜特定人群食用的食品作为保健食品，按特殊食品进行严格管理。保健食品不是药品，不用于疾病预防治疗。但有的商家欺骗消费者、虚假夸大保健功能，个别不法分子甚至将产品包装成包治百病的灵丹妙药，坑害老年人。这些问题的存在的一个重要原因就是保健食品标签上的提示信息不醒目，警示作用不明显，给虚假宣传、消费欺诈留下可乘之机。对此，多家媒体也作了相关报道。这些情况主要体现在如下方面。

其一，保健食品标签保质期标注方式不规范。很多消费者特别是老年消费者反映，一些保健食品标签上的保质期“找不到”，标注地方不明显，有的处于犄角旮旯，有的在瓶底甚至“藏在”封口处；“看不清”，字体小、色泽模糊，难以辨识；“难计算”，标注形式不直观，比如保质期9个月或者1年，老百姓需要比对生产日期来计算产品食用截止日期，将消费者整“糊涂”。

其二，保健食品标签标注警示语不明显。在保健食品标签上将警示语注明，能够帮助老百姓提高对保健食品和药品有关效果和概念的辨识能力。带警示语的保健食品，是防范滥用的一个推广手段。一直以来，保健食品的标签都要求不得涉及疾病预防和治疗功能，标签上只需声明“本品不能代替药物”就可以，但对于声明标注的地方和尺寸并没有作出具体规定。在这种情况下，若干企业往往把有关警示语放置在不显眼的地方，而且字体也相对较小，这就让虚假宣传和夸大功效等经营行为有了漏洞可钻。

其三，保健食品注册申报质量不高、产品低水平同质化严重。现行《食品安全法》规定，对保健食品实行备案和注册审批。统计显示，在我国获批的保健食品产品中，营养素补充剂类占总体的18%。保健食品新功能申请制度尚不完善，导致保健食品新功能及其产品难产。另外，我国保健食品原创科研力量不足，导致注册申报质量不高、产品低水平同质化严重等问题，不仅增加了审评审批工作困难，也增加了生产企业和监管部门的制度成本。

为保证保健食品质量和消费者权益，近年来，食品安全监管部门不断加大管理力度，从抽检监测备案到日常监管、产品注册、违法违规案件查处等，通过实施食品安全放心工程，从抽检不合格或存在问题食品事项的核查处置工作入手，靶向监管、精准抽检，着力探索建立“监管+抽检+执法”联动机制，实现抽检监测与监管执法、核查处置有机结合，提高食品安全监管效能，有效防控食品安全风险隐患。2019年1月8日，市场监管总局等13个部门决定联合开展为期100天的保健市场乱象专项整治。2019年5月20日印发的《中共中央国务院关于深化改革加强食品安全工作的意见》，聚焦食用农产品、校园及周边食品、保健食品、网络订餐等领域，持续以食品安全放心工程行动为抓手，创新监管方式、加强治理协同、守牢安全底线，打击食品安全违法犯罪行为，助推保健食品行业高质量发展。

2. 完善保健食品原料和功能管理，促进创新和规范发展

《“两个目录”管理办法》是保健食品法规的重要组成部分，是《食品安全法》中对保健食品实施严格管理、规范化管理和分类管理的重要配套规章。“两个目录”的制定体现了标准化管理、动态管理、开放管理的思路。

一是强调社会共治。根据文件精神，结合国家食品安全示范城市创建、食品安全“保安全、查隐患、守底线”专项行动和预防养老诈骗专项整治工作，以“食品安全宣传周”“质量安全月”等活动为载体，围绕保健食品安全开展系列科普宣传活动，引导商家诚实宣传、合规经营，引导广大消费者合理选择、科学食用，自觉抵制保健食品欺诈和虚假宣传行为。

二是企业获得更多主导权，突破了以往政府包揽的局限。此次监管模式作出改变的重要之处，是方便更多的行业组织和企事业单位参与进来。它们直接从事市场一线推广工作，更懂消费者的保健养生需求。当前欧盟、美、日、韩等地区国家以企业为主体的管理模式，对于功能宣称具有很多的自主性。例如，欧盟的健康声称也并没有相应的限制，依据欧盟《食品营养与健康声称条例》（EC 1924/2006）的规定，欧盟的健康声称分为三类：一般性健康声称，降低疾病风险声称，涉及儿童发育与健康的声称。目前，欧盟已经批准的健康声称包括235个一般性健康声称，14个降低疾病风险的声称，12个涉及儿童发育与健康的声称。而日本对特定保健用食品的功能宣称不进行限制，完全按照企业的申请开展动物和人体临床试验验证。与此类似的，韩国的健康功能食品中个别认定型原料的功能宣称，更是基于企业的申请进行评价，甚至出现了前列腺健康、尿道健康、男性和女性的更年期健康这样的功能声称。

当前“健康中国”已经成为国家战略，营养保健食品行业也肩负维护人民健康的责任，借鉴国外的功能目录的经验，通过《“两个目录”管理办法》的发布，营养保健食品行业的企业将获得更多的发展主导权。按照《“两个目录”管理办法》的规定，在保健食品开发过程中，可从以下几方面努力：一是认真调研市场，明确消费者的保健需求，找准定位；二是开发细分化产品，如研发膳食补充、健康促进、疾病风险因素干预、中医养生等不同品类的保健食品，以满足多元化健康需求；三是充分鼓励社会力量参与保健食品原料和功能方面的科研，弥补政府主导的科研力量的不足，在科学的基础上，增加新原料和新功能。

保健食品产业要想行稳致远，还需多维创新：一是与时俱进，动态调整保健功能声称，在删除不符合市场需求功能的同时，增加有科学依据和市场前景的新的保健功能；二是适时增补备案类保健食品原料，助力更多保健食品新品开发和上市；三是让企业逐渐成为保健食品原料和保健功能研究的主力军，推动产业研发工作高质量发展。

市场监管总局印发《乳制品质量安全提升行动方案》

案例概述*

2020年12月30日，市场监管总局发布通知，印发《乳制品质量安全提升行动方案》(以下简称《行动方案》)。《行动方案》明确了总体目标，到2023年，乳制品质量安全监管法规标准体系更加完善，乳制品质量安全监管能力大幅提升，监督检查发现问题整改率达到100%，乳制品监督抽检合格率保持在99%以上。

近年来，市场监管部门深入贯彻党中央、国务院决策部署，严格落实“四个最严”要求，把乳制品作为食品安全监管工作重点，着力加强质量安全监管，乳制品质量安全总体水平不断提升。我国乳制品生产企业质量安全管理体系更加完善，规模以上乳制品生产企业实施危害分析与关键控制点体系达到100%。乳制品生产企业原辅料、关键环节与产品检验管控率达到100%，食品安全自查率达到100%，发现风险报告率达到100%，食品安全管理人员监督抽查考核合格率达到100%。婴幼儿配方乳粉生产企业质量管理体系自查与报告率达到100%。乳制品生产企业自建自控奶源比例进一步提高，产品研发能力进一步增强，产品结构进一步优化，生产工艺进一步改进，乳制品消费信心得到进一步增强。

但与此同时，我国乳制品行业仍存在企业自主研发能力不足、食品安全管理能力不强、产品竞争力和美誉度不高等问题。为深入推进奶业振兴工作，提升乳制品质量安全水平，市场监管总局制定了《行动方案》，进一步督促企业落实主体责任，提升乳制品质量安全水平，推动乳制品产业高质量发展。

《行动方案》从强化法规标准体系建设、强化落实企业主体责任、强化质量安全监督管理3个方面部署了重点任务。一是提出了将加大违法违规行为打击力

---

* 本案例摘编自《市场监管总局关于印发〈乳制品质量安全提升行动方案〉的通知》，国家市场监督管理总局网站2020年12月30日，https://www.samr.gov.cn/zw/zfxxgk/fdzdgknr/spscs/art/2023/art_ee985cd16eef4f89b53868120f4b40bb.html。

度、加大正面宣传引导力度、积极推进社会共治的三项具体措施。二是明确了分三个阶段实现目标，即部署推动阶段（2020年12月底前），深入推进阶段（2021年1月至2023年6月），总结提升阶段（2023年7月至2023年12月）。三是从加强组织领导、加强督促指导、密切协调配合、加强工作总结4个方面提出了工作要求。

案例点评

市场监管总局发布的《行动方案》，明确了乳制品行业的总体目标、重点任务和主要措施，有利于深入推进国产奶业振兴，提高国产乳制品市场占有率，进一步提升乳制品质量安全水平。

1.国家在新时代更加注重乳制品质量安全

乳业是实施健康中国战略、强壮中华民族的重要产业。自从2008年发生“三聚氰胺婴幼儿配方乳粉事件”以后，我国乳制品行业的信誉和消费信心急剧下降，外资品牌乳制品趁机纷纷占领国内乳制品市场，市场份额一度达到了70%。这对我国乳制品行业和乳企的持续发展均带来了很大负面影响，提升国产乳制品的质量安全和消费者的信任度成为特别迫切需要解决的关键问题。因此，国家陆续颁布了一系列涉及乳制品的法律法规和食品安全标准，如《食品安全法》、《乳品质量安全监督管理条例》、《食品安全国家标准　生乳》（GB 19301—2010）等66项乳品安全国家标准、《国务院办公厅关于进一步加强乳品质量安全工作的通知》等。食品安全监管部门按照“四个最严”要求强化各项监管措施，婴幼儿配方乳粉和其他乳制品的质量安全水平恢复并达到了历史最好水平，国人的消费信心不断增强。

《中国奶业质量报告2022》显示，2021年，我国乳制品和生鲜乳抽检合格率均达到99.9%，乳制品质量安全水平在食品行业继续处于领先水平，国产品牌美誉度和国际竞争力逐步增强。巴氏杀菌奶、高温灭菌奶和婴幼儿配方奶粉，安全指标均符合我国、美国及欧盟限量标准；国产奶的乳铁蛋白、α-乳白蛋白、β-乳球蛋白、糠氨酸和乳果糖等各项指标均优于进口奶，民族乳业的市场竞争力显著提升。2021年监测结果表明，我国生鲜乳及乳产品质量安全风险可控，整体状况良好。

但必须清楚地认识到，民族乳业仍存在企业自主研发能力不足、食品安全管理能力不强、产品竞争力和美誉度不高等问题。当前，消费者对乳制品作为营养健康食品的认知度不断提升，国家还将乳制品作为“生活必需品”，因此，在新的历史发展时期对乳制品质量安全提出了更高的要求。《行动方案》的出台清晰地表明我国政府在实施健康中国战略的新时代，为适应乳制品消费不断增长的大趋势，更加重视乳制品的质量安全监管工作。这有利于进一步增强消费者对国产乳制品的信心，促进中国乳制品行业更加高质量发展，确保乳制品行业整体发展水平进入世界先进行列。

2.《行动方案》的最大亮点是量化了提升行动的总体目标

《行动方案》的最大亮点，就是提出了到2023年要实现的总体目标，这是落实习近平总书记“四个最严”要求所采取的量化目标，更具体、更有针对性地落实“四个最严”的监管要求。到2023年，乳制品行业质量安全提升的量化指标主要体现在1个99%和7个100%，未量化的最终效果指标是“五个进一步”。

1个99%目标：2019年乳制品监督抽检合格率就达到了99.76%，婴幼儿配方乳粉抽检合格率达到了99.79%，《行动方案》中关于乳制品监督抽检合格率要保持在99%以上的目标已经提前达到要求。2022年上半年乳制品监督抽检合格率已经提升为99.93%，继续保持高水准。

7个100%目标：监督检查发现问题整改率达到100%，规模以上乳制品生产企业实施HACCP体系达到100%，乳制品生产企业原辅料、关键环节与产品检验管控率达到100%，食品安全自查率达到100%，发现风险报告率达到100%，食品安全管理人员监督抽查考核合格率达到100%，婴幼儿配方乳粉生产企业质量管理体系自查与报告率达到100%。要实现上述7个100%目标，必须做到以下两点：一是乳制品生产企业必须切实履行食品安全主体责任；二是市场监管部门必须严格监管、指导到位。

“五个进一步”的最终效果目标：一是乳制品生产企业自建自控奶源比例进一步提高；二是产品研发能力进一步增强；三是产品结构进一步优化；四是生产工艺进一步改进；五是乳制品消费信心进一步增强。

3. 只有掌控奶源，才能实现中国乳业可持续发展

《行动方案》“五个进一步”效果目标中，第一个就是“乳制品生产企业自建自控奶源比例进一步提高”，开宗明义奶源是最重要、最关键、最基础的目标，并将“加强奶源管理，提高自建自控奶源比例”列入了《行动方案》的重点任务。乳制品行业有一句至理名言——“得奶源者得天下”，只有将奶源牢牢地掌握在中国人自己手里，才能保证民族乳业永远立于不败之地。同时，也要持续推进国产乳制品“新鲜战略”，为消费者带来更多的“鲜活营养”，这是提升国产乳制品的市场核心竞争力的唯一路径。

近年来，我国的奶牛存栏量和牛奶产量始终在低位徘徊，乳制品行业奶源自给率连年下降，原料奶供应不足70%，大多数中小企业依赖进口奶源，成为乳制品供应链上的卡脖子问题；原料奶生产和消费仍存在季节性和区域性不平衡，奶源周期性过剩和短缺问题始终存在。原料奶进口量不断增加，2021年进口大包粉127.5万吨，2016—2021年复合年均增长率（CAGR）高达16.11%。从长远看，我国奶源短缺的状况不会改变，奶源进口供应链风险较大，掌控奶源成为国产乳企规避风险的首选。

乳制品行业企业要抓住国家政策利好的机会，农业农村部《“十四五”奶业竞争力提升行动方案》指出，支持乳品企业自建、收购奶牛场，提高自有奶源比例，并通过与奶农相互持股、二次分红、溢价收购、利润保障等方式，稳固奶源基础。同时，市场监管总局修订发布了《婴幼儿配方乳粉生产许可审查细则（2022版）》，要求乳制品生产企业具有自建自控的奶源基地，生乳必须来自自建（全资或控股）或自控（指与企业签订生乳供给合同，企业能够采取派员监管、定期对养殖情况进行审核，确保生乳质量安全可控）的奶源基地。

目前，经过近两年的发展，各个龙头乳企都在推行“上下游种养加一体化”和“从挤奶到加工2小时完成”的乳粉生产模式。乳企收购或并购、投资建场等步伐基本完成，上游牧场走向规模化，下游乳企布局奶源。新建牧场将陆续投产，目前优质奶源格局基本稳定。飞鹤已经实现了100%自有奶源；伊利、蒙牛、光明、君乐宝、新希望、三元6大龙头乳企自控奶源占比40.3%。未来2～3年，伊利、光明、君乐宝奶源自控比例将进一步提高。

在《行动方案》的引领、指导和推动下，乳制品行业企业通过入股、并购、自建奶源或商业合作的方式布局上游奶源基地，提高可掌控奶源的比例，从而

实现国产乳制品行业长期可持续的高质量发展。

4. 强化奶酪等干乳制品研发将成为新增长点

《行动方案》的另一个亮点是提出要强化奶酪、黄油等干乳制品研发。目前奶酪、奶油、黄油等乳制品的生产研发是我国乳制品行业的薄弱部分。随着乳制品结构化升级，奶酪等干乳制品逐渐进入大众视野。农业农村部提出要增加消费者能够接受的奶酪、黄油等干乳制品的生产，推动由“喝奶”向“吃奶”转变，更好地满足消费者多样化的需求。由于我国乳制品结构型短缺，市场上所需的奶酪、稀奶油、黄油等基本依赖进口。近年来，在这三大类产品中，特别是奶酪零售市场保持两位数增速，成为我国乳制品消费新的最有市场潜力的增长点。

机构调查数据显示，2018年，国产奶酪产量超过10万吨，但是奶酪消费量却超过20万吨，还需从国外进口奶酪产品。2021年国产奶酪产量达17.64万吨，同比增长15.4%。我国奶酪年人均消费量2020年达到184.3克/人，需求量达到25.87万吨。2021年，我国奶酪市场零售渠道销售额为131亿元，年复合增速达26.3%，预计到2026年升至235亿元。从整体来看，近年来我国奶酪行业市场规模整体保持上升趋势，市场消费规模不断扩大，带动了奶酪行业的持续发展。尽管人均消费仍大大低于欧美国家，但我国已经是亚洲最大的奶酪生产国和消费国。

从国内奶酪市场竞争格局来看，2021年我国奶酪市场前10名企业的市场占有率为70%，其中外资品牌仍占主导地位。前10名奶酪品牌国产品牌仅占据四席，即妙可蓝多、蒙牛、多美鲜、光明，合计占比为30%，国产奶酪品牌存在较大的增长空间。国产品牌妙可蓝多的市场占有率在2021年达到了27.7%，成为我国市场占有率第一的国产奶酪品牌，将引领带动国产品牌奶酪的进一步发展。

国内奶酪产销近年呈现了高速发展态势。在《行动方案》的引领、指导和推动下，国产奶酪零售渠道随着消费者需求的逐渐多元化，将迎来爆发式增长。奶酪市场消费正逐渐从直接食用的餐桌1.0时代，作为菜品配料的餐厅2.0时代，进入奶酪零食化的3.0时代。多元化的口味与形态更受中国消费者欢迎，未来奶酪市场将通过口味和营养功效等方面推进产品创新。奶酪市场将进一步向功能性、健康化和品质化方向发展。特别是开发更适合中国人口味的儿童奶酪、青少年奶酪、老年人奶酪，开发原制、原味、纯天然、低钠、多钾等系列国产奶酪产品，不断壮大国产奶酪品牌，不断提高国产奶酪的市场占有率。

案例九

《市场监督管理投诉举报处理暂行办法》发布，关闭“职业索赔”投诉之门

案例概述*

近年来，以食品标签违法为标的物的职业投诉举报急剧增加，与之密切相关的程序、定性、办理结果答复、投诉调解、举报奖励中，所涉及的政府信息公开、行政复议、行政诉讼等后续事务日渐烦琐，作为处置相关事宜的一线市监行政执法机关，确有必要下一番功夫来妥善应对。2019年12月2日，市场监管总局发布《市场监督管理投诉举报处理暂行办法》(以下简称《投诉处理办法》)，自2020年1月1日起施行。《投诉处理办法》明确规定，“不是为生活消费需要购买、使用商品或者接受服务，或者不能证明与被投诉人之间存在消费者权益争议的”而发起的投诉，市场监管部门不予受理。

1. 职业索赔人：以打假之名实行敲诈

职业索赔人也叫职业打假人、职业投诉举报人。近年来出现了相当一部分职业索赔人，他们利用商品保质期、广告语描述等方面的漏洞，故意大量买入，要求商家支付赔偿。这些人通常寄生于各大电商平台，以“打假”之名对商家实行敲诈，利用惩罚性赔偿为自身牟利或借机对商家敲诈勒索，有的行为严重违背诚信原则，无视司法权威，浪费司法资源。

2016年上海工商部门调查显示，当年上半年12315中心接到的职业索赔诉求件中，经立案调查，真正构成消费欺诈的仅20起，其余99.83%的被索赔企业，都没有实质性的消费欺诈行为。有媒体曾报道，有的打假人用蘸有特殊药水的棉布，将

---

* 本案例摘编自《市场监督管理投诉举报处理暂行办法》，中国政府网2020年2月29日，https://www.gov.cn/gongbao/content/2020/content_5483878.htm；《政策解读〈市场监督管理投诉举报处理暂行办法〉》，乌海市市场监督管理局网站2022年7月29日，http://scjgj.wuhai.gov.cn/scjdglj/zfxxgk1930/fdzdgknr88/1324638/1324646/index.html。

商品的生产日期擦去，或者用针扎孔往面包里塞头发，以此向商家索赔。

2.“职业吃货”乱象：收到退款不退货

所谓“职业吃货”（只退款不退货）是网上对一种变换了手法的职业索赔人的戏称。淘宝买家周某用自己的身份信息注册了淘宝账号后开始疯狂下单。其中，在2018年6月7日至6月16日下单289笔，当月申请退款281笔，退款成功277笔，实际退款金额3854.54元；在2018年7月1日至7月5日下单344笔，当月申请退款343笔，退款成功335笔，实际退款金额18842.53元。在这一个多月里，周某共计下单633笔，申请仅退款624笔，却拒不退货。

2018年12月19日，淘宝网将周某起诉至杭州互联网法院，诉求法院判令被告赔偿淘宝网经济损失1元、合理支出（律师费）1万元。淘宝网认为，周某的恶意退款行为属于滥用会员权利，严重违反服务协议，给淘宝网造成了经济和商誉上的严重负面影响，应当赔偿损失。

杭州互联网法院经审理后认为，被告周某发起的仅退款申请明显不符合常人的购物习惯，且退款理由重复单一，其行为系滥用淘宝网平台会员权利，损害了诚信合法经营的淘宝网卖家声誉，干扰了淘宝网的正常运营秩序，并让淘宝网为处置被告的不实投诉多支出了物力资源，给淘宝网造成了实际损失，还直接破坏了淘宝网及全社会所共同提倡并致力建设、维护的诚信、公平、健康的购物生态环境。法院判决被告周某赔偿淘宝网经济损失1元及合理支出（律师费）1万元。据了解，此案是淘宝网起诉恶意退款系列案件中，法院作出的首例判决。

3.恶意索赔新套路：呈现“一条龙”情况

恶意索赔的套路越来越深，甚至呈现团伙化、专业化、规模化、程式化情况，具体表现为师徒传帮带、培训产出一条龙、专盯包装宣传瑕疵等。

某律师事务所官网显示，咨询遭遇职业打假人索赔的有几十条。记者看到，网店店主小梅表示，其店铺所售卖的一款产品，因大包装按散装卖，未贴QS标签被职业索赔人“买家”抓住把柄，对方要求10倍索赔，并且只退款不退货。店家估算这一单100多元的干果订单，除了损失本金，还要再付1000元赔偿，损失惨重。据小梅说，与她相似的店家遭遇投诉的有30多个。

职业索赔人往往是以“打假”之名、行敲诈勒索之实，一般路径为“一买、二谈、三举报、四复议、五诉讼”。2019年9月，中国市场监管报社举办的职业索赔行为专题研讨会披露，近年来全国以"打假""维权"为名发起的职业索赔恶意投诉举报每年超100万件。

4.恶意索赔现象蔓延引起多方高度关注

随着职业索赔现象社会危害性的日益凸显，有关遏制职业索赔的呼声渐高。在2019互联网法律大会上，《南方都市报》下属新业态法治研究中心发布了《恶意索赔行业观察报告》，该报告认为，职业索赔已经影响到商家、平台、监管部门、司法部门等多方，破坏了市场营商环境，侵占了消费者正当维权的司法执法资源。

公开信息显示，已有近40位全国人大代表提出规范职业索赔的建议。例如，全国人大代表储小芹在2018年的全国两会上提出，职业索赔的动机并非为了净化市场，而是利用惩罚性赔偿为自身牟利或借机对商家敲诈勒索，有的行为严重违背诚信原则，无视司法权威，浪费司法资源。因此她建议逐步遏制职业索赔的牟利性打假行为。

中央有关职业索赔的治理文件也频频下发。2019年5月20日发布的《中共中央　国务院关于深化改革加强食品安全工作的意见》提出，"对恶意举报非法牟利的行为，要依法严厉打击"。2019年8月8日，《国务院办公厅关于促进平台经济规范健康发展的指导意见》发布，要求切实保护平台经济参与者合法权益，打击以"打假"为名的敲诈勒索行为，"依法规范牟利性'打假'和索赔行为"。2019年9月6日，《国务院关于加强和规范事中事后监管的指导意见》发布，也作此明确规定。

在2019年8月底答复全国人大代表李长青的建议中，市场监管总局明确，职业索赔已背离消费者权益保护法等法律规定民事惩罚性赔偿制度的立法本意，将配合司法部尽快出台消费者权益保护法实施条例，对广告宣传、标签标识、说明书等存在不影响商品或者服务质量且不会对消费者造成误导的瑕疵不属于欺诈行为进行细化规定。此外，在答复中，市场监管总局还透露，正在起草的规章将依法规范恶意投诉举报行为。

如今，《投诉处理办法》落地。此前，市场监管总局分别于2019年5月和9月两次向社会公开征求意见。市场监管总局对社会公众意见采纳情况的说明中称，第二次公开征求意见共收到各界反馈意见280条，主要集中在规章调整范围、恶意举报投诉规制、举报的程序性规定等方面。在实名举报及告知程序上，《投诉处理办法》规定，举报人应当提供涉嫌违反市场监督管理法律法规、规章的具体线索，对举报内容的真实性负责。鼓励经营者内部人员依法举报经营者涉嫌违法行为。举报人实名举报的，有处理权限的市场监督管理部门还应当自作出是否立案决定之日起5个工作日内告知举报人。

此外，《投诉处理办法》除了规定部分投诉不予受理的情形，以及投诉人为两人以上根据情况可按共同投诉处理外，还明确鼓励公众和新闻媒体对涉嫌违反市场监督管理法律法规、规章的行为依法进行社会监督和舆论监督。

同时，《投诉处理办法》进一步优化了投诉举报的解决程序，鼓励消费者通过在线消费纠纷解决机制、消费维权服务站、消费维权绿色通道、第三方争议解决机制等方式与经营者协商解决消费者权益争议；市场监督管理部门经投诉人和被投诉人同意，可采用调解的方式处理投诉，包括现场调解，或者互联网、电话、音频、视频等非现场调解。

案例点评

近年来，职业打假人在市场上很活跃，在促进商品和服务质量提升的同时，也带来了一系列的负面问题。这些负面问题主要由职业打假人牟利性的“假打”行为所引发，他们主要利用商品标签、广告宣传等方面的问题，以“打假”之名，通过向执法机构投诉举报和进行司法起诉，对商家施压，向商家提出高额恶意索赔甚至敲诈勒索。而在得到高额赔偿之后，这些恶意索赔的职业打假人就任由有问题的商品继续在市场上销售，并没有起到净化市场秩序的作用，反而影响了市场健康发展，浪费了行政和司法资源，颠覆了公众的正常认知。

市场监管总局发布的《投诉处理办法》规定，允许匿名举报，鼓励经营者内部人员依法举报；同时再次重申，非为生活消费需要购买、使用商品或接受服务的投诉不予受理。这也意味着，以“打假”等名义实施的恶意投诉举报索赔将得不到支持。

食品（含食用农产品）领域是职业打假人最活跃的领域之一，因为食品是人类赖以生存的基础，是维持生命的基础物质，食品具有种类多、产量大、销售范围广、从业企业多等特点。而且，食品一旦被发现有问题，打假人可根据“退一赔十”的高惩罚性赔偿标准进行索赔，企业也会因食品安全问题遭受重罚。所以，大量职业打假人涌入食品领域，食品安全职业打假人已成为职业打假人的主要群体。

包括食品等在内的行业，既要正视职业打假人的积极作用，也要抵制牟利性打假投诉举报行为及由此引发的恶意索赔乱象。要遏制职业打假人通过“假打”而恶意索赔、牟利的行为，需要企业和执法机构等多方共同努力。

1.企业加强自身管理，消除被打假的隐患

食品领域常见的被打假问题包括食品质量问题、标签问题、说明书问题、广告宣传问题、证照问题等。从这些常见问题入手，食品企业加强自身管理，合法合规经营，就可以预防问题的发生，让职业打假人无假可打、找不到恶意索赔的机会。

一是保障食品质量。食品企业应严格按照食品安全法、国家标准等法律法规的规定组织生产，确保产品质量合格，并不断提升食品安全品质。为保障食品安全，企业不得生产销售下列食品、食品添加剂、食品相关产品：（1）用非食品原料生产的食品，或添加食品添加剂以外的化学物质和其他可能危害人体健康物质的食品，或回炉加工再造的食品；（2）致病性微生物，农药残留、兽药残留、生物毒素、重金属等污染物质以及其他危害人体健康的物质含量不符合食品安全标准的食品、食品添加剂、食品相关产品；（3）油脂酸败、腐败变质、霉变生虫、污秽不洁、混有异物、掺假掺杂或感官性状不合格的食品、食品添加剂；（4）病死、毒死或死因不明的禽、畜、兽、水产动物肉类及其制品；（5）未按规定进行检疫或检疫不合格的肉类，或未经检验或检验不合格的肉类制品；（6）用超过保质期的食品原料、食品添加剂生产的食品、食品添加剂；（7）超范围、超限量使用食品添加剂的食品；（8）营养成分不符合食品安全标准的专供婴幼儿等特定人群的主辅食品；（9）被包装材料、容器、运输工具等污染的食品、食品添加剂；（10）虚假标注生产日期、保质期或超过保质期的食品、食品添加剂；（11）无标签的预包装食品、食品添加剂；（12）国家为防病等特殊需要，明令禁止生产经营的食品；（13）其他不合格的食品、食品添加剂、食品相关产品。为了保障食品安全品质，企业应建立健全食品安全管理制度，建立卫生环境良好的生产、包装和储存车间，并采用先进的工艺和设备，全程控制产品质量。

二是加强食品包装管理。食品包装管理涉及多个方面，如选用质量合格的食品包装材料和包装容器、合理存放包装物、包装物使用前的消毒、防止包装

容器上的化学物质迁移到食品中、提高包装的密封性、避免过度包装等。

三是正确标注食品标签内容。看懂食品标签，不需要很深的技术，食品标签上的问题也很容易被人发现，所以，很多职业打假人特别喜欢从食品标签上面找问题。近年来，大量的职业打假行为都与不准确的食品标签内容有关。食品标签的内容很多，不少企业都因为标签问题而遭遇过职业打假人的恶意索赔，这些标签问题包括：食品名称不规范、缺少生产日期、食品标签上没有“营养成分表”、营养成分表标注不规范、营养声称的内容漏标、配料名称少标、配料排列顺序不对、产品标准不准确、食品添加剂未明确标示、进口食品没有中文标签、进口的特殊食品标签内容采用加贴方式标注、文字比例不对、文字模糊等。为了避免因标签问题遭受职业打假人的恶意索赔，食品企业应加强标签管理，严格按照《食品安全法》《食品安全法实施条例》《食品安全国家标准　预包装食品标签通则》《食品安全国家标准　预包装食品营养标签通则》《食品安全国家标准　预包装特殊膳食用食品标签》等法律法规和国家标准的规定，准确标注标签内容。

2.科学执法，压缩职业打假人的“假打”空间

在食品企业筑牢防火墙的同时，执法机构应科学执法，以压缩职业打假人的“假打”空间，让以牟利为目的的恶意索赔职业打假行为越来越少，以维护正常的市场秩序，合理利用行政和司法资源。要实现这个目标，执法部门需要采取多种有效措施。

一是要精准识别职业打假人。对于职业打假人，法律上虽然没有明确的规定，但一般认为他们是故意大量购买有问题的商品，之后要求商家高额赔偿，并以此作为主要收入来源的特殊群体。也可以这样理解，职业打假人是指以牟利为目的，知假买假并向生产者、经营者主张惩罚性赔偿的自然人、法人及其他组织。食品是职业打假人重点关注的领域，职业打假人采取专业化、企业化、团队化打假的方式，在向存在问题的食品企业高额索赔不成的情况下，便将食品企业的违法违规行为向食品安全监管部门进行投诉举报，通过监管部门向食品企业施加压力，迫使企业同意其索赔要求。绝大部分职业打假人并不真正关心食品安全和公众健康，一旦获得高额赔偿之后，他们就迅速撤销投诉举报，对于问题食品和企业的责任便不再追究。

二是不支持职业打假人的恶意索赔诉求。2020年1月1日起正式实施的

《投诉处理办法》规定，投诉是指消费者为生活消费需要购买、使用商品或者接受服务，与经营者发生消费者权益争议后，请求市场监管部门解决该争议的行为。对于下面这种投诉，市场监管部门不予受理：不是为生活消费需要购买、使用商品或接受服务，或不能证明与被投诉人之间存在消费者权益争议。上述这条“不予受理”的规定，传递出一个信号：以高额恶意索赔为目的的职业打假人的投诉，将不被市场监管部门受理。因为，这部分人购买、使用商品或者接受服务，往往并不是为生活消费需要，而是为了牟利。

三是要正确判定产品属性。预包装食品和食用农产品不同，有的职业打假人将食用农产品当作预包装食品进行投诉举报，以此向销售食用农产品的商家施压，以恶意获取高额赔偿。面对这类问题，食品安全监管部门应精准执法，正确判定二者的区别和适用法律。从生产经营许可角度来看，食用农产品不属于预包装食品，二者在市场准入、包装、标签标注等方面存在很大的差异。执法机构准确判定食用农产品的属性，可避免食用农产品经营者被误判为食品经营者，可切断职业打假人对食用农产品商家的非法恶意索赔的路径。

总之，《投诉处理办法》的发布，有利于进一步保护消费者知情权和选择权等合法权益，有利于持续推动经营者落实消费维权主体责任，从根源上优化消费环境，促进消费增长。

《食品生产许可管理办法》公布，申请食品生产许可将更规范

案例概述*

2020年1月2日，国家市场监督管理总局正式公布《食品生产许可管理办法》（以下简称《办法》），于2020年3月1日起施行，原国家食品药品监督管理总局2015年8月31日公布（2017年修正）的《食品生产许可管理办法》同时废止。新的《办法》与时俱进，融合了国务院“放管服”改革工作和《国务院关于在全国推开“证照分离”改革的通知》的要求。

新《办法》与原《办法》相比主要有八个方面的变化。

变化一：监管部门的改变。根据2018年国务院机构改革方案，组建国家市场监督管理总局，不再保留国家工商行政管理总局、国家质量监督检验检疫总局、国家食品药品监督管理总局。因此，新《办法》规定，对食品生产实施分类许可以及监督管理的部门，由食品药品监督管理部门改为市场监督管理部门。

变化二：食品生产许可全面推进网络信息化。新《办法》规定，加快信息化建设，推进许可申请、受理、审查、发证、查询等全流程网上办理。全流程网上办理，代表发放食品生产许可证书电子化，同时就不存在证书因遗失或损坏需要补办的情况，故新《办法》删除了对补办许可证的相关规定。全流程网上办理，意味着食品生产企业可不需到现场办理，故新《食品生产许可管理办法》还删除了委托他人办理的相关规定。此外，新《办法》增加食品生产者食品安全信用档案通过国家企业信用信息公示系统向社会公示；原发证部门依法办理食品生产许可注销手续应当在网站进行公示。这两条规定体现了全面网络信息化的要求。

变化三：简化生产许可证申请、变更、延续与注销材料。新《办法》对申请许

* 本案例摘编自《食品生产许可管理办法》，中国政府网 2020 年 1 月 2 日 ,https://www.gov.cn/zhengce/zhengceku/2020-01/14/content_5468959.htm。

可的材料进行了调整，删除营业执照复印件、食品生产加工场所及其周围环境平面图、各功能区间布局平面图等，增加专职或者兼职的食品安全专业技术人员、食品安全管理人员信息。因生产许可证书电子化，故变更、延续与注销材料中不再要求提交生产许可证正副本。

变化四：简化生产许可证书的载明信息。食品生产许可证载明信息删除日常监督管理机构、日常监督管理人员、投诉举报电话、签发人；副本载明信息删除外设仓库（包括自有和租赁）具体地址；特殊食品应载明的“产品注册批准文号或者备案登记号”修改为“产品或者产品配方的注册号或者备案登记号”。同时删除后文对日常监督管理人员等相关规定。

变化五：新增试制食品检验报告的条件要求和来源选择性。新《办法》对核查试制食品的检验报告新增“对首次申请许可或者增加食品类别的变更许可”的条件要求。同时，新增检验报告的来源选择性：试制食品检验可以由生产者自行检验，或者委托有资质的食品检验机构检验。这与《食品安全法》关于生产企业对食品检验的规定相呼应。

变化六：缩短现场核查、作出许可决定、发证和办理注销等时限。新《办法》要求核查人员完成现场核查的时间由原来的10个工作日内缩短至5个工作日内。对作出是否准予行政许可决定的时间由20个工作日内缩短为10个工作日内，因特殊原因需要延长期限的，由10个工作日缩短为5个工作日。颁发食品生产许可证，由作出决定后10个工作日内缩短为5个工作日内。食品生产者申请办理注销手续由30个工作日内缩短为20个工作日内。

变化七：明确各级监管部门的职责。新《办法》新增了婴幼儿辅助食品、食盐等食品的生产许可由省、自治区、直辖市市场监督管理部门负责，同时规定特殊食品生产许可的现场核查原则上不得委托下级市场监督管理部门实施。新《办法》新增申请生产多个类别时选择受理部门的原则。申请生产多个类别食品的申请人按照省级市场监督管理部门确定的食品生产许可管理权限，可自主选择其中一个受理部门提交申请，由受理部门告知相关部门并组织联合审查。最大限度体现了便民、高效原则，为企业带来了便利。

变化八：明确相关法律责任并加大违反规定的处罚力度。新《办法》明确食品生产者生产的食品不属于食品生产许可证上载明的食品类别的，视为未取得食品生产许可从事食品生产活动，等同“无证生产”进行处罚。此外，新《办法》明确生产场所迁址后未重新申请取得食品生产许可的，依照《食品安全法》第一百二十二条的规定给予处罚。明确食品生产者违反新《办法》规定，有《食品安全法实施条例》第七十五条第1款规定情形的，依法对单位的法定代表人、主要负责人、直接负责的主管人员和其他直接责任人员给予处罚。同时加大了对违规的处罚力度：未按规定申请变更且拒不改正的罚款由2000元以上1万元以下改为1万元以上3万元以下；未按规定申请注销且拒不改正的罚款由2000元以下改为5000元以下。

综上，新《办法》在提供前置许可便利的同时加强了许可后的监督管理，带给企业便利的同时并未放松对食品生产的监管工作，有利于社会各界共同努力，一起为广大消费者提供安全可靠的食品。

案例点评

2020年1月3日，市场监管总局正式公布《食品生产许可管理办法》，于2020年3月1日起施行。《中华人民共和国行政许可法》(以下简称《行政许可法》)第十二条规定，直接关系人身健康、生命财产安全等特定活动，需要按照法定条件予以批准的事项，可以设定行政许可。食品生产许可是国家行政许可的一部分，亦称为行政审批，是市场监管部门根据相对人的申请，以颁发生产许可证方式允许相对人从事食品生产的行为。食品生产许可是一种事前监督行为，是通过事先审查的方式，确保申请生产者达到合格食品的生产条件和质量安全管理能力，保障食品安全和消费者的身体健康，这是非常重要的风险预防性控制措施。

1. 贯彻落实国务院“放管服”改革工作部署

我国政府高度重视深化“放管服”改革、优化营商环境工作，持续推进政府职能转变，加快打造市场化、法治化、国际化营商环境。2020年国务院办公厅要求：“放要放出活力、放出创造力。分类推进行政审批制度改革，编制公布中央层面设定的行政许可事项清单，大幅精简各类重复审批，清理不必要的审批。”

新《办法》认真贯彻落实了国务院“放管服”改革工作部署和《国务院关于在全国推开“证照分离”改革的通知》的要求，进一步简化缩短了生产许可办事流程，删除了一些不方便企业的审批事项，增加了服务方便企业的事项；进一步加强了事中事后监管，推动了食品生产安全监管工作重心向事后监管转移。

2. 生产许可依据更加充分，顺应了新时代的要求

一是扩大合法主体资格范围。将“农民专业合作组织”纳入生产许可的申请主体。新《办法》第十条提出，“企业法人、合伙企业、个人独资企业、个体工商户、农民专业合作组织等，以营业执照载明的主体作为申请人”。扩大合法主体资格范围，解决农民专业合作社过去无法取得食品生产许可证的难题，切实为农民、农村、农业延长产业链条，促进农产品原料的深加工，提高附加值作出了重要贡献。

二是相关法律法规相互配套和融合。与原《办法》相比，新《办法》第一条关于法律法规的依据，除《行政许可法》和《食品安全法》外，增加了《食品安全法实施条例》，使食品生产许可的法律法规依据更加充分。

3. 加强了法律法规的一致性，提高了可操作性

一是对生产许可“风险分类”的新规定。新《办法》第五条，在原“按照食品的风险程度，对食品生产实施分类许可”内容中增加了应“结合食品原料、生产工艺等因素”进行分类许可，避免了许可过程在实际工作中的矛盾。

二是对申请主体的专业技术人员的新规定。根据新《办法》第十二条第3款规定，对申请许可的主体提出需要“有专职或兼职的食品安全专业技术人员”，此是落实企业食品安全主体责任的重要措施，解决与之前有关法律法规不匹配的问题，使新《办法》更加科学，更加具有实际可操作性。

4. 突出了行政许可便民原则，体现了执政为民的理念

新《办法》确立了便民、提高办事效率、提供优质服务的制度。根据有关规定，行政机关实施行政许可，应当由一个机构统一受理申请，统一送达行政许可决定，并为公民、法人或者其他组织申请行政许可尽量提供方便。如此充分体现了行政许可的便民原则，体现了服务型政府、高效型政府和执政为民的理念。

首先是体现行政许可的便民原则。一是申请多个类别食品可以自己选择一个受理部门。新《办法》第十八条提出：“申请人申请生产多个类别食品的，由

申请人按照省级市场监督管理部门确定的食品生产许可管理权限，自主选择其中一个受理部门提交申请材料。受理部门应当及时告知有相应审批权限的市场监督管理部门，组织联合审查。”该条款对既生产一种品种又生产其他类别食品的申报主体，规定可以在一个受理部门申请，申报主体单位可以根据需要作决定，便于企业实际操作。二是简化了食品生产许可申请材料。例如，删除了营业执照复印件，以及进货查验记录、生产过程控制等原《办法》申请材料。减少企业申请资料，减轻了大家的工作量。三是简化了食品生产许可证书的内容。删除内容包括投诉举报电话、外设仓库信息及日常监督管理人员等；特殊食品载明的“产品注册批准文号”修改为“产品或者产品配方的注册号”；删除了原《办法》中有关日常监督管理人员的相关内容。

其次是体现服务型高效型政府和执政为民的理念。一是全面推进全流程网上办理，提高生产许可效率。明确要求发放食品生产许可电子证书，以网上办理为主，申请企业从提出申请许可开始到取得许可证的整个流程，不再需要到监管部门现场办理。删除了对补办许可证、委托他人办理，以及变更、延续与注销材料的相关规定，不再要求提交生产许可证正副本，提高了办事效率。二是缩短现场核查、审查决定、发证和注销等时限。具体体现在缩短了审查与决定许可的时限、缩短了申请注销许可的时限。

最后是增加保护生产企业技术和商业秘密的条款。根据新《办法》第四十八条有关规定，许可过程中各环节都对应有保密要求，特别是有关商业的重要内容，提高对生产企业的研发和运营机密的保护力度。

总之，新《办法》贯彻落实我国“放管服”改革工作部署，加强事中事后监管，促进食品生产监管工作重心向事后监管转移，简化缩短办事流程，增强食品生产许可管理体制的可操作性，更多地服务于企业的市场经营行为。

案例十一 政府部门加强疫情防控期间食品安全监管工作

案例概述*

新冠疫情防控期间，保障食品质量安全既特别重要，又面临与平常不一样的新情况、新要求。按照科学防控、精准施策的原则，市场监管总局于2020年2月10日印发《关于疫情防控期间进一步加强食品安全监管工作的通知》(以下简称《通知》)，指导各地有针对性地加强食品安全监管，督促食品生产经营者落实主体责任，维护人民群众身体健康，服务疫情防控大局，突出七个重点，把监管工作做实做细做到位。

1.《通知》的七个重点

一是突出经营场所环境卫生检查。要求各地市场监管部门进一步加大对餐饮单位、商场超市、农（集）贸市场等重点场所监督检查力度，督促餐饮单位每天对就餐场所、保洁设施、人员通道、电梯间和洗手间等进行消毒，洗手间配备洗手水龙头及洗手液、消毒液，保持加工场所和就餐场所的空气流通，定期对空气过滤装置进行清洁消毒。督促网络餐饮服务第三方平台提供者每天对网络订餐对外送餐食的保温箱、物流车厢及物流周转用具进行清洁消毒，对食品盛放容器或包装进行封签。

二是突出库存和采购食品的查验。要求各地市场监管部门要督促食品经营者依法履行食品安全主体责任，全面自查自纠，对库存食品质量安全状况进行盘点清查，及时清理过期和变质的食品原料，严格执行采购食品原料进货查验要求，保障

---

* 本案例摘编自《市场监管总局部署加强疫情防控期间食品安全监管工作》，中国政府网 2020 年 2 月 15 日，https://www.gov.cn/xinwen/2020-02/15/content_5479151.htm；《冷冻食品会成新冠病毒感染源吗？疫情下如何保证食品安全？权威回应来了》，央视网 2020 年 7 月 10 日，http://m.news.cctv.com/2020/07/10/ARTIdh8nG3m2ALwxNn7RPEs1200710.shtml；《病毒学专家：三文鱼应无罪但暂时不要生吃》，百家号·第一财经 2020 年 6 月 13 日，https://baijiahao.baidu.com/s?id=1669356704887552120&wfr=spider&for=pc。

经营的食品质量安全。

三是突出商超散装食品的管理。要求散装直接入口食品应当使用加盖或密闭容器盛放销售，采取相关措施避免人员直接接触食品；鼓励商家设置提示标识，减少对散装直接入口食品的直接触摸。销售散装食品，应当佩戴手套和口罩；销售冷藏冷冻食品，要确保食品持续处于保障质量安全的温度环境。

四是突出餐饮服务从业人员健康管理。要求餐饮单位从业人员应当严格执行《餐饮服务食品安全操作规范》，按要求和规范洗手、制作菜肴，严控加工制作过程食品安全风险。要求网络餐饮服务第三方平台对送餐人员严格开展岗前健康检查，配备口罩等防护用具，测量体温。

五是突出农贸市场的监督检查。要求经营者严格执行禁止野生动物及其制品交易的相关规定，严禁采购、经营、使用野生动物肉类及其制品。存在活禽交易的农贸市场开办者要建立入场活禽销售者档案，督促销售者挂牌经营。经营活禽和禽肉的，要索取留存动物检疫合格证明。经营生猪产品的，要索取留存动物检疫合格证明、肉品品质检验合格证明和非洲猪瘟检测报告。

六是突出产品质量安全抽检。各地市场监管部门加大对粮油菜、肉蛋奶等一日三餐生活必需品的抽检力度，切实防范化解食品安全风险。做好食品安全投诉举报信息的及时处理，依法从严从重查处违法违规行为，涉嫌违法犯罪的，及时移送司法机关。

七是突出“保价格、保质量、保供应”（“三保”）行动引导。鼓励食品生产经营企业积极参与“三保”行动，保证商品价格不涨、质量不降、供应不断，把责任挺在前面，用良心做好食品。

2.疫情背景：从三文鱼到南美白虾检测出新冠病毒

2020年6月12日，相关部门抽检时从北京新发地批发市场切割进口三文鱼的案板中检测到了新冠病毒，这一消息让三文鱼一时间引发各方热议。随后，有多地报告在进口冷冻食品中检测出新冠病毒，频率最高的是南美白虾。

外包装上频繁检出新冠病毒，引发了人们对病毒可能通过食品传播并导致疫情暴发的担忧。为防范新冠疫情通过进口冷链食品传入的风险，全国海关对进口冷链食品开展了新冠病毒风险监测。同时，海关总署对进口冷链食品实行源头管控。首先，要求向我国出口冷链食品的全部105个国家或地区的政府部门，督促输华食品生产企业完善食品安全生产管理体系，做好预防措施，保证输华食品安全。其次，重点检查境外食品安全管理体系运行情况和监管责任落实情况，境外企业食品安全主体责任的落实情况，以及境外官方和企业对联合国粮农组织、世界卫生组织发布的新冠肺炎和食品安全有关指南的执行情况等。最后，采取暂停产品进口措施。针对一些国家肉类水产品企业发生聚集性感染疫情，采取暂停其产品进口等措施。

针对海关和各地在进口冷链食品或其包装上检出新冠病毒的情况，政府相关部门也出台了相关的规定。2020年11月9日，国务院联防联控机制发布《进口冷链食品预防性全面消毒工作方案》，要求在进口冷链食品首次与我境内人员接触前，实施预防性全面消毒处理。11月13日，交通运输部印发了《公路、水路进口冷链食品物流新冠病毒防控和消毒技术指南》，明确进口冷链食品装卸运输过程防控要求和消毒要求、从业人员安全防护要求及应急处置要求。11月27日，国务院应对新型冠状病毒肺炎疫情联防联控机制综合组发布《关于进一步做好冷链食品追溯管理工作的通知》，明确要建立和完善由国家级平台、省级平台和企业级平台组成的冷链食品追溯管理系统。各地市场监管部门接到重点冷链食品新冠病毒检测阳性通报后，应当立即利用省级平台对同批次食品的流向进行溯源倒查和精准定位。

市场监管总局组织研发了“进口冷链食品追溯平台”，实时对接各地追溯系统，快速确定产品流通路径和影响范围，提升排查处置效率，为疫情防控争取主动。同时，市场监管总局部署各地开展进口冷链食品信息化追溯，推动北京、浙江、广东等10个省份建立省级追溯平台，实现与市场监管总局平台的数据对接，覆盖三文鱼、冻虾、牛肉等重点品类。此外，市场监管总局还会同海关部门完善信息共享、数据对接机制，努力实现从海关入关到生产加工、批发零售、餐饮服务全链条信息化追溯。

案例点评

在进口冷链食品中或食品包装上检测出新型冠状病毒，存在引发疫情传播的风险。2020年2月10日市场监管总局印发的《关于疫情防控期间进一步加强食品安全监管工作的通知》，为疫情防控期间做好食品安全工作提供了政策保障与指引。

研究表明，新冠病毒只有通过动物或人类宿主才能进行传播，食品本身不会传播病毒，但有被污染的可能。污染途径主要有两个：一个是被物污染，即在食品生产、加工、包装、储运和销售过程中被新冠病毒附着的环境所污染；另一个是被人污染，即被新冠病毒携带的食品加工者所污染。这两个污染途径决定了食品安全监管不仅要保障物的安全，还要管好人的安全。根据《通知》的要求，各地政府监管部门积极应对，采取了多种有针对性的措施。

1. 划定重点场所

《通知》提出要突出经营场所环境卫生检查，要求各地市场监管部门进一步加大对餐饮单位、商场超市、农（集）贸市场等重点场所监督检查力度。这些重点场所既是食用农产品的销售终端，也是保证餐桌食品安全的一道防线，还是食品安全监管的难点重点。一方面，像农贸市场这样的经营场所当中小商户多、产品来源广、消费需求大、流通速度快使得食品安全监管较难；另一方面，海鲜加工厂、畜禽屠宰加工厂、生鲜市场等场所低温较低、环境潮湿、人群密集利于病毒传播使得食品安全监管较难。

疫情防控期间保障食品安全既有老问题又遇新挑战，因此，食品安全监管既要延用老办法又要增加“新砝码”。一要以制度完善保障重点场所安全。农贸市场中小散商户较多，食品风险意识淡薄，食品安全主体责任履行不到位，《通知》要求农贸市场开办者要建立入场活禽销售者档案，销售者要挂牌经营。经营活禽和禽肉要索取留存动物检疫合格证明，经营生猪产品要索取留存“两证一报告”，通过强化农贸市场的管理制度推动食品安全主体责任落实。二要营造清洁安全的销售环境。多数餐饮单位、商场超市的食品储存场所建设标准低，通风设备不完善，生鲜产品容易腐败变质，成为微生物滋生的温床和病毒传播的载体。《通知》指出，要督促餐饮单位、商场超市等重点场所认真落实清洁消毒要求，保持良好的环境卫生条件，减少环境污染食物的风险。三要积极探索市场发展新模式。农产品批发和零售市场相结合仍然是我国农产品流通体系的重要形式，这种产品流通与产品销售相连接的模式无疑放大了疫情传播扩散的风险。应加强对农贸市场进行科学规划，推动实行分类分区管理，提高生鲜市场的准入门槛，为其单独设立交易区，倡导批发与零售市场分开设立，努力创造安全的农贸市场发展新模式。

2. 紧盯易感人群

传统的食品安全问题一般是指在食品生产加工过程中因人为因素或客观环

境因素而造成的食品质量与安全问题。疫情防控背景下的食品安全监管，除了要解决食品在供应链环节被病毒污染而导致的食品安全问题外，还要关注因人员接触被病毒污染的食品与环境而导致的感染问题。从国内多起通过进口冷链食品，特别是通过动物源生鲜的食品包装引发的“物传人”疫情扩散事件可以发现，食品从业人员已成为病毒感染的易感人群。保护易感人群是疫情防控的三大原则性措施之一，也是保障食品安全的重要指向。

一是紧盯餐饮服务人员。餐饮环节的食品安全风险隐患较高，第一体现在“进口”层面，进货渠道灵活多变，供应品种繁多，存在“物感染人”的风险。第二体现在“过程”层面，储存和加工过程容易产生食材变质、人员带菌、餐具污染的风险。第三体现在“产出”层面，餐饮即时消费的方式使得食品无法在食用之前先进行检测，风险感知存在滞后性。第四体现在人员层面，餐饮行业准入门槛低，从业人员经常变更，食品安全意识和食品安全知识掌握程度也参差不齐。《通知》突出强调要加强餐饮服务从业人员的健康管理，督促餐饮单位从业人员严格执行《餐饮服务食品安全操作规范》，按要求规范洗手、制作菜肴，严控加工制作过程食品安全风险，正是通过牢牢把握人员这一关键要素来化解“进口”“过程”“产出”三方面的食品安全风险隐患。

二是紧盯冷链食品从业人员。新冠病毒在低温环境中具有较强的生命力，少则存活几十天，多则存活数月之久，进口冷链食品加工环境与冷链物流运输环境为病毒的生存提供了有利条件。应切实保障冷链一线工作人员的身体健康，不断完善闭环管理，及时对人员、车辆、货物进行消杀。要积极做好风险管控，持续优化进口冷链食品的生产、加工、包装、储运流程，降低人工接触频率与时长，减少病毒感染风险。

3. 力保基本民生

一是用监管力度保三餐。食品安全抽检是市场监管部门履行食品安全监管职责的重要方式，也是食品安全监管的首要环节，承担着发现问题食品和问题企业的重任。自2015年起，国家和省级食品安全监管部门就已开始大力推进食品安全监督抽检体系建设，利用随机抽检手段减少食品安全隐患。《通知》要求各地市场监管部门加大对粮油菜、肉蛋奶等一日三餐生活必需品的抽检力度，切实防范化解食品安全风险。抽检力度的提高重在实现抽检效率的提升。对一日三餐生活必需品的监督抽检要始终坚持问题导向，对水产制品、蔬菜制品等常见不合格品类要加大抽检力度，合理安排抽检批次。同时，要重视抽检效率的地区差异，根据不同地区的实际情况调整监督抽检措施，避免出现不同地区“一刀切”问题。

二是用政策引导保三餐。疫情对市场供给侧与需求侧产生巨大冲击，引发市场价格波动。如果单纯依靠价格机制调配市场资源容易产生市场失灵现象，需要政府通过市场监管予以矫正。食品安全监管应坚持安全监管与秩序监管两头并重。首先是积极引导供需关系。《通知》突出“三保”行动引导，鼓励食品生产经营企业积极参与保价格、保质量、保供应“三保”行动，保证商品价格不涨、质量不降、供应不断。通过引导广大生产经营企业积极参与“三保”行动，保障群众生活需求。同时，鼓励零售企业和电商平台合作开辟货源、畅通供货渠道，持续稳定供应，有效缓解供需矛盾。其次是打击扰乱市场秩序行为。市场监管部门铁拳打击哄抬物价、囤货居奇、以次充好等扰乱市场秩序的行为，消除由公共危机可能引发的市场失灵等系统性风险。

三是用严厉惩罚保三餐，用“最严厉的处罚”确保人民群众“舌尖上的安全”。《通知》强调要做好食品安全投诉举报信息的及时处理，依法从严从重查处违法违规行为，涉嫌违法犯罪的，及时移送司法机关。依法从严从重查处违法违规行为要处理好两方面内容。其一，从重处罚要依法。对食品安全违法案件的性质判断是从重处罚的法治前提。何为“情节严重”?《食品安全法实施条例》列举了产品货值金额具体标准、食源性疾病程度等6种情节严重的具体情形，这6种情形为依法依规从重处罚提供了法治研判依据。其二，从重处罚要科学。依法从严从重查处违法违规行为的目的是通过惩罚形成震慑，遏制投机分子的侥幸心理，促进形成市场主体维护食品安全的内生动力。对不同的违法主体要精准施策：对于那些故意违反《食品安全法》并且危害到人民生命健康的主体，应当在经济上给予严厉处罚，并取消其再次进入市场的资格；对那些成本低、资产少、罚无可罚、不怕处罚的小企业，要对其负责人设立“黑名单”制度，限制其进入食品行业；对造成严重后果的，依法追究其刑事责任，坚持从严处理，对违法犯罪行为形成震慑作用。

案例十二

《新型冠状病毒感染的肺炎防治营养膳食指导》发布，国家卫生健康委重点指导三类人群营养膳食

案例概述*

2020年2月8日，国家卫生健康委官网发布《新型冠状病毒感染的肺炎防治营养膳食指导》(以下简称《指导》)。《指导》指出，科学合理的营养膳食能有效改善营养状况、增强抵抗力，有助于新型冠状病毒感染的肺炎防控与救治。《指导》还将涉及人群分为感染者、一线工作者、一般人群三大类。

1.感染者的营养膳食指导

感染者又分两种。

一种是普通型或康复期患者，其对应的临床营养膳食指导建议如下：(1)能量要充足，每天摄入谷薯类食物250～400克，包括大米、面粉、杂粮等；保证充足蛋白质，主要摄入优质蛋白质类食物(每天150～200克)，如瘦肉、鱼、虾、蛋、大豆等，尽量保证每天一个鸡蛋，300克的奶及奶制品(酸奶能提供肠道益生菌，可多选)；通过多种烹调植物油增加必需脂肪酸的摄入，特别是单不饱和脂肪酸的植物油，总脂肪供能比达到膳食总能量的25%～30%。(2)多吃新鲜蔬菜和水果。蔬菜每天500克以上，水果每天200～350克，多选深色蔬果。(3)保证充足饮水量。每天1500～2000毫升，多次少量，主要饮白开水或淡茶水。饭前饭后菜汤、鱼汤、鸡汤等也是不错的选择。(4)坚决杜绝食用野生动物，少吃辛辣刺激性食物。(5)食欲较差进食不足者、老年人及慢性病患者，可以通过营养强化食品、特殊医学用途配方食品或营养素补充剂，适量补充蛋白质以及B族维生素和维生素A、维生素C、维生素D等微量营养素。(6)保证充足的睡眠和适量身体活动，身体活动时间

---

* 本案例摘编自《新型冠状病毒感染的肺炎防治营养膳食指导》，中国政府网2020年2月8日，http://www.gov.cn/fuwu/2020-02/08/content_5476196.htm。

不少于30分钟。适当增加日照时间。

另一种是重症型患者，他们常伴有食欲下降，进食不足，使原本较弱的抵抗力更加“雪上加霜”，要重视危重症患者的营养治疗，为此提出营养支持治疗四原则：（1）少量多餐，每日6～7次进食利于吞咽和消化的流质食物。以蛋、大豆及其制品、奶及其制品、果汁、蔬菜汁、米粉等食材为主，注意补充足量优质蛋白质。病情逐渐缓解的过程中，可摄入半流质状态、易于咀嚼和消化的食物，随病情好转逐步向普通膳食过渡。（2）如食物未能达到营养需求，可在医生或者临床营养师指导下，正确使用肠内营养制剂（特殊医学用途配方食品）。对于危重症型患者无法正常经口进食，可放置鼻胃管或鼻肠管，应用重力滴注或肠内营养输注泵泵入营养液。（3）在食物和肠内营养不足或者不能开展肠内营养的情况下，对于严重胃肠道功能障碍的患者，需采用肠外营养以保持基本营养需求。在早期阶段可以达到营养摄入量的60%～80%，病情减轻后再逐步补充能量及营养素达到全量。（4）患者营养方案应该根据机体总体情况、出入量、肝肾功能以及糖脂代谢情况而制定。

2. 一线工作者的营养膳食指导

根据平衡膳食原则，一线工作者的营养膳食要做到：（1）保证每天足够的能量摄入。建议男性能量摄入2400～2700千卡/天、女性2100～2300千卡/天。（2）保证每天摄入优质蛋白质，如蛋类、奶类、畜禽肉类、鱼虾类、大豆类等。（3）饮食宜清淡，忌油腻，可用天然香料等进行调味以增加医护人员的食欲。（4）多吃富含B族维生素、维生素C、矿物质和膳食纤维等的食物，合理搭配米面、蔬菜、水果等，多选择油菜、菠菜、芹菜、紫甘蓝、胡萝卜、西红柿及橙橘类、苹果、猕猴桃等深色蔬果，菇类、木耳、海带等菌藻类食物。（5）尽可能每日饮水量达到1500～2000毫升。（6）工作忙碌、普通膳食摄入不足时，可补充性使用肠内营养制剂（特殊医学用途配方食品）和奶粉、营养素补充剂，每日额外口服营养补充能量400～600千卡，保证营养需求。（7）采用分餐制就餐，同时避免相互混合用餐，降低就餐过程的感染风险。（8）医院分管领导、营养科、膳食管理科等，应因地制宜、及时根据一线工作人员身体状况，合理设计膳食，做好营养保障。

3. 一般人群的营养膳食指导

一般人群的营养膳食指导建议如下：（1）食物多样，谷类为主。每天的膳食应有谷薯类、蔬菜水果类、畜禽鱼蛋奶类、大豆坚果类等食物，注意选择全谷类、杂豆类和薯类。（2）多吃蔬果、奶类、大豆。做到餐餐有蔬菜，天天吃水果。多选深色蔬果，不以果汁代替鲜果。吃各种各样的奶及其制品，特别是酸奶，相当于每天液态奶300克。经常吃豆制品，适量吃坚果。（3）适量吃鱼、禽、蛋、瘦肉。鱼、禽、蛋和瘦肉摄入要适量，少吃肥肉、烟熏和腌制肉制品。坚决杜绝食用野生动物。（4）少盐少油，控糖限酒。清淡饮食，少吃高盐和油炸食品。足量饮水，成年人每天7～8杯（1500～1700毫升），提倡饮用白开水和茶水；不喝或少喝含糖饮料。成人如饮酒，男性一天饮用酒的酒精量不超过25克，女性不超过15克。（5）吃动平衡，健康体重。在家也要天天运动、保持健康体重。食不过量，不暴饮暴食，控制总能量摄入，保持能量平衡。减少久坐时间，每小时起来动一动。（6）杜绝浪费，兴新食尚。珍惜食物，按需备餐，提倡分餐和使用公筷、公勺。选择新鲜、安全的食物和适宜的烹调方式。食物制备生熟分开、熟食二次加热要热透。学会阅读食品标签，合理选择食品。

《指导》发布之后，国家卫生健康委还组织营养专家发布了《新冠肺炎防治膳食指导（问答）》，以及《关于印发新冠肺炎疫情期间重点人群营养健康指导建议的通知》等文件，一方面对健康人群的饮食提供多样膳食、均衡营养的指导，另一方面指导感染患者充分发挥营养支持的作用，以求缩短病程、改善效果。这些专业性的指导，对全力保障人民群众的健康起到了积极的作用。

案例点评

新冠病毒流行期间，全社会各界人员积极参与疾病的防治。由于科学合理的营养膳食能有效改善营养状况、增强抵抗力，在各种有效的预防和治疗方法逐渐清晰时，膳食营养的作用备受大众和防治人员的重视，并需要一个具体、有效的指导方案。国家卫生健康委会集了流行病学、营养学和临床医学等多领域专家，从营养学角度研究制定了新冠病毒流行时期的膳食指导，于2020年2月8日在官网发布。

1.《指导》的基本理论和内容

《指导》的基本理论和内容来源于《中国居民膳食指南》（以下简称《膳食

指南》)，同时兼顾特殊时期的各类人群健康状况和营养需求进行针对性的调整。《膳食指南》是健康教育和公共政策的基础性文件，是国家推动食物合理消费、提升国民科学素质、实施健康中国－合理膳食行动的重要措施。《膳食指南》根据《中国居民膳食营养素参考摄入量（DRIs）》的数据，以合理膳食和健康生活方式为基础，提炼出了八项准则：（1）食物多样，合理搭配；（2）吃动平衡，健康体重；（3）多吃蔬果、奶类、全谷、大豆；（4）适量吃鱼、禽、蛋、瘦肉；（5）少盐少油，控糖限酒；（6）规律进餐，足量饮水；（7）会烹会选，会看标签；（8）公筷分餐，杜绝浪费。《膳食指南》根据不同年龄和生理特点制定不同人群的详细指南，给出了遵循合理膳食结构的食物种类和推荐摄入量，帮助百姓作出有益健康的饮食选择和行为改变，指导大众在日常生活中进行具体实践。

《指导》是根据《膳食指南》的基本准则，从膳食能量和食物中营养素含量的角度，参照疫情防控时期的特殊状况为不同人群给出的科学的建议。

首先，《指导》根据不同人群健康状况和营养需求制定了相应的指导方案。人群分类包括：患者、一线工作人员和一般人群。对于患者来说，处于病程各时期的症状、身体基本状况、进食能力和营养需求存在极大差异，所以对患者进一步分为“普通型、恢复期患者”和“重症型患者”区别对待，根据患者的接受能力逐渐增加膳食营养摄入量。一线工作者不仅指从事临床救治的医务工作者，还包括直接接触疑似感染者的防控工作人员或密切接触者，以及有可能接触病毒污染物品和环境的工作人员。从疾病防控角度出发，一线工作者感染病毒的风险大于一般人群，为了预防病毒的传播，需要加强此类人群机体的抵抗病毒的能力。一般人群是指处于社会层面的群众。此人群数量巨大，而且健康状况复杂，所处环境多样化，因此提高一般人群的健康基础和素养，普及合理膳食和健康生活方式是实现健康中国目标的重要措施。

其次，《指导》按照不同人群的营养需求着重给出了能量和营养素的推荐摄入量。这部分内容是《指导》的主体内容。能量是维持机体各种生理活动的基础，来自摄入的食物。当人体能量摄入不足时，机体会消耗体内存储的能量物质，如体内脂肪和肌肉等。随着这种状况的持续，能量消耗过度，会引起机体过度疲劳和免疫力降低，对恶劣环境和病毒的抵抗能力下降。针对这种情况，《指导》对不同人群的能量摄入制定了各自的推荐摄入量。总体来说，一般人群将维持正常生活状态的能量和营养素摄入水平没有改变。一线工作者的能量摄入量有较大的提高，同时提高了蛋白质的摄入量。其原因是在特殊工作环境下，多数工作人员处于应急工作状态，工作量显著增加，精神和心理压力加大，对能量需求也明显增加，为了维持过多的体力消耗需要摄入充足的能量和蛋白质。患者是一个特殊的群体，由于症状的表现和严重程度对饮食的影响不同，所以对于摄入能量的数量要根据患者的进食能力而定。可以自由进食的轻症和恢复期患者，由于食欲和嗅、味感觉的降低，每次摄入食物总量较健康时有所下降，可以采用多次进食的方式摄入充足的能量；对于无法自由进食或者重症患者来说，摄入充足的能量是治疗疾病、缩短病程和减轻症状的重要支持手段，肠内营养依然是能量摄入的重要方式，除此之外，通过静脉输入等肠道外营养也是能量和营养素摄入的补充手段。

最后，《指导》对食物种类和数量的建议是在满足能量摄入水平的基础上，根据合理膳食的原则给出的。在食物种类的建议中，注重选择维生素、蛋白质等营养素的食物，同时选择有益于增强机体免疫力的食物。建议的食物量则是根据能量水平和平衡膳食结构进行相应的推荐。

2.《指导》的两项要点

一是分类指导：根据健康状况和面临的健康风险对人群进行分类，建议内容则针对人群的特殊性调整能量摄入水平、食物的种类和数量。例如，对于患者的建议出发点是为了充分发挥临床营养的支持作用，达到缩短病程、缓解症状或辅助治疗、加速恢复等目的；对于一线工作者，则强调了每日膳食补充能量和蛋白质总量要高于平时的摄入量。

二是增强机体抵抗力：在大型传染性疾病流行期间，提高民众尤其是处于感染高风险环境下的人群的机体抵抗力对于减少疾病的发生、阻断传播具有重要意义。所以《指导》中推荐的食物，主要选择了富含有益于增加机体免疫功能营养素的食物。大量的科学研究证实合理膳食营养对人体的免疫功能有显著影响。营养素（蛋白质、铁、锌、维生素A、维生素D、维生素E和脂肪酸）摄入量不充足或缺乏，会影响人体细胞和体液的免疫，从而影响疾病结局，包括疾病发生风险、疾病发生率、疾病严重程度等。实验研究表明，补充n-3多不饱和脂肪酸、锌、维生素A等营养素，可对免疫功能及疾病结局产生有益影响。营养素摄入量同细胞免疫和体液免疫之间存在密切关系，良好的营养状态可提高免疫力和抵抗疾病的能力。

案例十三 瑞幸咖啡财务造假被退市

案例概述*

2020年1月末，知名做空机构浑水称收到一份关于瑞幸咖啡公司（Luckin Coffee Inc.，以下简称瑞幸咖啡）的匿名报告，并公布了报告内容。报告认为，从2019年第三季度开始，瑞幸咖啡捏造财务和运营数据，存在严重财务造假问题。5月15日，瑞幸咖啡收到纳斯达克的退市通知。美国当地时间2020年6月29日，瑞幸咖啡股票在纳斯达克正式停牌，进行退市备案。但退市并不意味着一切就结束了，瑞幸咖啡还要面临来自境内外投资者的一系列诉讼索赔。

1."瑞幸造假真实成立"

在浑水收到的这份长达89页的匿名报告中，指称"瑞幸造假真实成立"，主要内容包括：第一，浑水动员了92名全职和1418名兼职人员，在现场进行监控。他们成功记录了981家瑞幸咖啡门店的日客流量，覆盖了620家门店100%的营业时间，最后发现：2019年第三季度和第四季度，每家瑞幸门店每天的商品销量，分别至少夸大了69%和88%。第二，瑞幸咖啡在白天故意跳过数字，以夸大各门店销售额。他们会通知运营店长，让他们随机递增取餐码的数字。第三，瑞幸咖啡的每笔订单商品数从2019年第二季度的1.38，降至2019年第四季度的1.14。这与瑞幸咖啡财报中提到的"增长"现象出现了巨大分歧。第四，第三方媒体跟踪显示，瑞幸咖啡将2019年第三季度的广告支出夸大了150%以上。

浑水关于瑞幸咖啡财务造假的报告一出，瑞幸当天的股价就大跌了20%。

对于浑水发布的调查报告，瑞幸咖啡非常强硬地回应称，做空机构的指控不真

---

* 本案例摘编自谢艺观《瑞幸退市！它用两年走过了其他企业的一生》，中国新闻网2020年6月30日，http://www.chinanews.com/cj/2020/06-30/9225194.shtml;《瑞幸咖啡道歉　涉事高管及员工已停职》，百家号·浙江日报2020年4月6日，https://baijiahao.baidu.com/s?id=1663151488522071959&wfr=spider&for=pc。

实。不过，到了2020年4月2日，瑞幸咖啡发布公告称，公司存在造假问题。当天，瑞幸咖啡开盘暴跌80.95%，报4.99美元，创历史新低，市值蒸发近50亿美元。

为什么仅过了两个月，瑞幸咖啡就承认做假呢？因为在这两个月里，发生了三件事，令它再也无法隐瞒：第一件事是集体诉讼。因为股价下跌，投资者蒙受损失，一些律师事务所开始启动针对瑞幸咖啡的集体诉讼程序。第二件事是遇上财报披露季。从2020年2月底开始，中概股公司纷纷开始披露2019年第四季度以及2019全年的财报。瑞幸咖啡自曝造假之前，大部分中概股已经完成财报披露，但瑞幸咖啡迟迟没有披露。第三件事是独立董事变更。4月2日，瑞幸咖啡成立特别委员会，新增两名独立董事，其中一名来自行业里有名的调查审计机构FTI，另一名来自世界级名牌诉讼律所Kirkland & Ellis。

2.瑞幸咖啡造假事件引来相关部门调查

瑞幸咖啡造假事件，也引来了中美证监等相关部门的调查。在瑞幸咖啡4月2日自我披露财务造假后不久，美国证券交易委员会（SEC）就已向中国证监会发函，就双方配合对瑞幸咖啡进行彻查一事进行沟通。国家金融监督管理机构相关负责人公开表示，瑞幸事件性质恶劣，教训深刻，银保监会将坚决支持，积极配合主管部门，依法严厉惩处，强调银保监对财务造假始终零容忍态度。中国证监会派驻调查组进驻深陷财务造假丑闻的瑞幸咖啡，对瑞幸的财务状况进行审计。

自2020年5月6日起，财政部组织力量开展检查，涉及瑞幸咖啡境内2家主要运营主体——瑞幸咖啡（中国）有限公司和瑞幸咖啡（北京）有限公司（以下合称瑞幸公司）成立以来的会计信息质量，并延伸检查关联企业、金融机构23家。检查发现，自2019年4月起至2019年末，瑞幸咖啡通过虚构商品券业务增加交易额22.46亿元，虚增收入21.19亿元（占对外披露收入51.5亿元的41.16%），虚增成本费用12.11亿元，虚增利润9.08亿元。

市场监管总局也迅速成立专案组，对其涉嫌虚假交易等不正当竞争行为开展调查。经查，2019年4月至12月，瑞幸公司为获取竞争优势及交易机会，在多家第三方公司帮助下，虚假提升瑞幸咖啡2019年度相关商品销售收入、成本、利润率等关键营销指标，并于2019年8月至2020年4月，通过多种渠道对外广泛宣传使用虚假营销数据，欺骗、误导相关公众，违反《反不正当竞争法》第八条第1款“经营者不得对其商品的性能、功能、质量、销售状况、用户评价、曾获荣誉等作虚假或者引人误解的商业宣传，欺骗、误导消费者”的规定，构成虚假宣传行为。北京车行天下咨询服务有限公司、北京神州优通科技发展有限公司、征者国际贸易（厦门）有限公司等43家第三方公司，为瑞幸公司实施虚假宣传行为提供实质性帮助，违反《反不正当竞争法》第八条第2款“经营者不得通过组织虚假交易等方式，帮助其他经营者进行虚假或者引人误解的商业宣传”的规定，构成帮助虚假宣传的不正当竞争行为。

3.瑞幸造假面临处罚索赔

瑞幸咖啡因自己的造假付出了沉重的代价：上市仅13个月就被退市，还面临多项处罚和索赔。

2020年7月31日，财政部官网和市场监管总局都公布了对瑞幸咖啡的调查进展。财政部将依法对瑞幸咖啡境内主要运营主体财务造假问题给予行政处罚，及时向社会公开处理处罚结果。9月22日，市场监管总局依据《反不正当竞争法》的有关规定，对瑞幸公司及北京车行天下咨询服务有限公司、北京神州优通科技发展有限公司、征者国际贸易（厦门）有限公司等45家涉案公司作出行政处罚决定，处罚金额共计6100万元。

在做空机构浑水发布瑞幸造假的调查报告后，美国已有多家律所对瑞幸咖啡提起集体诉讼，控告瑞幸咖啡作出虚假和误导性陈述，违反美国证券法。根据粗略估算，一旦面临集体诉讼，瑞幸咖啡将面临的赔偿额总计约112亿美元，折合人民币754亿元。

诚信，是上市公司和资本市场可持续发展的基石。在A股市场，随着2020年3月1日新证券法的实施，证券监管部门对上市公司财务造假的惩戒力度显著加大，一个由行政处罚、刑事追责、民事赔偿及诚信记录等组成的多层次追责体系正在形成；同时，与境外证券监管部门的审计跨境合作也将日益加强。可以预见，各个方面将发挥合力，显著提升违法违规成本，共同维护市场秩序，改善市场生态，保护投资者合法权益。

4.瑞幸奇迹：危机之后，逆风翻盘

瑞幸创造了商界奇迹。在财务造假事件对品牌声誉、财务压力等均造成致命伤之后，仅仅2年过去，瑞幸不仅满血复活，而且战力十足，开店数、营业额、利润等，均进入高速上升通道。其在国内的门店数，也已经超越咖啡业界的王者——星巴中国。

据报道，即使在新冠疫情挑战下，瑞幸咖啡2022财年全年总净营收也达到了132.93亿元，同比增长66.9%，净利润4.88亿元。瑞幸全年净新开门店超过2100家，

截至2022年底，瑞幸在国内门店数量超过8200家。

瑞幸已成功走出了财务造假事件的阴影。

案例点评

在2020年的快速消费品行业里，瑞幸咖啡成了众多财经大咖、投资消费圈的“打榜”代名词。根据做空机构浑水的调查信息，瑞幸咖啡在2019年4月至2019年末的时间里，财务数据涉嫌造假金额超过22亿元人民币。信息披露之后，瑞幸咖啡的股价在纳斯达克下跌了八成，并且瑞幸一众高管还面临着刑事追责。2020年4月3日，中国证监会等职能部门发表声明强烈谴责瑞幸咖啡造假一事，并表示严格按照法律法规予以追责问责，坚决遏止并打击证券欺诈行为，采取有效行动保障广大投资者的权益。

瑞幸财务造假事件，不仅让瑞幸咖啡面临诉讼索赔，还给投资者留下挥之不去的阴影。董事长内部暗箱操作给投资者敲响了警钟，同时，对于接触“做空机构”“匿名报告”时间不长的广大股民来说，审慎对待股票投资变得更加重要。

1. 上市公司财务造假“动力十足”

IPO公司上市财务数据造假的动力非常大。第一，若干条件不符合或者暂时不符合上市标准的公司，“从快”或者“按照与投资人的对赌期限”，及时取得IPO上市资格。第二，IPO公司有机会披着“合法”外衣去圈钱融资。第三，IPO公司取得了以较高发行价或较高市盈率发行首发股票价格的机会。第四，财务数据“漂亮”，有助于公司股票以高价格发行，方便非流通股东、大股东与若干高管高位“跑路”套现，甚至于“一上市就卖掉了公司”，“一上市公司就没有了实控人”。

从已经揭露的信息来看，瑞幸财务造假主要出于第四点，即通过虚假财务数据推高股价，便于高管高位交易套现。

2. 现实环境使造假成本“非常之低”

第一，对于保荐机构为IPO公司提供的不实记载、错误性陈述或者重大遗漏的保荐书，虽然《中华人民共和国证券法》规定可以没收业务收入，并处以业务收入1倍以上5倍以下的罚款，情节严重的，暂停或者撤销相关业务许可，但这样的法律规定在现实上似乎难以落实和执行。

第二，对于财务数据做假账的IPO单位，市场执法部门一般是对其处以罚款后就不了了之，重要的是罚款金额不超过募资金额的5%，甚至与银行贷款利率相比，处罚力度都要低不少。

第三，对于涉嫌为财务数据造假提供便利的始作俑者，如保荐、律所及审计等机构，几乎没有落实到具体人身上的处罚，而且在事发之后，“板子”可能是拍到他们上一级、社会影响面更大的组织身上，当事人似乎很容易“置身事外”。

3.防止上市公司财务造假的对策

杜绝企业财务造假，关键在于企业加强自律和监管部门加强管理，但有的企业管理者存在道德素养和管理水平偏低等影响财务数据准确性的问题，所以，在加强执法监管的同时，需要加大对会议造假的治理力度，还市场和广大股民以“清白”。具体包括以下几个方面。

第一，加强会计师事务所审计管理工作。特别是对出现的财务预警信号应保持警惕，并追踪调查相关科目，加大审查力度。冰冻三尺非一日之寒，虽然核查的是自2019年4月起至2019年末瑞幸财务数据，实际上早在2018年3月瑞幸于成立之初，已有许多迹象表明其财务数据可能存在不实或虚假行为。此时，保荐机构应该加强自律，主动拒绝造假。保荐机构需要增强社会责任感，兼顾经济和社会效益，在注重自身发展的同时，高度重视各相关方的利益，对消费者、员工、股东、合作伙伴和监管部门都要以诚相待。只有诚信经营，才能获得各相关方的信任，才能构建多方共赢的局面。

第二，明确内部审计部门地位，及时消除财务漏洞。首先，企业要建立健全内部财务审计制度。其次，企业应定期进行内部财务审计，及时发现管理方面存在的问题并加以改进，以消除漏洞，提高财务管理水平，促进企业高水平发展。

第三，明确外部审计师独立性，提高数据真实性。首先，要聘用资质合格的机构为保荐单位，与取得会计从业资格证和道德素养高的人员进行沟通，将讲诚信放在数据审计工作的首位。其次，企业应根据形势发展，支持会计人员接受继续教育，不断提升业务水平和道德素质，做到与时代同频。

第四，完善会计信息披露制度，督促企业及时纠正。一是采用数字化监管手段。利用先进的数字技术，将企业的财务数据与市场监管、税务、金融监管、证券监管等行政监管机构连通，让行政监管机构通过网络实时掌握企业的相关财务数据。行政监管部门通过收集分析企业数据，可精准发现企业的违法违规行为，督促企业及时纠正。二是加大检查频次。市场监管、税务等部门定期到企业现场检查企业的经营、财务等情况，对于大型重点企业或有过不诚信记录的企业，要加大检查频次。一旦发现数据造假等问题，及时督促企业整改。三是加大违法处罚力度。对企业的财务造假行为，目前的行政处罚力度偏低，导致造假成本远低于造假所获得的收益，使财务造假现象屡屡发生。为减少财务造假行为的发生，对于此类违法行为，应加大处罚力度，让造假者感受到切肤之痛甚至破产。同时，要加强“行刑衔接”，克服“以罚代刑”的问题。对多次出现财务造假或十分严重的单次财务造假行为，行政监管部门除采取顶格行政处罚之外，还应将涉嫌犯罪的线索移交给公安机关，使这类影响恶劣的造假者受到刑法的制裁。《中华人民共和国刑法》第一百六十一条规定：企业向股东和社会公众提供虚假的或隐瞒重要事实的财务会计报告，或对依法应披露的其他重要信息不按规定披露，严重损害股东或其他人利益，或有其他严重情节的，对其直接负责的主管人员和其他直接责任人，处5年以下有期徒刑或拘役，并处或单处罚金；情节特别严重的，处5年以上10年以下有期徒刑，并处罚金。

案例十四 海底捞复工后涨价遭吐槽

案例概述*

2020年，一场突如其来的新冠疫情，让全国众多饭店等餐饮企业陷入了寒冬。在因疫情阶段性停业后，随着疫情防控形势的好转，餐饮行业积极响应国家号召，有序推进复工复产复业。但在复工后，很多餐饮企业为挽回损失，开始涨价，随即引发热议，批评的声音居多。2020年3月12日，知名餐饮连锁企业海底捞复工涨价后，遭到大量网友吐槽，特别是4月的吐槽声浪最高。面对多方压力，海底捞最终向消费者致歉，并恢复原来的菜品价格。

1. 海底捞复工后涨价遭吐槽

2020年3月12日，海底捞宣布，即日起，海底捞火锅在15个城市、首批85家门店将恢复营业、提供堂食。从1月26日起宣布全国门店暂停堂食以来，海底捞堂食已暂停了一个半月。在此暂停营业期间，海底捞的外卖配送业务已首先恢复。截至2月27日，中国大陆地区超过63%的海底捞门店已恢复外送。

海底捞堂食的恢复，给众多消费者带来了欢喜。不过，很快就有顾客吐槽海底捞涨价了。4月初，一位北京网友展示了海底捞涨价的相关信息：人均超过220元，血旺半份从16元涨到23元，8小片；半份土豆片13元，合一片土豆1.5元；自助调料10块钱一位；米饭7块钱一碗；小酥肉50元一盘。另有网友称，同样一份现炸酥肉，已从2019年7月的28元涨到了44元，涨幅超过30%。这已经是海底捞自2019年冬天肉价上涨后的第二次涨价了，上次涨价幅度为3%～5%。

---

* 本案例摘编自张晓荣、王琳、王萍、张洁《从涨价到道歉，海底捞4天内经历了怎样的反转？》，百家号·新京报2020年4月10日，https://baijiahao.baidu.com/s?id=1663601719189146296&wfr=spider&for=pc；王仲昀《海底捞在疫情期间涨价，究竟合理不合理？》，百家号·新民周刊2020年4月10日，https://baijiahao.baidu.com/s?id=1663601719189146296&wfr=spider&for=pc。

感受到海底捞涨价的并非一人。“昨天在海底捞吃饭，两个人花了300多块钱，我还以为我是食量奇增，吃这么多！”“复工后去吃了一顿，俩大人一个小孩，没敢点硬菜，菜品几乎也是半份，360元！”其他网友也在微博上吐槽。

更令消费者郁闷的是，在涨价的同时，菜量还有所下降：半份鹌鹑蛋21元，12个，分量少了很多，下面都是白菜。

消息一出，来自全国各地的网友们也都纷纷晒出自己的菜单，“后知后觉”的网友们这才发现，原来不止北京，自己所在城市的海底捞也都涨价了。

记者通过查阅海底捞官方微信号发现，当时，济南海底捞线下门店共有6家，分别是泉城路店、振华商厦店、明湖路店、连城广场店、和谐广场店和龙泉国际广场店。6家店已全部开门营业，营业时间从上午10点到次日早上6点不等。针对上述各地网友反映的土豆片、现炸酥肉等菜品涨价问题，记者查阅济南海底捞外卖点单发现，济南振华店的土豆片为半份13元，半份血旺的价格为13元，现炸酥肉达到了48元一份，除血旺的价格低于网友反映的上涨价格之外，其余菜品标价基本符合上涨后的价格。记者还发现，虽然都属济南门店，但是不同区域的海底捞菜品定价并不完全相同。比如济南明湖路店的菜品定价相对偏低，半份土豆片为10元，一份现炸酥肉为36元，与振华店相比，酥肉的价格相差了12元。

2.餐饮开启涨价模式引发争议

关于菜品涨价的原因，海底捞相关负责人表示，涨价是受疫情及成本上涨影响，但整体菜品价格上涨控制在6%，各城市实行差异化定价，其中各地门店位置不同，消费水平不同，涨幅也不同。据悉，成本主要体现在人员、采购、门店消毒等支出方面。

但消费者对菜品涨价的吐槽并没有因海底捞这一解释而结束，随后又有数家餐饮企业被发现调价之后，网友的反应更加强烈。对于疫情期间餐饮业的涨价，网友评价不一，但持负面意见较多。有网友认为，疫情过后，小幅涨价可以理解，涨价是餐饮企业的权利，吃不吃是消费者自己的选择。但更多的网友反对涨价：工资没涨，消费却涨了，难以接受；工资都降了23%，吃不起涨价6%；这哪是报复性消费，这分明是报复性涨价。

值得注意的是，为维护疫情期间民生商品的价格秩序、质量安全，市场监管总局2020年1月29日通过视频会议启动“保价格、保质量、保供应”系列行动。海底捞作为头部企业承诺践行，转头却开启涨价模式的行为引发争议。

3. 海底捞致歉：菜品价格恢复原价

在涨价引发广泛质疑和批评之后，海底捞火锅官方微博于2020年4月10日发布致歉信称：海底捞中国内地门店复业之后，于3月下旬上调部分菜品价格，之后陆续接到来自顾客及社会各界的批评、反馈和建议。此次涨价是公司管理层的错误决策，伤害了海底捞顾客的利益，对此深感抱歉。公司决定，即时起，所有门店的菜品价格恢复到2020年1月26日门店停业前的标准。同时，海底捞在致歉信中表示，各地门店实行差异化定价，综合考虑门店所在地的经营成本、消费水平、市场环境等因素，每家门店之间菜品价格会存在一些差异。针对各地门店推出的自提业务，目前提供六九折或七九折不等的折扣，公司将在4月25日前改良包装材料，并持续优化成本，希望顾客能够满意。

首都经济贸易大学教授、中国社科院私营企业研究中心研究员蒋泽中认为，随着企业复工复产，市场消费会产生反弹，且力度很大，这正是企业提高品牌知名度和顾客忠诚度的好时机，涨价明显会损害消费者的消费热情和品牌认同度。

重庆工商大学长江上游经济研究中心研究员莫远明建议，餐饮业涨价，必须充分权衡自身、市场与消费者三者利益。当下更需要抱团取暖，不能粗暴地“一涨了之”，通过涨价变相让消费者为自己的损失买单。同时，政府的政策调控与引导也应发挥作用，比如各地推出的消费券也将提振消费信心，帮助餐饮业渡过难关。

案例点评

2020年初，新冠疫情突然袭来，广大餐饮企业遭受重创。海底捞出于经营需要，在复工之后开始涨价，引起了消费者的批评。之后，海底捞采取了道歉、恢复菜品原价的措施，回应消费者和社会各界的质疑。从公关角度来看，海底捞的表现既有较好的部分，也还有待改进之处。此次事件也暴露出海底捞危机公关预案的不充分问题。同时，海底捞在践行企业社会责任和经营创新方面也有待加强。

1.平时做好功课，减少危机损失

此次海底捞涨价事件的启示很多，至少给很多企业提了个醒：在日常经营过程中，应增强危机意识，对可能发生的危机进行研判，并制定危机公关预案。企业应在这方面做足功课。

首先，在疫情期间，很多人不能正常工作，收入可能减少甚至是大幅度减少；而且不能方便出行，很多时候只能宅在家里。在这些因素的叠加下，人们对物价非常敏感，心情也容易受影响。此时，海底捞突然涨价，肯定会引起不少消费者的抵触和反感，事实也证明了这一点：涨价之后，消费者吐槽声此起彼伏。这反映出海底捞对此次涨价可能引发的负面影响预估不足，暴露出其平时公关预案工作的不足。

据国家统计局数据，2018—2019年，全国城镇调查失业率始终稳定在5.0%左右的较低水平。2020年初，受新冠疫情突发影响，就业形势受到冲击，2月失业率升至6.2%。2020年全年，我国城镇新增就业1186万人，比上年少增166万人。失业率增加，居民的收入就会减少。在收入减少的情况下，消费者会出现消费信心不足的心理，会想方设法减少开支。餐饮饭店的食物并不属于刚需商品，民众不在饭店用餐，同样可以解决用餐问题，最简单的方法就是在家里自己烧饭做菜。消费者收入本身就在下降，饭店在这个时候却涨价，很多消费者就会削减在饭店就餐的开支，更会加剧餐饮企业经营形势的恶化。

2020年一季度全国餐饮收入大幅度下降，既有疫情限制堂食等方面的原因，也和一些饭店涨价有关。国家统计局发布的2020年一季度社会经济发展状况显示：2020年1—3月，全国餐饮收入6026亿元，同比大幅下跌44.3%；全国限额以上单位餐饮收入1278亿元，同比大幅下跌41.9%。

其次，从媒体报道的情况来看，海底捞复工后的堂食涨价，没有提前向消费者公示，加重了消费者的不满。从这点来看，也可看出海底捞平时对公关舆情的研判不专业。饭店即使要涨价，也要提前告知，并给消费者一定的缓冲时间，不能不通知就涨价，或者今天说涨价，明天就开始涨了。

最后，道歉声明可以更充分。海底捞希望通过致歉信与消费者沟通，挽回市场和消费者信心，其出发点是善意和美好的；但仅凭这封致歉信就希望挽回市场和消费者的心，可能过于乐观。海底捞在道歉的同时，既然大方承认了是管理层的错误决策，那么就可以继续勇敢地“为错误买单”，比如适当的“带小票优惠”之类的活动，既是安抚此前的消费者，也是安抚众心。

在信息化时代，任何一个危机都有可能被无限放大。食品企业一旦发生了公关危机，不管再采取什么样的措施，都会对企业和品牌造成伤害。所以，危机公关的重点在于平时的预防，最好是不要发生危机。不能等危机发生了，企业才开始危机公关。平时做好危机公关预案，能保证90%的危机可预测，70%的危机不发生。

2.疫情面前，企业应勇担社会责任

企业和消费者是相辅相成、共生互赢的一对组合。一个有理想的企业要想健康成长，必须履行社会责任，其中承担对消费者的责任是一个重要方面。当企业面临成本上升、营收下降等问题时，不能一味涨价，而应考虑到消费者的感受和承受能力。

企业利润的增长最终要借助于消费者的消费行为来实现。影响餐饮企业利润的要素，也可以大致概括为到店人数、客单价、利润率。因此，除了片面粗暴提高客单价和利润率外，吸引更多消费者走进店门、重复消费，也是核心。这其中，向消费者提供安全、健康、性价比高的商品和服务，满足消费者的物质和精神需求，是企业的职责，也是企业对消费者的社会责任。作为民生产业的骨干单元，食品企业应勇于担当、甘愿奉献、积极参与公益活动，聚焦新形势下商业向善力量与企业可持续发展、双循环内生动力与食品产业发展新方向。食品企业应将社会责任融入发展战略之中，实现经济效益和社会效益的共同发展。

疫情发生后，不少有责任心的民族食品企业坚持四大原则和行动：一是积极做好防疫工作，科学抗击疫情，保障员工安全，助力社会安全和全民健康；二是克服多种困难，积极组织生产，稳定食品质量和产量，为保供工作竭尽全力；三是不涨价，不增加消费者的购物成本；四是积极捐款捐物，参与公益慈善事业，驰援疫区人民。作为大型知名食品企业，更应该在保价格、保质量、保供应等方面积极作为，践行头部企业的责任和担当。

总之，在市场经济中，对于大多数产品和服务而言，企业制定和调整价格的行为无可非议，但由于价格的敏感性，就有可能对企业的目标市场甚至企业

的品牌与商誉产生不良影响，因此企业在制定和调整价格时需要防范由此可能引发的风险，需要进行多维度、多方面的分析判断，提前制定好相应的预案。在这个过程中，特别应该着重去倾听核心消费者的声音，努力争取消费者的理解和谅解，才有助于企业和品牌的长期发展。如发生经营问题，应当先问管理要效益，比如产品质量和服务体验。

案例十五　湖南永兴蛋白固体饮料冒充特医奶粉

案例概述*

2020年5月11日，有关媒体报道称，永兴县爱婴坊母婴店以蛋白固体饮料冒充婴幼儿奶粉销售，欺骗消费者。5月28日，永兴县市场监管局向爱婴坊母婴店下达《行政处罚决定书》，责令其立即停止虚假宣传行为，并处以顶格罚款200万元。另经专家组集体评估，有关儿童不符合俗称的“大头娃娃”症状体征。

1.“大头娃娃”再现

据报道，2020年5月，湖南郴州永兴县多名患者家长投诉：自己的孩子颅骨突出成“大头娃娃”，孩子总是起一身的湿疹，咳嗽，各项生长发育指标都不达标，甚至还有孩子出现止不住地用手拍打自己头部的异常情况。

医生检查发现，这些孩子普遍存在维生素D缺乏、发育迟缓等症状，并依此诊断为佝偻病。佝偻病是一种以骨骼病变为特征的全身、慢性、营养性疾病，是由于体内维生素D不足，引起钙、磷代谢紊乱所致。

这些家长最终发现，他们都曾经给孩子食用过一种名叫倍氨敏的“奶粉”，这种产品很贵，一小罐400克就要将近300元，价格甚至超过了不少进口婴儿奶粉。家长胡先生表示，自己孩子喝倍氨敏的过程中，身高、体重都停止发育了。

原来，这些幼儿都是因为牛奶过敏，医嘱建议家长购买氨基酸奶粉给孩子食用，而这些家长都是在当地这家爱婴坊母婴店导购员的推荐下，购买了这款倍氨敏

---

* 本案例摘编自《固体饮料咋成了特医奶粉？谁是始作俑者？》，百家号·新华网2020年5月15日，https://baijiahao.baidu.com/s?id=1666748229975891586&wfr=spider&for=pc；《饮料当奶粉卖，湖南现多名“大头娃娃”，彻查！》，百家号·北京日报客户端2020年5月14日，https://baijiahao.baidu.com/s?id=1666642773103937764&wfr=spider&for=pc。

产品。在购买过程中，家长陈女士曾经感觉不对劲："我当时有质疑，因为它下面写着蛋白固体饮料这几个字，我就问了导购员，然后她跟我说，这是牛奶的另外一个简称，我就没再怀疑。"

一次偶然机会，家长胡先生从医生那里得知，倍氨敏配方粉并不是奶粉，而是一种蛋白固体饮料。此时，他的孩子已经喝了两年倍氨敏。当胡先生第一次找到卖"奶粉"的爱婴坊母婴店店长时，该店长说："我承认都是从我手上买的，我说了是特殊奶粉，我本子上也写了奶粉，我确确实实也说了，公司也有培训过！"可当胡先生告诉她，自己的孩子出现了症状、目前正在接受治疗时，这名店长立即改口说是自己口误，还说："长期吃是没有营养的，因为它只能改善。"她还当场赔礼道歉："把特殊粉说成奶粉了，跟你道歉，我非常抱歉！"

2. 倍氨敏产品全部下架

第二天，家长们发现这家母婴店内的倍氨敏产品已全部下架。当家长们再次质问店长为什么把饮料当奶粉卖时，店长回答："两年多了，我已经想不起来了。"其他店员在介绍这款产品时，话术也变了："倍氨敏早就没货了，这不叫奶粉，这个东西没有营养，你吃多了没有坏处，但也没有好处，就是这样。"

2020年5月13日，有记者联系到涉事产品倍氨敏生产方湖南唯乐可健康产业有限公司。该公司官方客服表示，倍氨敏产品已在2019年年中停产，目前公司已介入调查。对于产品种类和适用人群，客服称倍氨敏是普通食品，普通人群均可食用，产品符合国家标准（固体饮料标准）。对于涉事产品为何在涉事母婴店售卖且卖给了牛奶过敏的孩子，唯乐可公司客服称，该产品可卖给普通人，公司只是依据国家法规生产产品，对门店卖给孩子的行为并不清楚。

3. 涉事门店被顶格罚款200万元

在媒体报道"永兴蛋白固体饮料冒充特医奶粉"事件后，湖南省郴州市、永兴县两级党委、政府高度重视，于5月14日、15日安排郴州市第一人民医院下属儿童医院（三甲医院）对5名儿童进行全面医学体检，对其头围、体格发育、微量元素、血常规等基本指标项目进行检查检测和综合评估。5月19日、20日和23日，湖南省卫健委组织湖南省儿童医院儿保科、消化科、神经内科、血液内科专家对5名儿童身体状况进行检查和评估。专家组经集体评估认为，5名儿童不符合俗称的"大头娃娃"症状体征。

6月5日，湖南省通报永兴县蛋白固体饮料事件调查处置情况。时任湖南省市场监管局副局长、省市联合调查组组长陈跃文表示，此次事件是经销商为扩大产品销售，对产品性能进行夸大宣传的欺诈、误导消费事件。通报显示，涉事产品倍氨敏具有生产厂家出具的产品合格检验报告、市场监管部门委托第三方检验机构（广东省质量监督食品检验站）出具的抽检合格报告，其产品所检33项主要质量和安全指标符合标准，涉案产品本身没有发现质量问题。

据调查，爱婴坊母婴店存在对其商品作虚假或者引人误解的商业宣传，将倍氨敏宣称为奶粉进行销售的行为，当事人承认通过虚假宣传误导消费者的事实。5月28日，永兴县市场监管局向爱婴坊母婴店下达《行政处罚决定书》，责令其立即停止虚假宣传行为，顶格处以罚款200万元。

4. 监管部门及时出手进行整顿

针对固体饮料及其他产品中出现的类似问题，2020年5月15日，《市场监管总局办公厅关于开展固体饮料、压片糖果、代用茶等食品专项整治的通知》发布，将企业名称中含有“生物”“科技”“医药”“营养”等字样的，获证类别为饮料、糖果、果冻、代用茶、茶制品、其他酒、蜜饯、水果制品、水产制品和其他食品的食品生产者及委托生产者，母婴店、医院及其附近的食品销售单位、相关食品生产者直销网点、线上销售渠道，以及面向老年、病弱群体的保健类店铺等食品经营者作为重点整治对象，对未取得食品生产经营许可，或超出许可范围从事食品生产经营活动，生产经营未按规定注册、备案的特殊食品，生产经营非法添加非食品原料、非食用物质、药品和其他可能危害人体健康物质的食品，食品标签、说明书明示或暗示具有疾病预防、治疗及保健功能，利用包括广告、会议、讲座、健康咨询在内的任何方式对食品进行虚假宣传的行为，以及利用网络、会议营销、电话营销、直销等方式违法营销食品，将普通食品与特殊食品进行混放销售、以普通食品冒充特殊食品销售等违规销售行为等进行重点整治，严厉打击固体饮料、压片糖果、代用茶等特殊形态或包装形式的食品非法添加、虚假宣传、违规销售等违法违规行为。

案例点评

近年来，全国先后发生多起“用固体饮料冒充特医奶粉，损害婴幼儿健康”的恶性事件，其中的原因和下一步的预防措施都值得深思。以永兴蛋白固体饮料事件为例，该事件是用固体饮料冒充特医奶粉，导致婴幼儿严重营养不良的一起故意违法事件，也是由于违法宣传、违规销售、欺诈消费者等一系列违规操作导致的婴幼儿健康受损事件。为保障婴幼儿食品安全、杜绝假冒特医食品事件的重演，食品企业、营养机构、执法部门等相关方都应积极行动，从食品企业自律、婴幼儿科学营养喂养指导、加强执法监管和违法处罚等方面综合发力。

1.拒绝以普通食品冒充特医食品销售

特殊医学用途配方食品（简称特医食品），是指为满足进食受限、消化吸收障碍、代谢紊乱或特定疾病状态人群对营养素或膳食的特殊需要，专门加工配制而成的配方食品。由于身体方面的原因，有些婴幼儿需要食用特医食品。例如，特医奶粉就属于特殊医学用途配方食品的范畴，适用于对母乳和普通奶粉过敏（主要是对牛奶蛋白，如β-乳球蛋白过敏）的孩子食用。相较于其他婴幼儿食品而言，特医食品的质量有着更加特殊的要求。

婴幼儿是家庭的希望、祖国的未来，包括供婴幼儿食用的特医食品在内的婴幼儿食品的安全质量决定了婴幼儿的健康。而婴幼儿健康关乎亿万家庭幸福、社会稳定和民族的强盛。

从事婴幼儿食品生产销售的企业应从国民健康和民族复兴的角度出发，在生产经营过程中树立正确的道德观，始终坚持“国民健康第一食品安全至上”的经营理念，以“满足广大婴幼儿营养健康需求”为己任，严格按照法律法规和食品安全标准，生产销售高品质婴幼儿食品。

食品企业应深刻认识到这些特殊婴幼儿的特殊营养需求，向他们提供品质优良的特医食品，而不要为了追求暴利，丧失企业道德，从事“以普通食品冒充特医食品销售”的行为，进而将婴幼儿的健康乃至生命安全推向危险境地。

2. 清晰标注特医食品标签内容

为了便于消费者选购特医食品，生产企业应清晰标注特医食品标签和说明书的内容。食品销售企业向消费者出售的特医食品应有清晰、完整的标签和说明书。

为指导特医食品企业规范标识，引导医生、临床营养师和消费者科学合理使用特医食品，市场监管总局发布了《特殊医学用途配方食品标识指南》(以下简称《指南》)。

《指南》明确，特医食品标识是指印刷、粘贴、标注或者随附于特医食品最小销售单元的包装上，用以辨识和说明食品基本信息、特征或属性的文字、符号、数字、图案以及其他说明的总称，包括标签和说明书。特医食品标识应符合相关法律法规、规章和食品安全国家标准的规定，涉及特医食品注册证书内容的，应与注册证书内容一致。特医食品的标签、说明书应真实规范、科学准确、通俗易懂、清晰易辨，不得含有虚假、夸大或绝对化语言。

《指南》系统归纳了特医食品标签和说明书需要标示的所有内容，细化企业对产品名称、商品名称和商标的字体要求，明确特定全营养配方食品临床试验标注要求。《指南》要求，特医食品最小销售包装应标注特医食品专属标志“小蓝花”，标注在标签主要展示版面左上角或右上角，可按样式等比例变化。

3. 禁止虚假宣传特医食品

为正确引导消费、保障婴幼儿食品安全，在婴幼儿食品生产经营过程中，食品企业不仅要禁止用其他食品冒充特医食品，还要禁止虚假宣传特医食品。

为保障消费者健康，在特医食品的标签、说明书、广告等载体中，禁止出现以下内容：一是涉及虚假、夸大、违反科学原则或绝对化的词语，如“特效”“全效”等词语；二是涉及预防、治疗疾病的词语，如“预防”“治疗”“速康”“优术”等词语；三是涉及保健功能的词语，如强壮、益智、增加抵抗力或免疫力、保护肠道等词语；四是涉及庸俗或带有封建迷信色彩的词语，如“神效”等词语；五是其他误导消费者的词语，如使用谐音字或形似字、容易造成消费者误解的内容，如“亲体”“母爱”“仿生”等词语；六是以婴儿或病患的形象作为标签图案，以及“人乳化”“母乳化”或近似词语；七是对产品中的营养素进行功能声称的内容等。

特医食品广告应经广告审查机关审查合格后，才可发布。但特殊医学用途婴儿配方食品广告不得在大众传播媒介或公共场所发布。特医食品广告的内容应以获批准的注册证书和产品标签、说明书的内容为准，不得超出这些范围，且这类广告应显著标明适用人群、“不适用于非目标人群使用”、“请在医生或临床营养师指导下使用”等信息。

4.开展婴幼儿科学喂养科普宣传

为保障婴幼儿饮食安全，营养健康机构应该积极行动，开展婴幼儿科学喂养科普宣传，同时加强特医食品科普宣传，指导公众合理选购和使用特医食品。

在开展婴幼儿科学喂养科普宣传方面，可参考《中国婴幼儿喂养指南》。该指南包括3个专项指南，分别是《0～6月龄婴儿母乳喂养指南》《7～24月龄婴幼儿喂养指南》《学龄前儿童膳食指南》，前面两个指南聚焦2岁及以下的婴幼儿饮食，明确了喂养准则，为家庭科学育儿提供了专业营养指导，有助于促进婴幼儿健康。为了在全民中开展婴幼儿科学喂养科普宣传，建议在社区配备营养师，由营养师进行宣讲，指导家长科学喂养婴幼儿。

在加强特医食品科普宣传方面，社区营养师可发挥重要作用。对于需要吃特医食品的婴幼儿家庭来说，家长应在医生或临床营养师指导下使用特医食品。而在特医食品的选购方面，社区营养师可对婴幼儿家长进行指导。

选购特医食品，应到正规销售场所，并仔细查看产品的标签和说明书。特医食品的标签和说明书至少要标注以下15项内容：专属标志、产品名称、产品注册号、产品类别、配料表、营养成分表、配方特点/营养学特征、临床试验（对应特定全营养配方食品）、组织状态、适用人群、食用方法和食用量、净含量和规格、生产日期和保质期、贮存条件、警示说明和注意事项。

为了确认某种特医食品是否为正宗产品，可进入市场监管总局官方网站的“服务”板块中的“特殊食品信息查询”栏目，查询产品注册信息。如果查不到产品信息，则这种产品可能尚未注册或是假冒、伪造的“特医食品”，消费者不要购买。

5.加强婴幼儿食品安全执法

为了保障婴幼儿健康，对包括供婴幼儿食用的特医食品在内的所有婴幼儿食品，执法机构都应加强食品安全执法。一方面，要加强婴幼儿食品安全监管；

另一方面，也要加大对婴幼儿食品安全违法行为的处罚力度。

首先，在日常工作中，食品安全监管部门应加强婴幼儿食品安全监管，定期到婴幼儿食品的生产和销售场所进行现场检查，对发现的问题，应及时责令企业进行整改。

其次，制定科学合理的食品安全监督抽检制度，定期从生产企业和市场流通环节取样，对婴幼儿食品开展质量检测。对于抽检中发现的食品安全问题，食品安全监管部门应及时告知相关企业，责令企业下架、召回不合格产品，并责令企业进行整改。

最后，对于出现严重食品安全问题或多次出现食品安全问题的婴幼儿食品企业，应加大处罚力度，让违法企业感到切肤之痛。有的食品企业多次销售不合格或假冒的婴幼儿食品，从中获得了大量的利润。对于这种多次违法的企业，仅用罚款等行政处罚措施，已经不足以对其产生震慑，应依法对违法企业的主要负责人和相关负责人进行刑事制裁。《刑法》第一百四十三条规定，生产、销售不符合食品安全标准的食品，足以造成严重食物中毒事故或者其他严重食源性疾病的，视情况不同，处以从拘役到无期徒刑不等的处罚。由于固体饮料无法满足对特医食品有需求的婴幼儿的营养需求，如果长期食用，婴幼儿会出现严重的营养不良，并引发多种疾病，导致健康严重受损，因此，以蛋白固体饮料冒充特医食品销售，供婴幼儿食用，属于销售不符合食品安全标准的食品的违法行为，可能涉嫌犯罪。

案例十六 汉堡王用过期面包做汉堡事件

案例概述*

汉堡王是全球大型连锁餐饮企业，宣称“味道为王、食物新鲜”“现点现做，料多味足”“每一个皇堡都符合汉堡王的皇冠标准”。然而，2020年7月16日，央视“3・15”晚会曝光了南昌汉堡王几家门店使用过期面包加工汉堡、食品加工偷工减料等食品安全问题。8月25日，南昌市市场监管局公布查处情况：对6家门店罚款91万余元，对涉事门店经营主体罚款280余万元。汉堡王紧急致歉，表示配合突击检查，永久关闭部分店铺。

1.“堡”里不一的汉堡王

记者了解到，南昌市汉堡王红谷滩天虹店在对新员工培训的过程中，制定了一套严格的标准，详细规定了每一种食物的储存、加工标准及方法。按照标准，制作红烩牛肉皇堡需要搭配21克蛋黄酱、21克生菜、两片西红柿。然而记者注意到，店员在制作红烩牛肉皇堡时，只放了一片西红柿，就将汉堡交给了顾客。这难道是员工操作失误吗？店员的解释是，标准规定放两片西红柿，但是他们绝对不能放两片。

看来，对于汉堡王的标准，店员记得非常清楚，可实际操作却偏偏不执行！就连芝士片也经常少放。按照汉堡王的标准，制作三层芝士牛肉堡，应放三片肉、三片芝士，然而记者发现，店员偷偷少放了一片芝士，就将汉堡交给了顾客。店员对此的解释是：两片肉就放一片芝士，三片肉就放两片芝士。

---

* 本案例摘编自《汉堡王用过期面包做汉堡，鸡腿排保质期随意改》，央视财经 2020 年 7 月 16 日，http://news.cctv.com/2020/07/16/ARTIeiJ1dGZKkxJ59znCtBxr200716.shtml?spm=C94212.PSxrVk3DPcLQ.S91583.2；郭诗卉《汉堡王上“3・15”黑榜》，百家号・北京商报 2020 年 7 月 16 日，https://baijiahao.baidu.com/s?id=1672381818545931251&wfr=spider&for=pc。

2. 废肉可以变成“好肉”

不仅偷工减料，汉堡王在食物的保存和制作方式上也存在严重问题。为了保证食物的温度和安全，待用的熟食都会被放到产品存放柜里，里面不同颜色的小灯，有着不同的要求和作用：亮绿灯表示食物可以出售；绿灯闪烁表示食物即将过期；红灯闪烁则表示食物已经过期，按照汉堡王的标准，应该被丢弃。

标准规定得很细致，但是店员逃避标准的方法也很简单。保温槽里装的是鸡块，红灯闪烁之后，鸡块应该被丢弃，可是店员直接将红灯摁成了绿灯。半个小时后，红灯再次闪烁，店员又一次将红灯按成了绿灯，在红绿灯来回切换的把戏下，这些早该被丢弃多次的鸡块，又被当作新鲜食物卖给了顾客。

3. 过期面包修改保质期

随着调查的深入，接下来的发现更加令人震惊。汉堡王的面包是从外面统一采购来的，在面包外包装上，生产厂家对保质期给出了明确说明，冷冻储存面包自冷冻库取出后，应置于常温条件下解冻，解冻后使用的时间不得超过48小时。

汉堡王似乎也是这么做的，在面包的外包装上也贴了标签，上面详细记录了面包拿出、解冻和应该丢弃的时间。然而记者却发现，这些只是表面现象。在汉堡王冷库的一旁，存放着大约70个面包。面包的标签上显示，这批面包应该在2019年12月14日晚上10点丢弃。那么面包到期后，员工会如何处理这些过期的面包呢？

南昌市汉堡王红谷滩天虹店经理说：“今天到期的面包，把时间条全换了，你看看哪些是今天到期的，今天到期的给它延后一天 。”据该店经理介绍，面包在常温下，按道理来说，只有两天的保质期，他们一次最多解冻两天的量。但是有的情况下，可能他们对第二天的营销额预估错误，面包很多，没办法就延到下一天。

仅仅是南昌天虹广场汉堡王餐厅存在这样的问题吗？记者随后又对南昌市其他几家汉堡王餐厅进行了调查。在南昌铜锣湾汉堡王店、南昌汉堡王王府井购物中心店等，一批面包已经到期，值班经理同样要求员工修改标签，将保质期延后一天。在这些店里，将面包等一些过期食物篡改标签后继续卖给消费者，已经成为一种常态，员工们对此已经见怪不怪了。

当记者问“总部检查，知道咱们换标签吗”时，南昌汉堡王铜锣湾店店长回答：“当然知道了，总部也知道，人家都是从基层做起，当店长当了多少年了。”

4.汉堡王中国紧急致歉：问题出在加盟商身上

在央视7月16日播出的“3·15”晚会曝光汉堡王使用过期面包做汉堡后，汉堡王（中国）当晚迅速发布道歉声明：对江西南昌汉堡王餐厅管理问题，汉堡王（中国）非常重视，立即成立工作组，对这些餐厅进行停业、整顿和调查。报道中提及的江西南昌餐厅隶属于同一家加盟商，这几家餐厅的行为与汉堡王“顾客为王”的企业宗旨严重背离，是公司管理的失误，辜负了广大消费者对汉堡王的信任，对此，汉堡王表示深深歉意。

但对于汉堡王的道歉，众多网友并不买账，认为汉堡王将责任推给加盟商，且绝不只是南昌这一个地方的汉堡王门店存在“用过期食品回炉加工食品”、欺骗消费者的行为。尤其是爆料中的那句“总部也知道”，更让消费者情绪爆燃并展开联想：这种坑害消费者的行为会不会是公司的潜规则？

5.汉堡王门店及经营主体均被行政处罚

2020年8月25日，南昌市市场监管局发布官方微博，公布此前被央视“3·15”曝光的南昌汉堡王的查处情况。南昌市市场监管局表示，南昌汉堡王餐厅的登记注册名称为南昌市鑫凯餐饮有限公司，在南昌市共有6家门店，分别为红谷滩联发天虹店、铜锣湾广场店、王府井购物中心店、盈石广场店、高新新城吾悦店和恒茂梦时代店。经查明，上述6家门店均存在使用超过保质期的食品原料生产食品的违法行为，违反了《食品安全法》第三十四条第3款的规定。另查明，红谷滩联发天虹店还存在汉堡制作偷工减料等损害消费者权益的违法行为，违反了《侵害消费者权益行为处罚办法》第十三条第1款的规定。针对以上违法行为，依据《食品安全法》第一百二十四条第1款第2项、《侵害消费者权益行为处罚办法》第十五条，对6家门店处以没收违法所得和罚款的行政处罚，罚没款共计916504.02元。对南昌市鑫凯餐饮有限公司故意实施用超过保质期的食品原料生产食品的行为，依据《食品安全法实施条例》第七十五条第1款第1项的规定，对其法定代表人处以顶格罚款，对主要负责人、直接负责的主管人员和其他直接责任人员处以相应罚款，罚款合计2816029.78元。

针对上述处罚结果，汉堡王（中国）相关负责人表示，关于南昌市鑫凯餐饮有限公司加盟餐厅的管理问题，汉堡王（中国）立即成立工作组并对这些餐厅进行停业、整顿和调查。与此同时，汉堡王（中国）联合全国多地市场监管部门完成了对

1000多家餐厅的突击检查。

对于南昌涉事餐厅的管理问题，汉堡王（中国）决定停止南昌市鑫凯餐饮有限公司旗下的北京东路餐厅的加盟经营权并将其永久关闭，其余餐厅经整顿后达到政府和汉堡王的相关要求后陆续开业。同时，汉堡王（中国）决定取消南昌市鑫凯餐饮有限公司未来新餐厅的加盟授权资格。

案例点评

2020年央视“3·15”晚会曝光的南昌汉堡王事件主要涉及食品保质期。食品保质期是指食品在标明的贮存条件下保持品质的期限，是食品生产经营者对食品质量安全的承诺。我们常见的“……之前食（饮）用最佳”“保质期（至）……”“保质期××个月”都是食品保质期的不同表述方式。

虽然食物的变质是一个连续性的过程，保质期也并非食品安全与否的绝对分界线，但是超过保质期，意味着食品生产经营者对食品的风味、口感还有安全性等各方面已难以保证，消费者的食用风险也随之大大增加。也正因如此，我国法律明确禁止生产经营超过保质期的食品，也禁止使用超过保质期的食品原料生产加工食品。南昌汉堡王在餐饮经营过程中使用超过保质期食品原料事件，虽已尘埃落定，相关企业也已道歉并受到了应有的惩罚，但该事件暴露出的几个问题依然值得深思。

1.如何让食品企业负责人、食品安全管理人员担责

《食品安全法》明确要求，食品生产经营企业主要负责人对本企业的食品安全工作全面负责，同时要求企业配有专职或者兼职的食品安全管理人员。事件中的店长、经理并未落实其应有的食品安全管理责任，甚至默许、纵容店内发生的违法行为，可以归结于几个原因：由于行业特点，食品加工场所较为封闭，违法行为隐秘且篡改保质期等行为并非持续进行，执法部门难以掌握线索；餐饮行业保障食品安全的各类记录制度未必完善，事后难以通过查阅记录来复现违法行为；即使违法行为被监管部门发现，由于前期缺乏“处罚到人”条款，也难以追究直接负责主管人员和其他直接责任人员的责任。

因此，2019年新修订的《食品安全法实施条例》首次明确“处罚到人”的制度，成为一大亮点。《食品安全法实施条例》明确规定，对存在“故意实施违法行为”等情形的，要对违法单位的法定代表人、主要负责人、直接负责的主管人员和其他有直接责任人员处以经济处罚。我们可以看到该案例中，正是运用了这一条款，相关责任人都受到了应有的处罚。2022年9月，市场监管总局又出台了《企业落实食品安全主体责任监督管理规定》，要求食品生产经营企业依法配备与企业规模、食品类别、风险等级、管理水平、安全状况等相适应的食品安全总监、食品安全员等食品安全管理人员，明确企业主要负责人、食品安全总监、食品安全员等的岗位职责。通过强化企业主要负责人食品安全责任，规范食品安全管理人员行为，来督促企业落实食品安全主体责任，起到末端发力、终端见效的效果。

2.如何让“吹哨人”哨子吹得响

涉事汉堡王里的众多普通员工，既是违法行为的知情者，也有违法行为的参与者，唯独没有出现爆料者。员工举报企业，往往会有较多的顾虑。生活经验告诉我们，“断人财路，如杀人父母”，“吹哨”的代价，往往是接踵而来的打击报复，报复可以是人身侮辱、降职、降薪、失业，或者更严重的人身伤害。要让普通食品从业者成为爆料者，让“吹哨人”哨子吹得响，不能仅仅依靠从业者的良知和道德勇气，也要依靠经济上的激励以及制度上的保障。重赏之下必有勇夫，用可观的利益激励，提高举报收益，用制度上的保障，来抗衡举报带来的未知风险。要通过完善激励制度，让不法食品生产经营者不敢肆无忌惮地去违法。

同时，通过南昌汉堡王事件，也能看到社会共治在食品安全领域所起到的作用。食品安全要靠行政的力量，同样也要依靠市场的力量，而舆论正是市场的组成部分。不难发现，很多大型连锁企业并不惧怕经济处罚，唯独畏惧声誉处罚，不怕罚款只怕曝光，对于大型企业、连锁企业，有时媒体的曝光，比一纸行政处罚决定书来得更有威力。

3.关于南昌汉堡王事件的几个问题

一是食品保质期表述方式问题。按照《食品安全国家标准　预包装食品标签通则》（GB 7718—2011）要求，保质期可以标示为“××个月”，“××

日”，“××周”，这种表述方式计算起来比较烦琐，对于大型的食品经营企业，当所经营原料种类、批次达到一定量，一线员工在盘点时要逐个计算，面临巨大的工作量，不排除有生产经营者因为日期计算错误，导致销售或使用了超过保质期的食品原料。建议在《食品安全国家标准　预包装食品标签通则》《食品标识管理规定》修订过程中，除展示版面较小的食品，统一使用“保质期（至）”的标识方式，何时过期一目了然，在不增加生产者成本的前提下，大幅降低了识别难度。

二是建议实行推荐食用日期与保质期双重标识制度。目前在《食品安全国家标准　预包装食品标签通则》标识体系中，“最好在……之前食（饮）用”“……之前食（饮）用最佳”“……之前最佳”等标识方式属于保质期的标识范畴，其含义等同于保质期，没有起到其应有的作用。对于部分食品过了最佳食（饮）用日期，仅口感、风味受到损失但产品本身依然安全的食品，在“最佳食（饮）用日期”之外可另设第二日期，作为保质期。超过最佳食（饮）用日期的商品依然可以廉价售卖，由消费者决定是否购买，这样有利于节约食品，减少浪费。

三是应对相关法律进一步明确。对于企业制定的高于国标的内控指标，如果在实际执行中并未达到，应该如何处理，还需要进一步探讨。例如，某款食用农产品实际存放时间可达7日，企业出于对食材新鲜程度的要求，内控指标定为3日，在实际存放的过程中并未能达到内控的3日，但也未超过7日，应该如何处理？案例中汉堡王半个小时就要丢弃的熟食，即属这种情况。事实上，如果对该种情况严厉处罚，很可能会挫伤企业对自身严格要求的动力。出于这种考量，《食品安全法实施条例》规定当食品生产经营者生产经营的食品符合食品安全标准但不符合食品所标注的企业标准规定的食品安全指标的，也仅为责令停止生产经营并警告。归根结底，监管部门还是要鼓励企业用更严格的标准来进行自我约束。

案例十七　娃哈哈妙眠酸奶饮品被质疑传销

案例概述*

2020年7月31日，《新京报》报道了“娃哈哈妙眠酸奶饮品层级营销疑传销”的消息，随后，全国多家媒体跟进传播。据媒体消息，一款娃哈哈妙眠酸奶饮品活跃在社交平台，这种饮品借助娃哈哈的知名品牌背书，号称是“自带百亿基因的产品”。但业内人士指出，妙眠为普通食品，涉嫌虚假宣传功效，违反《广告法》、《消费者权益保护法》及《反不正当竞争法》等规定。

1.娃哈哈妙眠涉嫌传销

娃哈哈妙眠产品全名为“娃哈哈妙眠白桃风味酸奶饮品”，其销售方式受到多位消费者的质疑。

一份《免费自循环 · 区域新零售》的宣传材料显示，娃哈哈妙眠分为会员、门店代理、总代理3种销售方式。其中，会员购买的价格为399元/箱，复购320元/箱。分享一个会员奖励99元，分享会员复购，可返20元仓券，在购买妙眠时抵用。

在门店模式方面，只需要缴纳1万元保证金，并办理相关手续，即可获得门店经销权，进货价为260元/箱，一年内完成500箱销量，可退回1万元保证金。另外，推荐1个门店人员奖金5000元，平级出货每箱奖励10元，每年推荐10个人就有5万元奖金；如果这10个人完成业绩，还可以从每个人这里赚取货款5000元，总共又是5万元。

---

*　本案例摘编自王子扬《娃哈哈妙眠酸奶饮品调查：夸大助眠功能，层级营销疑传销》，新京报客户端2020年7月31日，https://m.bjnews.com.cn/detail/159601654015641.html；《喝酸奶能“睡个好觉”？娃哈哈妙眠被指“虚假宣传”》，百家号 · 环球网2020年8月11日，https://baijiahao.baidu.com/s?id=1674722705246657364&wfr=spider&for=pc。

在总代理方面，传统总代理需要按220元/箱的价格进货，进5000箱，投资110万元。新零售总代理只需缴纳10万元任务量保证金，并办理相关手续，即可获得总代理经销权，按220元/箱的价格进货，1年内完成5000箱销量，可退回10万元保证金。

据代理商介绍，总代理赚钱的方式有多种。其中，招一个同级别的总代理，可从对方卖的每箱货中提取10元，完成5000箱销售任务后，即可赚5万元。招1万元的门店代理，只要门店代理完成一年500箱的任务量，总代理再退门店代理保证金，门店代理每卖一箱，总代理可以赚40元的差价。该门店代理如果再招一个1万元的门店代理，完成任务后，总代理还有5000元可以拿。代理商表示："5000元是无限拿，不管底下隔了多少层。"

此外，总代理还可以直接零售给会员，按照拿货价220元/箱计算，卖给会员一箱就赚近180元。"如果你的会员再招会员，你还能拿80元，这个80元是无限拿，不管底下多少个会员。"

记者在网络平台还看到，有自称做娃哈哈妙眠的人员在缴纳费用后，想要退款无门。该人士称，自己交了1万元做门店代理，但产品根本卖不动，只能去招商拿奖金，如果产品卖不动，就要"说谎话骗别人"来招商。另一位与其互动的人士也称，交的1万元押金是跟总代理签的，但没有妙眠或娃哈哈公司的盖章，而且必须销售500箱才能退款。"这1万元是不包含产品的，拉一个代理奖励5000元，这是活生生的霸王条款。"

2."巧借"娃哈哈品牌背书

关于妙眠，网络资料显示，该产品是一款主打"助眠"概念的酸奶饮品，并将娃哈哈作为品牌背书，不仅宣传使用"娃哈哈妙眠"的名义，包装正面也显著标出"娃哈哈"字样。根据包装信息，该产品由"娃哈哈"商标持有人杭州娃哈哈集团有限公司授权杭州娃哈哈饮料有限公司制造。还有宣传资料称，娃哈哈集团董事长宗庆后曾为其站台。

一些宣传页面更将妙眠与娃哈哈的经典产品相提并论："在娃哈哈发展的32年时间里，创造过五个百亿级单品，分别是八宝粥、爽歪歪、矿泉水、AD钙奶、营养快线，在宗庆后先生提出的'产品要变格、营销方式要变革'的理念下，诞生了第六个百亿级单品——娃哈哈妙眠酸奶，这是一款自带百亿基因的产品。"

天眼查信息显示，杭州娃哈哈饮料有限公司共有3名股东：杭州娃哈哈集团有限公司、浙江娃哈哈实业股份有限公司、杭州娃哈哈宏振投资有限公司。其中，杭州娃哈哈宏振投资有限公司也是杭州娃哈哈饮料有限公司的控股方，由宗庆后100%持股。杭州娃哈哈宏振投资有限公司目前申请了5个“妙眠”商标，其中，第29类商标涉及的商品/服务包括酸奶、牛奶饮料（以牛奶为主）等，第32类商标涉及的商品/服务包括乳酸饮料（果制品，非奶）等。

3.无“蓝帽子”标志的“功能”妙眠酸奶

顶着“助眠”名头的妙眠，并没有可以宣传产品功能的保健食品专用标志“蓝帽子”。包装信息显示，该产品只是“风味酸奶饮品”，并非“酸奶”，配料表的第一位的成分为水，其次为全脂乳粉。有消费者认为，从这款产品的外包装看，容易让人误以为是常温酸奶，但根据对比就能发现，常温酸奶的配料表第一位为生牛乳（≥87%）。

在产品成分方面，某代理商发布的“妙眠产品解析”宣称，该款产品包括酸奶饮品、酸枣仁、酸樱桃、GABA、茶叶茶氨酸以及白桃汁。其中，酸奶饮品促进消化、防止便秘，富含多种益生菌营养，增强免疫力，保护肝脏；GABA帮助睡眠、缓解压力、激发脑活力、调节血压；茶叶茶氨酸则促进脑中枢多巴胺释放，有助于提高记忆力及学习力。

对上述成分，一些科普工作者表示，在国外，GABA被做成了膳食补充剂，宣称其除能够减轻焦虑、改善心情之外，还能够促进肌肉生长、燃烧脂肪、降低血压、减轻疼痛等。不过，有关这些功能的研究很不充分，这些功能到底是否存在、吃多少才能有效，都缺乏明确的实验证据。中国农业大学食品科学与营养工程学院副教授表示，单从组分来看，确实是把一些助眠物质加进去了，但是加了多少、效果如何就不一定了。

案例点评

号称“自带百亿基因”的娃哈哈妙眠酸奶饮品引起社会广泛关注。这款饮品宣传助眠功能，但并未取得保健食品许可的“蓝帽子”；同时，其销售模式设置多个层级关系、层层返利，疑似传销模式。

1.越界宣传保健功能，妙眠遭质疑

公开宣传报道显示，娃哈哈在妙眠酸奶中添加了GABA，该物质具有改善睡眠、调节神经、舒缓压力等功效，娃哈哈妙眠把助眠产品以酸奶的定位展现给大家是为了让大家清楚认识到，好的睡眠不只有药品能解决，食品也可以达到这种效果。GABA为膳食补充剂，有减轻焦虑、改善心情及降低血压、减轻疼痛等功效。但是，有关这些功能的研究很不充分，这些功能到底是否存在、吃多少才能有效，都缺乏明确的实验证据。在我国列明的保健食品可以申报的27种保健功能中，增强免疫力、改善睡眠都属于保健功能。娃哈哈妙眠作为一款普通的酸奶饮料，宣称具有保健功能，其真实性令人怀疑。

同时，娃哈哈妙眠的营销层级令人“眼花缭乱”。娃哈哈妙眠营销系统分为会员、门店代理、总代理。按照惯常思维，总经销按照区域划分进行区域代理招募，而事实上，娃哈哈妙眠的总代理可以招募总代理和门店代理，并从中受益。这种有悖常理的模式，类似于一种无尽模式，为某些公司收割下线“保证金”提供了可能，涉嫌传销。根据《禁止传销条例》，以下行为都属于传销行为：要求被发展人员发展其他人员加入，以滚动发展的人员数量为依据计算和给付报酬（形成上下线关系）；要求被发展人员交纳费用或者认购一定数额的商品以取得加入或发展其他人员加入的资格；以下线的销售业绩为依据计算和给付上线报酬（层层返利）。

2.遏制违规宣传，监管部门应及时出手

《广告法》第四条明确要求：“广告不得含有虚假或者引人误解的内容，不得欺骗、误导消费者。广告主应当对广告内容的真实性负责。”如果娃哈哈妙眠酸奶宣称具有“助眠效果”，实际上却与其他奶制品饮料差别不大，长期饮用无法起到明显改善睡眠的作用，恐怕其的确需要承担一定的法律责任。但娃哈哈妙眠的宣传广告铺天盖地，在宣传中十分高调地突出“娃哈哈”的品牌效应，而面对质疑却未进行回应。深入了解发现，此前也有娃哈哈大健康系列的产品被质疑过虚假宣传，如代餐饼干、减肥酸奶奶昔、能解酒护肝的姜黄素……娃哈哈妙眠不仅延续了宣传的套路，涉嫌传销的模式也异曲同工。

当然，在企业责任之外，更该对这款争议产品发声的是监管部门。作为普通食品，这款产品宣传具有改善睡眠的功效，涉嫌虚假宣传，违反《广告法》、

《消费者权益保护法》及《反不正当竞争法》等规定。此外，其销售模式分为会员、门店代理、总代理三种，其中代理模式和传销非常接近。综合这些因素看，监管部门一是应该尽快介入，及时对违规甚至违法行为进行干预，以免无辜者受害；二是要尽快评估事件影响，正视企业可能存在的违法违规行为，依法处置。这对于维护政府部门形象，促进行业公平竞争和健康发展，均具有积极意义。

案例十八 85度C制售“早产”蛋糕被罚3万元

案例概述*

当天制作的“后天”蛋糕？上海市场监管局于2020年8月公开的行政处罚信息显示，包括85度C、满记甜品、桂源铺等在内的一批知名餐饮连锁品牌因为食品安全问题领到罚单。其实，除了这次被曝出的虚标生产日期的“早产”蛋糕事件外，85度C在食品安全方面的违规问题也不时发生。

1.擅自修改蛋糕实际制作日期被罚3万元

处罚信息显示，2020年3月，上海市徐汇区市场监管局接到消费者举报称，85度C上海凌云店擅自将3款彩虹酸奶蛋糕的实际制作日期3月8日修改为3月10日并对外销售，该蛋糕单价为188元/个。

随后，上海市徐汇区市场监管局立即对这家店的经营场所进行了现场检查，对现场的制作记录、监控视频进行了取证，在蛋糕的展示柜中，查到了标识制作日期为3月10日的彩虹酸奶蛋糕，实际制作日期是3月8日，标识制作日期和实际制作日期不符，当即要求商家销毁了相关的产品，并且对该店涉嫌存在虚假标注生产日期的行为立案查处。

《食品安全法》规定，禁止生产经营标注虚假生产日期、保质期或者超过保质期的食品。2020年6月，上海市徐汇区市场监管局依照《上海市食品安全条例》的相关规定，对涉事门店经营方津味（上海）餐饮管理有限公司老沪闵路分公司作出罚款3万元的行政处罚。

---

* 本案例摘编自傅闻捷《做“后天”蛋糕、用过期原料……85度C、桂源铺等吃罚单！》，央视新闻客户端2020年8月23日，http://m.news.cctv.com/2020/08/23/ARTIQCeih8IrfnI1elqvqahN200823.shtml。

2. 口碑受影响，“直接进入难吃范围”

天眼查显示，津味（上海）餐饮管理有限公司老沪闵路分公司隶属津味（上海）餐饮管理有限公司，后者成立于2007年，注册资本799万美元，85度C为该公司旗下项目。根据对外投资记录，津味（上海）餐饮管理有限公司另拥有广州八十五度餐饮管理有限公司、成都八十五度餐饮管理有限公司等19家企业。

公开资料显示，创始于台湾的85度C自2007年进入大陆市场后，曾凭借“现烤面包+西点+饮料”的商业模式一度在全国开出600余家门店。不过拓店势头没能长久持续，2016年起，85度C便在“重扩张而不重管理”的指责声中出现逆转，先后退出淄博、河南等市场，并大规模收缩上海店面。目前，津味（上海）餐饮管理有限公司129家分支机构中，68家公司经营状态显示为“注销”。

不仅如此，行政处罚信息同样暴露85度C的管理问题。

2015年4月，津味（上海）餐饮管理有限公司因虚假宣传被上海市长宁区市场监管局罚款1万元并责令停止违法行为；2017年10月，该公司因涉嫌销售不合格标签食品案被上海市长宁区市场监管局予以罚款；2018年7月，该公司同样因涉嫌销售标签不符合食品安全法规定的预包装食品案被上海市静安区市场监管局罚款2500元。

85度C上海多家门店在大众点评得分仅为3星至4星。在一则被标记为优质点评留言中，有网友问道：“号称昨天生产的蛋糕看起来那么萎靡，奶油味同嚼蜡，服务员还说保质期3天，那得难吃成什么样？”更有网友直言，85度C“直接进入难吃范围”。

案例点评

“早产”蛋糕等一系列食品安全事件不断发生，以及85度C“重扩张而不重管理”的模式，说明85度C在食品安全管理、食品安全事件危机应对方面均存在不足。为了保障消费者权益、促进企业稳健发展，任何一个食品企业都应加强食品安全管理，提高食品安全质量，预防食品安全问题的发生，让消费者买得安心、吃得放心。

1.食品安全，预防为主

民以食为天，食以安为先。食品是为人体提供营养素和能量的重要来源，在绝大多数情况下，可以说是唯一来源。食品安全事关全体国民健康、亿万家庭幸福，关乎农民增收、社会稳定、民族复兴、国家强盛等国之大计，一直受到社会各界高度重视。

改革开放以来，我国食品产业获得快速发展，不仅食品品种增多、食品产量增加，且食品安全质量、食品营养品质都得到了显著提升。但与此同时，食品中混入异物、糕点中吃出苍蝇蚊子、微生物超标、食品添加剂超标等食品安全问题也不时发生。在这种情况下，一旦出现食品安全问题，消费者就会格外关注，涉事食品企业的生产经营和品牌形象将遭受严重的影响，甚至跌入谷底。

从客观科学的角度来看，食品安全不可能零风险。但从保障国民健康方面来看，对于食品安全问题，必须零容忍。所以，在每一次食品安全问题被曝光之后，都容易引发较大的反响。从助力国民健康、促进中华民族伟大复兴以及促进企业自身发展等角度考虑，每一个食品企业都应高度重视食品安全，全力保障食品安全，从制度设计、人员管理、原料管控、流程科学等各方面，将食品安全隐患扼杀在萌芽状态。

食品安全涉及的因素较多，只有强化意识，预防为先，才能预防食品安全问题和食品安全危机，从体系上消除食品安全不良舆情。

2.增强安全观念，健全控制措施

保障食品安全，是关乎全体国民健康和民族未来的基础工程。影响食品安全的因素很多，但保证食品安全的关键是人的道德，包括企业主要负责人和所有员工的道德。食品企业生产经营者和全体员工都应树立良好的道德观念和强烈的食品安全意识，用良心做好每一份食品，严格按照食品安全法律法规开展生产和销售活动。

健全食品质量控制措施，有助于提高食品安全质量，杜绝食品安全问题的发生。食品生产经营企业是食品安全第一责任人，应该完善食品安全管理制度，对全产业链进行全面控制，包括对源头、生产体系、储存过程等严格控制。

第一，为落实食品安全责任制，食品企业应配备与企业规模、食品类别、风险等级、管理水平、安全状况等相适应的食品安全总监、食品安全员等食品安全管理人员，明确企业主要负责人、食品安全总监、食品安全员等的岗位职责。

第二，为保障食品安全，食品企业应建立基于食品安全风险防控的动态管理机制，结合企业实际，落实自查要求，制定食品安全风险管控清单，建立健全日管控、周排查、月调度工作制度和机制。如知名连锁餐饮企业的三明治中含有蚯蚓，糕点中出现飞虫、塑料棒、黄色电线外壳等异物，这些食品安全问题的发生，与食品原料质量管理有关。

第三，为从源头保障食品安全，食品企业还应建立严格的原料采购、运输、验收与贮存制度。食品原料只有符合以下要求，经验收合格后，才可投入使用：一是供货商具有合格的产品证明文件，包括营业执照、食品生产许可证、产品检验合格证等；二是原料具有正常的感官性状，无腐败、变质、污染等问题；三是作为原料的预包装食品应包装完整、清洁、无破损，内容物须与产品标识一致；四是原料在食品保质期内；五是原料温度符合食品安全要求。

3. 危机来临，企业应及时、科学回应

由于影响食品安全的因素很多，在保障食品安全的同时，食品企业还应构建完整的食品安全危机公关应对制度，并在食品安全问题发生时，及时和科学地回应公众。食品企业在平时就应做好危机公关预案，编制应急管理手册，进行法律、质量问题及公关的应急演练。一旦遇到突发的食品安全舆情，品牌方应及时、积极、坦诚、善意地与消费者沟通，向公众公布问题产生的原因及善后措施，在消费者心中树立负责任、敢担当的品牌形象。

85度C在本次事件中，未能更好地及时回应蛋糕“早产”事件，导致负面舆情不断发酵，吐槽和指责的声音不断，对品牌的成长产生一定不利影响。过程中公众持续的不良体验，也影响其与品牌之间的正向关系，并可能因此改变其品牌忠诚和选择。

对于食品安全的负面舆情，企业的正确做法应该是：在食品安全危机发生之后，企业应利用好公众和媒体关注的“黄金24小时”，及时、合理处置事件，真诚适当展开沟通，在进行及时应对、召回、处置的同时，品牌应第一时间回应公众的关切，充分了解事实真相，适当向公众进行事实和情感沟通，并就问题产生的原因作出说明，同时给出补救措施。

在应对食品安全危机的过程中，应遵循以下几条原则：一是快速组建公关

小组，企业多部门联动。公关不只是企业公关部的事，产品质量控制、企业管理、规范销售、合规宣传、消费者关系等部门，都和公关工作有密切的关系。多部门联动，可确保信息出口专业充分。二是统一新闻出口。发生危机之后，严格管理信息发布渠道，只允许特定对象对外接受采访和发声，杜绝对外发布信息各说各话。三是对外沟通要精准。企业在对外发布信息时，要做到专业、科学、准确，不要出现硬伤，以免产生新的负面舆情。只有及时、科学地回复公众，才有可能将食品危机公关做好，才能尽可能减少不良事件对品牌的伤害，进而挽回公众信任、重振消费信心。

案例十九

饿了么回应“算法致外卖骑手成高危职业”

案例概述*

2020年9月8日，《外卖骑手，困在系统里》一文发表后，迅速引爆网络。文章称，外卖骑手在外卖系统的算法与数据驱动下，疲于奔命，成了高危职业人群，经常超速、闯红灯、逆行。饿了么和美团9月9日先后对此作出回应。相较于美团，饿了么的回应更令公众不满，被质疑外卖平台缺乏解决问题的诚意，并不想真正改善外卖骑手恶劣和危险的工作状态。

1.外卖平台“消失”了的时间

近年来，关于外卖骑手生存境遇的话题一直很热门。据悉，《外卖骑手，困在系统里》这篇迅速刷屏的文章的作者历时半年调查，采访了全国各地数十位外卖骑手、配送链条各环节的参与者以及社会学学者，揭露了在外卖平台系统的算法与数据驱动下，外卖骑手的配送时间不断被压缩的现状。骑手在强大的系统驱动下，为避免差评、不被罚款、维持收入，往往在配送路上逆行、闯红灯、超速，不仅影响了自己安全，也对公共交通安全构成威胁。该文章一发布，立即引起了巨大的社会反响，人们再次把外卖员的生命安全与饿了么、美团这两大外卖平台紧紧联系在一起。

饿了么骑手朱大鹤清晰地记得，2019年10月的某一天，当他看到一则订单的系统送达时间时，握着车把的手出汗了，“2公里，30分钟内送达”——他在北京跑外卖两年，此前，相同距离最短的配送时间是32分钟，但从那一天起，那两分钟

* 本案例摘编自张周项《“外卖骑手困在系统里”刷屏，饿了么回应评论区却翻车了……》，百家号·中国日报2020年9月9日，https://baijiahao.baidu.com/s?id=1677360184169627236&wfr=spider&for=pc；《外卖小哥拼命，谁“饿”了？又“美”了谁？》，百家号·央广网2020年9月10日，https://baijiahao.baidu.com/s?id=1677426820570690936&wfr=spider&for=pc。

不见了。

差不多相同的时间，美团骑手也经历了同样的“时间失踪事件”。一位在重庆专跑远距离外卖的美团骑手发现，相同距离内的订单，配送时间从50分钟变成了35分钟；他的室友也是同行，3公里内最长配送时间被压到了30分钟。

这并不是第一次有时间从系统中消失。金壮壮做过3年的美团配送站站长，他清晰地记得，2016—2019年，他曾三次收到美团平台“加速”的通知：2016年，3公里送餐距离的最长时限是1小时；2017年，变成了45分钟；2018年，又缩短了7分钟，定格在38分钟。相关数据显示，2019年，中国全行业外卖订单单均配送时长比3年前减少了10分钟。

系统有能力接连不断地“吞掉”时间，对于缔造者来说，这是值得称颂的进步，是AI智能算法深度学习能力的体现——在美团，这个“实时智能配送系统”被称为“超脑”，饿了么则为它取名为“方舟”。2016年11月，美团创始人王兴在接受媒体采访时表示，他们的口号是“美团外卖，送啥都快”，平均28分钟内到达。他说，这是一个很好的技术的体现。而对于实践“技术进步”的外卖员而言，这却可能是疯狂且要命的。在系统的设置中，配送时间是最重要的指标，而超时是不被允许的，一旦发生，便意味着差评、收入降低，甚至被淘汰。外卖骑手聚集的百度贴吧中，有骑手写道：送外卖就是与死神赛跑，和交警较劲，和红灯做朋友。

为了时刻警醒自己，一位江苏骑手把社交账号昵称改成了：超时是狗头。一位住在松江的上海骑手说，自己几乎每单都会逆行，他算过，这样每次能节省5分钟。另一位上海的饿了么骑手则做过一个粗略的统计，如果不违章，他一天能跑的单数就会减少一半。“骑手们永远也无法靠个人力量去对抗系统分配的时间，我们只能用超速去挽回超时这件事。”一位美团骑手告诉记者，他经历过的最疯狂一单是1公里20分钟，虽然距离不远，但他需要在20分钟内完成等餐、取餐、送餐，那天，他的车速快到“屁股几次从座位上弹起来”。

2.算法导致外卖骑手成高危职业?

业内人士指出，外卖配送时间不断被缩短，首先影响的是交通安全。为了使送餐时间达标、不受处罚，外卖骑手在现实中违反交通安全法规的现象越来越突出，已成了一个亟须解决的社会问题，而这一切都是由外卖平台采用的算法所导致的。

中国社会科学院研究员孙萍从2017年开始研究外卖系统算法与骑手之间的数字劳动关系，她认为，“越来越短的配送时间”是“越来越多的交通事故”的最重要的原因。超速、闯红灯、逆行，这些外卖骑手挑战交通规则的举动是一种“逆算法”，是骑手们长期在系统算法的控制与规则之下作出的不得已的劳动实践，而这种逆算法的直接后果则是外卖员遭遇交通事故的数量急剧上升。

现实数据有力地佐证了这一判断——2017年上半年，上海市公安局交警总队数据显示，在上海，平均每2.5天就有1名外卖骑手伤亡。同年，深圳3个月内，外卖骑手伤亡12人。2018年，成都交警7个月间，查处骑手违法近万次，事故196件，伤亡155人次，平均每天就有1名骑手因违法伤亡。2018年9月，广州交警查处外卖骑手交通违法近2000宗，美团占一半，饿了么排第二。

在公开报道中，具体的个案远比数据来得更加惊心动魄——

2018年2月，一位饿了么骑手为赶时间，在非机动车道上超速，撞倒上海急诊泰斗、瑞金医院与华山医院急诊科创始人之一的李某某，李某某经抢救1个月之后不幸去世。2019年5月，江西一名外卖骑手因急着送外卖，撞上路人致其成植物人。一个月后，一名成都骑手闯红灯时，撞上保时捷，右腿被当场撞飞。同月，河南许昌一个外卖骑手在机动车道上逆行，被撞飞在空中旋转2圈落地，造成全身多处骨折……

“摔车的事情太常见了，只要不把餐洒了，人摔成什么样都不是大事儿。”被配送时间“吓”得手心出汗的朱大鹤说。跑单的时候，他见到了太多遇到交通事故的同行，“一般不会停下来”，因为，“自己的餐都来不及取了”。

美团骑手魏莱的经历也印证了这种说法。2020年春天的一个中午，魏莱和一名穿着同样颜色制服的骑手在十字路口等红灯，只差几秒钟，对方着急，闯了过去，正好一辆汽车高速驶来，“连人带车都飞起来了，当场人就没了。”魏莱说，看到同行血肉模糊地躺在马路中央，他并没有停下来，因为“自己手里的订单就要超时了”。

3. 饿了么的回应引发舆论炮轰

“算法导致外卖骑手成高危职业”爆屏之后，迫于舆论压力，外卖平台巨头立即作出回应。

2020年9月9日凌晨，饿了么率先通过官方微博发布了题为“你愿意多给我5分钟吗？”的回应，具体内容如下：

> 系统是死的，人是活的。将心比心，饿了么在保障订单准时的基础上，希望做得更好一点。一是饿了么会尽快发布新功能：在结算付款的时候，增加一个“我愿意多等5分钟/10分钟”的小按钮。如果你不是很着急，可以点一下，多给蓝骑士一点点时间。饿了么也会给你的善解人意一些回馈，可能是一个小红包或者吃货豆。二是饿了么会对历史信用好、服务好的优秀蓝骑士，提供鼓励机制，即使个别订单超时，优秀蓝骑士也不用承担责任。

饿了么在声明中同时提到，每个努力生活的人都值得被尊重。

美团则回应得稍晚些，9月9日19点多，美团方面表示，没做好就是没做好，没有借口，将会给骑手留出8分钟弹性时间，增强配送安全技术团队，重点研究技术和算法，以保障安全。

两大外卖平台对于“算法导致外卖骑手成高危职业”的回应，再次引发网友热议。相较于美团，饿了么的回应更令公众不满。特别是饿了么凌晨快速推出的“你愿意多给我5分钟吗？”的回应，更是引起了广大网友的热评，很多人认为饿了么有甩锅给消费者的嫌疑，质疑外卖平台解决问题的诚意，认为外卖平台并不想真正改善外卖骑手恶劣和危险的工作状态。

2020年9月9日下午，上海市消费者权益保护委员会副秘书长唐健盛分析认为，饿了么的声明实际上在逻辑上是有问题的。他指出，外卖骑手的关系，是与企业的关系，外卖骑手相关的规则也是由企业来定，即由外卖平台定。消费者在平台下单，商业行为也是针对平台产生的。因此，在这种情况下，外卖平台拿外卖骑手的过错，骑手的违规、撞人和闯红灯等问题，让消费者去承担下来，这显然是有违基本逻辑的。

值得一提的是，美团和饿了么公布的2020年第二季度财报显示，在这一季度，饿了么实现每单盈利转正，而美团则完成了22亿元人民币的净利润，同比增长95.5%，其中，外卖业务是美团实现盈利的最大功臣。2020年8月24日，美团股价也再创新高，市值突破2000亿美元，成为港股第五大市值公司。

但在外卖平台高速增长、造就价值数千亿美元商业帝国的同时，外卖员却仍然面临着超出身体极限甚至付出生命的危险，并没有从巨大的外卖平台利润中获得应有的安全和尊重。

案例点评

2020年9月8日，《外卖骑手，困在系统里》一文引爆网络，揭露了外卖骑手的“算法困境”，同时也将外卖平台推向舆论风暴的中心。作为外卖头部平台的美团和饿了么首当其冲，两家头部平台在文章发出的次日先后回应，引发各类群体的广泛讨论。最终，舆情热潮在9月10日达到顶峰后逐渐回落。

1.“算法困境”和“平台责任”成关注焦点

在此次事件中，“外卖骑手”“外卖平台”“算法”成为舆论提及最高频的词汇。此外，美团和饿了么的回应也成为热议话题。总的来看，“算法困境”和“平台责任”是此次舆情关注的焦点，引发关注的原因有以下几点。

一是多平台、多链条、多点传播引发舆情指数级裂变。这篇文章先以微信、微博为主要传播阵地，同时在各大新闻资讯平台和网站发布，形成传播的聚合力量；然后网民在朋友圈转发新闻链接刷屏、媒体接二连三发声，既有央视财经、北京商报网这样的主流媒体发表分析性文章，也有自媒体发表主观意识较强的分析性博文；紧接着，饿了么和美团先后发声，却因被认为推诿责任而引发热烈讨论；随后，上海市消费者权益保护委员会对饿了么“多等5分钟功能”进行评论，称其侵害消费者权益，舆情进而形成极化效应，形成指数级裂变的舆情传播景观。

二是戳中社会痛点，形成情绪共振。情绪是舆论扩散的撒手锏，在此次传播中情绪大致分为两个部分：一是对外卖骑手的同情，二是对饿了么让消费者“多等5分钟”的不满。这篇文章将外卖骑手这一“城市的陌生人”群体显性化，使读者得以窥见他们相对社会底层的工作和生活困局，触发读者同理心和怜悯之情。随着讨论的深入，有网友将自身的困境投射到外卖骑手身上，“人人都被困于系统之中”等言论引发情绪共振，同时，人与技术、人与资本的关系引发更深层次的反思。另外，饿了么和美团的回应也给网民提供了讨论的素材，饿了么提出“多等5分钟”正好将自身本应承担的责任甩给消费者群体，引发广泛不满情绪，同时也成为网民批驳资本剥削的情绪宣泄口。

三是紧扣时代脉搏，揭露平台经济监管必要性。外卖骑手是平台经济的影子，也是过去10年来平台经济快速崛起的具象化表征。根据中国信息通信研究院的数据，我国数字经济的规模从2005年的2.6万亿元增长到2020年的39.2万亿元，占GDP的比重也由2005年的14.2%提升至2020年的38.6%。到2025年，数字经济带动就业人数将达到3.79亿人。一方面，平台和算法其实早已嵌入人们的日常生活，但鲜有人关注；另一方面，商业逻辑下的平台经济成为我国经济发展的重要推动力，但在社会责任承担、保护零工参与人群方面不尽如人意。《外卖骑手，困在系统里》一文将平台经济和算法推入公众视野，紧扣时代发展，开启了对于平台经济有效监管的社会讨论。

当然，舆论只是表征，社会事件和社会现象才是本质。公众讨论“算法导致外卖骑手成为高危职业”实则暴露出我国平台经济发展畸形、无序扩张、缺乏监管、企业社会责任薄弱等问题，而对饿了么让消费者“多等5分钟”感到不满，在一定程度上反映出平台公司成为市场规则垄断者和制定者。企业在自治的同时，亟须第三方力量约束和社会监督。

2.积极落实更加合理的新型就业安全生产责任

保障外卖员的劳动安全是深化平台经济发展的重要基础。针对日益高发的交通违法事故等安全问题，应明确平台企业的主体责任、合理制定平台规则，如为劳动者提供头盔、工伤险、符合国家安全标准的外卖专用电动车等必要安全防护用品和措施，定期检查并保障劳动工具的安全和合规状态。同时，建议考虑融合政企大数据，采用“算法取中”并结合人工校验等方式，设计充分考虑包含道路交通等相关法律法规、高峰期交通堵塞、遭遇恶劣天气或特殊事由（如临时交通管制、小区限入）等情况的“合理时间区间”算法模型，并对应采取延长配送服务时间、限制接单等人工校验措施，限制平台以追求配送效率而牺牲交通安全的“最严算法”作为考核标准等。

3.建立算法协商制度，助推科技向善

改善算法困境，不仅要靠平台自身优化调整，还应建立起社会层面和组织层面的算法协商机制，除了平台和程序员，还应将政府、第三方机构、社会科学家、外卖员、商家和消费者都纳入算法的规则设定当中，改善由企业说了算的“单向话语权”，让算法机制由纯技术性变成“技术性+社会性”，以体现人文关怀和社会价值。2021年7月，人社部、国家发展改革委等八部门联合印发的《关于维护新就业形态劳动者劳动保障权益的指导意见》中明确提出，企业

制定平台进入退出、订单分配、计件单价、抽成比例等直接涉及劳动者权益的制度规则和平台算法，要充分听取工会或劳动者代表的意见建议，将结果公示并告知劳动者。工会或劳动者代表提出协商要求的，企业应当积极响应。这表明，技术的困境可以通过社会协商或者算法审计被纠正。

企业主动承担社会责任，优化算法设计。饿了么设置的“多等5分钟/10分钟”的按钮，却将企业本该承担的责任转嫁给了消费者；而美团的8分钟的弹性时间，也不是釜底抽薪之道。基于精准计算的配送时间和按单计价，使外卖骑手养成了“自我剥削”的劳动习惯，即在无时间压力的情况下，骑手仍然会出现违反交通法规的驾驶行为。这也是公众担心“算法导致外卖骑手成为高危职业”的现实根据。算法只是挡在企业运作前的技术型“挡箭牌”，而非原罪，系统性的技术价值赋能和实现“负责任技术”依然任重道远。平台的管理和技术人员需要重新考虑算法设计体系，降低送餐速度考核权重、提高安全指标，并将有益于促进数字包容、数字公平的社会价值指标纳入参考。

4.建立算法技术的法律体系和约束机制

目前，国内还未设立总体性的行业伦理规范，可以从外部规范的角度，从法律、法规、标准等方面，为算法制定具有科学性和人性化的伦理标准，多方协商和讨论，建立相应的伦理审查制度。在国外，已经出现了一些和算法有关的法案可供参考，欧盟和美国已出台相关文件，重视人工智能的伦理问题，强调“以社会公正的价值观引导人工智能技术的发展”，这些文件包括欧盟的《人工智能时代：确立以人为本的欧盟人工智能战略》《通用数据保护条例》《人工智能道德准则》，以及美国参议院提出的《2019年算法问责法案》等。

建设数字中国，更加需要关注技术的社会责任落实。为做好这方面的工作、更好促进社会公平公正，需要尽快出台法律法规，以增强算法设计和研发的标准、规则的合理性以及透明度等。同时，为保障数字经济和算法模式中的个体权利，还应建立健全算法问责机制，内容应包括算法解释的权利、更正或修改数据的权利、退出算法决策的选择权等，以推进技术向善，切实维护外卖员等算法相关的从业人员的权益。

有效探索并设立针对消费者的评价与共情机制。针对外卖员易受到客户严苛要求的突出问题，平台有义务帮助重建消费者和劳动者之间的良性关系。在现行单向评价机制、以“更快速度和更低价格”为导向的算法等的影响下，消费者更易关注自身“极致”的外卖体验，默认现行平台体制的合理性，忽略或视而不见其背后的弊端。长期来看，提升骑手和消费者相互理解与尊重，让无理取闹甚至有恶意言行的消费者为自己的行为负责，让骑手真正享有“说不”的自主权，值得被平台重视和研究。例如，一方面为骑手配备心理服务热线，另一方面给顾客推送宣传片、设置“骑手体验日”，用感性化、视觉、行动参与的方式，让消费者与骑手产生联结，或是可以进行较好尝试的开端。

平台经济是当下中国社会发展的重要助推力，也是实现公平发展和共同富裕的重要试验场。对于新就业人群的收入和保障，除了关注一次生产劳动中的分配问题，还应聚力探索二次、三次分配的公平性和可持续发展性，让新就业人群切实感受到勤劳致富、创新致富、发展致富、改革致富的成果。促进、优化平台公平，可持续的改革推动，以人为本、助力社会公平和普惠兜底，将是平台企业未来发展的重要议题，也是国家、社会、企业通力合作的共同目标。

案例二十 网友吐槽狗不理味差价贵遭遇店家追责警告

案例概述*

2020年9月10日，一条“网友吐槽王府井狗不理餐厅”的微博视频引发热议。涉及门店随即在网上发表声明称，视频发布者侵犯了餐厅名誉权，餐厅将追究相关人员和网络媒体的法律责任，并已报警。一时间引发众多舆论关注和网友的吐槽。面对汹涌的舆情，狗不理集团在9月15日发表致歉声明，并宣布与王府井店加盟方解除合作。

1.店家声明：报警处置博主差评

微博上有网民转发了相关视频。有消费者探访了狗不理包子王府井总店，称该店在大众点评网上的评分是2.85分，在王府井地区的餐厅中评分最低。

在视频中，消费者先截取了网友在大众点评上的评价；接着他走进餐厅，花60元购买了一笼8个的酱肉包，又花38元买了一笼8个的猪肉包。在吃包子的时候，画面外传来剧烈的咳嗽声，消费者听到后撇了撇嘴，说咳嗽声是从厨房传来的。最后，消费者总结说，酱肉包特别腻、没有用真材实料；而猪肉包则是皮厚馅少，面皮粘牙。“要说也没那么难吃，这种质量20块钱差不多，100块钱两屉有点贵。”消费者体验后说，对于网友评价的“服务差”，他倒是感觉不强烈。

该视频发出后不久，新浪微博账号@王府井狗不理店就发布了一则声明。声明中称，该视频所有恶语中伤言论均为不实信息。餐厅郑重提出：网民发布传播虚假

---

* 本案例摘编自师悦《网友差评视频引热议，王府井狗不理：恶语中伤，已报警》，北京日报客户端 2020 年 9 月 11 日，https://ie.bjd.com.cn/5b165687a010550e5ddc0e6a/contentApp/5b16573ae4b02a9fe2d558f9/AP5f5b089ee4b0d90351f8a441.html；《餐厅被吐槽难吃还报警？狗不理集团深夜发声明：王府井店为加盟店，即日起解除合作》，百家号·每日经济新闻 2020 年 9 月 15 日，https://baijiahao.baidu.com/s?id=1677857188739252919&wfr=spider&for=pc。

视频内容，侵犯了餐厅的名誉权；未征得餐厅同意，网民私自拍摄、剪辑，并向第三方提供带有不实信息的视频，侵犯餐厅的名誉权，造成相关经济损失；现要求二者立即停止侵权行为，在大于现有影响的范围内消除影响，并在国内主流媒体公开道歉，餐厅将依法追究相关人员和网络媒体法律责任。目前，餐厅已报警并注册官方微博，发布官方声明，以正视听。

2020年9月10日晚上，记者致电狗不理包子王府井总店，该店负责人称，店内都是明码标价，没有卖过160元一笼的包子。而在视频中，“酱肉包竟然160元一笼”出现在网友评论里。“说馅儿小，可以当时叫我退呀，消费者不会白花钱干这种傻事。”对于后厨的咳嗽声，该负责人质疑：“谁咳嗽声有那么大呀，跟八级地震似的。”

2.消费者：连吃顿饭都不让说了？

公开资料显示，狗不理包子王府井总店隶属于狗不理集团股份有限公司（下称狗不理集团）旗下的天津狗不理食品股份有限公司（下称狗不理）。值得一提的是，狗不理曾于2015年11月在新三板挂牌上市，并于2020年6月11日退市。狗不理集团曾欲登陆中小板，2014年7月，狗不理集团A股IPO宣告失败。

针对@王府井狗不理店网传声明里的“报警”说法，消费者于2020年9月11日在微博上发文称：“真的吓我一跳！”“不想在这件事上费心，希望他们能做出更好吃实惠的包子。”在微博中提到自己没有接到警方的任何通知，“连吃顿饭都不让说……”。

多名网友也就狗不理包子王府井总店的回应内容展开热议。有网友提出：“那是个人主观评价吧？怎么就成恶意中伤了？如果这就叫恶意中伤的话，那些在大众点评给一星并留言吐槽的顾客是不是也得去警局走一趟？再说，人家也没有以此敲诈勒索，有什么好报警的？”另有不少网友质问：难吃为什么不让人说？难道客观评价也不行吗？以后吃到不好的食物，谁还敢说真话？

3.狗不理致歉：问题出在加盟方

2020年9月11日凌晨，记者再次搜索发现，狗不理包子王府井总店发布的声明已被从微博上删除，也无法再搜索到@王府井狗不理店的用户信息。

面对汹涌的舆情，狗不理集团在2020年9月15日发表致歉声明，宣布解除与王府井店加盟方合作。狗不理集团称，近日，狗不理包子王府井总店就网友发布视频评论，采取不妥行为，引发舆论关注，狗不理集团股份有限公司现作如下声明：

“狗不理王府井店”为2005年狗不理改制前的加盟店并存续至今。狗不理集团改制后，为了维护品牌美誉度和保障食品品质，狗不理集团坚持以直营为主，截至目前，已陆续收回各地加盟期满的80多家加盟店；其中北京原有12家收回11家，仅存此一家加盟店。

事件发生后，狗不理集团高度重视，集团领导率队在第一时间赶赴狗不理王府井店，了解事情经过。经了解，在未向狗不理集团报告的情况下，狗不理王府井店面对消费者评价，擅自处理且严重不妥，不能代表集团官方行为和立场。由于该店严重违反了狗不理集团企业品牌管理规定和与狗不理集团签订的加盟协议相关约定，严重损害了狗不理集团名誉，造成了极其恶劣的社会影响，狗不理集团从即日起，解除与该店加盟方的合作。

此次事件反映出狗不理集团对加盟店管理上存在疏漏。集团上下正在进行深刻反省，组织旗下所有酒店对照网友提出的评价，逐一进行自查并严肃整改，进一步提高客户满意度；加强对加盟店的管理，再次严明自营店和加盟店重大事件管理报批规章制度和惩罚机制，一旦出现类似事件，将严惩不贷。

下一步，狗不理集团会以此次事件为镜为鉴，继续坚持将消费者满意度、产品品质、食品安全放在首位，多方听取消费者意见建议，认真接受社会舆论监督，时刻查找自身存在的问题，切实提升服务水平，根据社会需求，及时调整经营方针。针对此次事件给社会带来的不良影响，狗不理集团深表歉意。

案例点评

2020年9月10日，在被顾客吐槽“食物味道差、价格贵”之后，狗不理包子王府井总店采取报警方式，要追究顾客的法律责任。在舆情发酵之后，狗不理集团发表致歉声明，宣布解除与王府井店加盟方合作。但网民对狗不理及该事件的议论并未停息，不少人认为狗不理集团对消费者的态度不够真诚。纵观整个事件，可以发现，狗不理集团及狗不理包子王府井总店在舆情应对方面还存在欠缺，平时的危机预防能力和危机来临时的公关应对能力都需要提高。

1.预防舆情危机，关键在平时

最好的危机公关是预防危机的发生。老字号食品企业在快速扩张过程中，要加强对子公司或加盟商的管理。这些年，包括知名老字号在内的食品集团因对加盟商或子公司管理失职，导致整个集团遭受重大损失的惨痛事例不少。例如，2018年12月15日晚，有媒体报道称，北京某知名老字号集团下属的蜂业公司（子公司）的蜂蜜生产商，将大量过期、临期的蜂蜜回收后，再次加工成蜂蜜出售。该老字号企业瞬间被推上风口浪尖，遭受的损失也非常大：集团的中国质量奖称号被撤销；集团多名负责人被撤职、降职等问责处理；集团下属的蜂业公司被吊销食品经营许可证，企业和涉事人员5年内不得申请食品生产经营许可。此次的狗不理包子王府井总店暴露出的问题，也与老字号总部的管理疏漏有关。所以，只有平时加强对分支机构的管理，才能及时发现子公司或加盟店存在的问题，并及时纠正，食品集团企业才能在扩张的道路上行稳致远。

对于食品企业而言，食品安全是第一位的。随着形势的变化，食品安全已经不再局限于传统的有毒有害物质的控制，还包括营养以及可能影响人体营养健康的食品包装、食品标签等因素。特别是餐饮连锁食品企业，具有门店多、从业人员流动性大、消费者众多等特点，从企业总部到经营门店，加强食品安全管理更显得十分重要，这既要有制度设计，更要落到实处。

餐饮连锁食品企业总部应对其中央厨房、配送中心和经营门店开展食品安全承担指导、监督、检查和管理责任。中央厨房、配送中心和经营门店应在餐饮连锁企业总部的统一管理下，积极履行相应的食品安全责任。为保障食品安全和服务质量，连锁食品企业总部必须重点做好以下多方面的工作：一是强化食品安全管理体系建设。餐饮连锁食品企业要明确系统内食品安全管理组织框架，建立涵盖原料采购、操作流程、物流配送、餐厨废弃物处理等食品安全控制和风险防范体系。企业总部、中央厨房或配送中心建立食品安全管理机构，并配备专职食品安全管理人员，经营门店按要求配备专职或兼职食品安全管理人员。二是强化原料采购统一管理。建立供应商遴选制度，确定稳定可靠的原料供应商，加强对食品原料的检验，确保食品、食品添加剂、食品相关产品来源可靠和安全。要以信息化系统为支撑，逐步建立食品原料采购信息化平台，确保采购、库存、配送的统一协调和食品安全追溯制度的落实。鼓励大型餐饮连锁企业探索建立原料供应企业资格认定制度。三是强化操作过程标准化管理。四是强化配送统一管理。五是强化中央厨房管理。六是强化食品安全应急管理。七是强化从业人员培训教育。八是强化诚信经营意识。餐饮连锁食品企业应增强诚信经营意识，坚守企业社会责任，以“消费者至上，食品安全健康至上”为经营宗旨，不应在食品安全方面以任何夸大、虚假手段误导或欺骗消费者。

2.危机来临时，科学应对很关键

在此次危机的公关应对方面，狗不理包子王府井总店和狗不理集团的做法都有待改进。

一是狗不理包子王府井总店的反应太激烈。

首先，对于微博博主“吐槽食物价格贵、味道不好”的行为，@王府井狗不理店的“警告声明”过于强硬，没有就自身存在的问题进行自查和检讨就仓促回应，反而扩大了负面舆情，带来了对狗不理品牌的二次伤害，是一个典型的危机公关的失败案例。

有的顾客出于某种目的，恶意损害企业的商业信誉，对于这种不法行为，不仅商家不能容忍，普通大众也是非常痛恨。不过，《刑法》虽然设置了损害商业信誉、商品声誉罪，但具体的行为要符合相关条件，才能构成犯罪，现实商业活动中的很多差评行为并不符合该款罪名的构成条件。由于对食物味道的感觉不同和对食物价格的感知度不同，对于同一种食物，不同的人有不同的感受和评价。本案例中的顾客虽然对狗不理包子王府井总店的食物质量和价格不满，但这是一种基于个人主观感受所作的评价，并不能说是虚构事实，且当时没有对餐厅造成重大损失，所以，该顾客的吐槽很难说是损害商业信誉的行为。而在事实不清的情况下，这家餐厅即以其名誉权被侵犯，要求追究顾客的法律责任，确实不妥。

顾客到饭店吃饭，吐槽“味道不好、价格贵”，本是件很寻常的事。面对顾客的批评，即使评论有些尖锐，只要不是恶意和虚构的，饭店都应本着“有则改之无则加勉”的态度，虚心接受。面对消费者的这番吐槽，狗不理包子王府井总店完全可以采取更好的应对措施，而不是“一听到好评就笑，一听到批评就跳”。

其次，狗不理包子王府井总店出面回应网民的吐槽，也违反了“统一发声”的危机公关原则。在危机来临后，集团应统一新闻出口，由一个专门的管道，对外接受媒体采访、回应公众质疑。在此次网民吐槽的视频发布后，狗不理包子王府井总店的正确做法应是立即上报集团总部，由狗不理集团统一采取危机应对措施，统一对外发布更加专业、有效的声明，以减少对品牌的再次伤害。

二是狗不理集团的公关措施有待完善。

在此次危机事件中，狗不理集团的表现也不完美，危机反应和处理速度太慢了：9月10日，狗不理包子王府井总店发布的警告味十足的声明已经引起了极大的负面舆情，但直到5天后的9月15日，狗不理集团才出来致歉，宣布解除和涉事门店的加盟合作。要知道，在发生危机之后，企业应第一时间采取清晰回应或明确措施，具体来说，在危机发生的24小时内，企业就应拿出能够安抚公众情绪的危机应对措施，如诚恳道歉、善后处理措施等，并及时对外公布。

同时，狗不理集团的声明被质疑不诚恳，回避了消费者吐槽的“味差价贵”的问题。餐厅生意好坏，跟消费者的口碑有直接关系。事实上，消费者对狗不理的“吐槽”并非孤例，反映的问题主要集中在价格贵、味道差、服务差等方面，很多人声称再也不吃了。近年来，狗不理集团的业绩不太理想，与消费者的不满也有关。虽然狗不理集团发表声明，迅速解除了与王府井店加盟方的合作，力道也够大，但也有网民认为，狗不理集团的这个声明流于形式，有“甩锅”嫌疑，对于消费者真正关心的问题避而不谈。

对于狗不理包子王府井总店引发的舆论危机，狗不理集团应在第一时间安抚公众情绪，避免舆情扩大。对于消费者反映的“味差价贵”等问题，也要同步反思，提出可行性解决方案，同时向大众公布，让消费者看到改变。

案例二十一 光明乳业广告因用不准确地图被罚

案例概述*

2020年10月中下旬，一则“光明乳业被上海市场监管部门罚款30万元”的消息在网络热传，原因为当事人发布的广告中使用的中国地图未将我国领土表示完整、准确。

2020年10月13日，国家企业信用信息公示系统公示了文号为“沪市监总处〔2020〕322020000119号”的行政处罚信息。该处罚信息显示，被处罚对象为光明乳业股份有限公司（以下简称“光明乳业”）。违法行为类型为：违反《广告法》第九条第4项规定，发布广告损害国家的尊严或者利益，泄露国家秘密。处罚内容为：罚款30万元，责令停止发布。作出处罚决定的机关名称为：上海市市场监管局。作出行政处罚决定日期为：2020年9月27日。

由于该公示信息并没有披露被处罚广告的具体内容，引发了网民的诸多猜想，有自媒体账号通过跟评暗示：光明乳业的广告词是所谓的“请给我光明”，光明乳业因为这句广告词而损害国家利益、泄露国家秘密。该说法的真假尽管有待验证，但已在网上不断被转载，引发热议。

针对光明乳业广告被罚引发网友热议一事，2020年10月18日13时35分，上海市市场监管局发布《关于光明乳业广告被处罚情况的通报》。通报指出，2020年9月27日，上海市市场监管局对光明乳业违反广告法案依法作出罚款人民币30万元整的行政处罚。经查，当事人通过官方网站，对外发布含有“中国地图”的《2016年—2020年光明乳业股份有限公司战略规划》视频广告。该广告经上海市规划和

---

* 本案例摘编自倪泰《光明乳业被罚30万元，原因公开了》，百家号·中国市场监管报2020年10月19日，https://baijiahao.baidu.com/s?id=1680909063504670323&wfr=spider&for=pc；《光明乳业被罚30万，原因通报！一批账号深夜被禁》，百家号·北京日报客户端2020年10月19日，https://baijiahao.baidu.com/s?id=1680951325394028316&wfr=spider&for=pc。

自然资源局检定（沪图检字〔2020〕第14号），上述当事人发布广告中使用的中国地图，未将我国领土表示完整、准确。相关处罚决定已按规定向社会公示。

光明乳业表示，企业已加强内、外部审核监督机制，进一步完善公司在制作及发布各类信息方面的规范及合规审核流程。企业以此为戒，从加强合法、合规性审查入手，建立多人、多部门的专业协同把关机制，杜绝此类事件的发生。光明乳业作为一家历史悠久的民族乳制品企业，秉持国家利益和人民利益至上，坚决维护国家主权和领土完整；始终致力于为消费者提供健康、安全、高品质的乳制品；始终积极投身公益事业，向社会奉献光明力量。光明乳业还称，网络上关于该公司接受行政处罚原因是发布广告语“请给我光明”的言论完全失实，已造成恶劣影响，严重损害了公司形象。希望广大网友不信谣不传谣，共同维护良好的网络环境。

近年来，随着线上传播成为风口，众多企业喜欢借势营销，抓住某个突发热点第一时间发布借势广告，从而利用时间优势完成营销诉求。如此一来，追求“快”的营销广告如果在内容审核方面不到位，把关人员意识不强或者相关知识缺乏，就会带来广告内容的偏差，不仅仅是地图“踩坑”，类似于内容恶俗、打各类“擦边球”等，也容易触碰公序良俗乃至法律禁区。由此，光明乳业因广告问题被罚，也是敲响了对宣传营销链条各个参与环节责任人的警钟。无论用什么样的形态传播，以什么样的方式呈现，都应做到准确无误、与主流价值观和法律规定相一致，如此才能获得真正的传播效果，而不是因违反上述原则引发公众质疑、被处以重罚。

案例点评

光明乳业因发布含有不准确地图的战略规划广告而受到处罚，该事件反映光明乳业在开展广告宣传过程中存在不严谨的问题，在以后的经营过程中，应加强广告管理，避免此类问题的再次发生。

在食品行业，除宣传战略规划等形象展示性的广告外，食品企业发布最多的还是食品产品广告，包括食品的质量、用途、成分等特性方面的广告内容。食品质量等食品特性关乎国民健康、社会稳定和国家强盛等大计，传递食品质量等信息的食品广告应在坚守合法的基础上，保持真实客观，引导消费者合理选购和食用食品，助力全民健康。而食品广告要做到合法和真实，食品企业还应建立完善的广告管理制度，并在发布广告之前，进行精心策划和认真审查。

1.建立健全食品广告管理制度

要做好食品广告工作，食品企业应建立健全食品广告管理制度，包括食品广告的宣传原则、立项、审核、发布、登记、归档、人员配备，以及广告代言人管理、舆情监控与应对制度。食品广告宣传应合法、真实，表现形式要健康，符合良好的道德规范，且通俗易懂，不会对消费者产生误导。

食品企业应配备专门的人员从事广告管理工作。广告工作人员应接受专门培训，除认真学习《食品安全法》等必要的食品法律法规之外，还要熟悉广告宣传法律法规、规章知识，以便更好地做好广告制作、审查等工作。为做好食品广告管理工作，食品企业的广告工作人员应熟悉的法规规定主要有《食品安全法》《广告法》《国务院关于发布〈广告管理条例〉的通知》《互联网广告管理办法》《市场监管总局关于发布〈广告绝对化用语执法指南〉的公告》《市场监管总局、中央网信办、文化和旅游部、广电总局、银保监会、证监会、国家电影局关于进一步规范明星广告代言活动的指导意见》《市场监管总局关于印发〈“十四五”广告产业发展规划〉的通知》《药品、医疗器械、保健食品、特殊医学用途配方食品广告审查管理暂行办法》《市场监管总局办公厅关于印发〈药品、医疗器械、保健食品、特殊医学用途配方食品广告审查文书格式范本〉的通知》《市场监管总局办公厅关于做好药品、医疗器械、保健食品、特殊医学用途配方食品广告审查工作的通知》《关于加强广告业标准化工作的指导意见》《关于指导做好涉转基因广告管理工作的通知》《进出口货样及广告品管理办法》等。

2.严格遵守食品广告发布规定

为了起到正确引导消费的作用，食品企业在发布食品广告时，应严格遵守相应的广告法律法规的规定。一是食品广告的内容不得涉及疾病预防、治疗功能。二是食品生产经营者对食品广告内容的真实性、合法性负责。三是广告中如使用地图，应标注审图号，且要确保领土完整。四是广告使用数据、科研成果、统计资料、调查结果、文摘、引用语等引证内容应真实、准确，并标明出处。引证内容或认证证书如有适用范围和有效期限，应明确标示，并确保有效。五是保健食品、特殊医学用途配方食品广告要先经行政主管部门审查合格后再发布。六是保健食品广告应当显著标明“保健食品不是药物，不能代替药物治疗疾病”，声明本品不能代替药物，并显著标明保健食品标识、适宜人群和不适宜人群。七是保健食品广告不得含有下列内容：表示功效、安全性的断言或者保证；涉及疾病预防、治疗功能；声称或者暗示广告商品为保障健康所必需；与药品、其他保健食品进行比较；利用广告代言人作推荐、证明；法律、行政法规规定禁止的其他内容。八是媒体不得以介绍健康、养生知识等形式，变相发布保健食品广告。九是禁止在大众传播媒介或者公共场所发布声称全部或部分替代母乳的婴儿乳制品、饮料和其他食品广告。十是酒类广告不得含有下列内容：诱导、怂恿饮酒或宣传无节制饮酒；出现饮酒的动作；表现驾驶车、船、飞机等活动；明示或暗示饮酒有消除紧张和焦虑、增加体力等功效。十一是转基因食品应当显著标示。

当然，食品的品类较多，从大类来看，除普通食品之外，还有特殊食品、特膳食品等，且不同品类在广告宣传方面有不同的规定，在此不一一叙述，详情可看具体的食品品类所对应的广告发布要求。

3.及时了解新的广告法规政策

食品企业广告人员应及时了解最新的广告法规政策和广告专项整治行动的信息，以便在新的广告行业环境下，及时调整企业的广告计划和改进广告措施。

随着市场环境的变化和消费的不断升级，有关部门会适时对原有的广告法律法规进行修订，以满足人民不断增长的美好生活需要。例如，近年来，《互联网广告管理办法》《广告绝对化用语执法指南》《规范明星广告代言活动的指导意见》等广告法规和指南都进行了修订和完善，既有利于促进食品等行业健康发展，也有利于保护消费者权益，促进经济社会更高质量发展。

为净化广告市场秩序、促进食品和广告业发展，广告行政主管部门会根据形势需要，发布阶段性文件。食品企业应对照文件细则，仔细排查可能存在的问题并加以整改，或者寻找对企业发展有利的政策条款。

案例二十二　海天酱油被曝生蛆

案例概述*

2020年8月到9月近一个月内，海天味业两次被发现酱油瓶内出现蛆虫。海天味业董秘称，这完全不是企业品控问题。酱油生虫在夏天很常见，假如没盖好盖子，酱油会吸引苍蝇，苍蝇可能会直接产虫。网友表示，偶尔出现问题或许可以理解，但从2017年开始，海天味业屡屡被爆出类似事件，“为什么生蛆的酱油总是你？”

1.海天多起“酱油生蛆”事件被曝光

2020年9月16日，湖南的李先生向媒体反映，其购买的海天酱油在开瓶使用不到一周后，发现瓶内有活动的蛆虫。李先生提供了当时自己记录下来的图片和视频。在视频中，可以清楚地看到在瓶内有疑似蛆虫在蠕动。

无独有偶，杭州的周先生于2020年8月24日在当地超市购买了一桶单价29.9元的1.9L海天味极鲜酱油，买回家不到两周，在一次吃饭后偶然间注意到酱油表面漂浮着十几只白色的虫子。周先生说他每次用完酱油，盖子都会盖好。视频显示，该款酱油的生产日期为2020年3月29日，保质期为18个月。

有网友甚至翻出了多年前的新闻称：从目前的信息来看，对于酱油生蛆，海天味业无疑成为“中招”最多的品牌，甚至给人一种“生蛆的总是你”的感觉。

2017年，在江西便有4起海天酱油生蛆事件被曝光：9月，江西南昌魏先生、郭先生均发现自家海天酱油有蛆虫；邹女士则反映，一岁多的孙女在食用了生蛆的

---

* 本案例摘编自李春风《酱油生虫？原因没那么简单》，百家号·新华网2020年9月28日，https://baijiahao.baidu.com/s?id=1679073157905541513&wfr=spider&for=pc；杨佩雯《多地消费者报料海天酱油现活蛆 “酱油茅台”海天味业回应：公司在走流程，核查要时间》，百家号·红星新闻2020年9月18日，https://baijiahao.baidu.com/s?id=1678170101961468681&wfr=spider&for=pc。

海天酱油后，出现腹泻、呕吐等反应；10月，江西徐女士在只是拉开了一下塑封，在还没有完全开封和食用过的海天酱油里发现蛆虫。

2018年，海天酱油也曾发生多起“酱油生蛆”事件：6月底，江苏昆山消费者陈先生在仅开封3天的海天酱油里发现了蛆虫。7月，江西新余消费者王女士从某商超购入一瓶海天生抽酱油，刚开封不到一周，仍在保质期内的酱油出现了大量活蛆。随后，该超市检查了同一批海天生抽，但并未发现生蛆情况。

2. 海天客服：保存不善导致酱油生虫

在“发现海天酱油瓶内有活动的蛆虫”事件发生之后，消费者第一时间与企业沟通时，海天味业线上旗舰店客服人员表示，生虫是产品保存不善导致，只要科学保存，就完全可以避免产品生虫。随后，海天味业的回应也一直有一个底线：不是企业问题。海天味业解释称，可能系消费者储存不当造成，公司正在对事件进行进一步调查核实。但是，海天味业方面也坚定地表示，公司品控不存在问题。

2020年9月18日，海天味业董秘称，酱油生虫在夏天很常见，主要原因是开盖后，如未盖好盖子，酱油的香气会吸引苍蝇，有些苍蝇会直接产虫，因此有个研究机构专门做过研究，并出过一份科普视频。很多消费者都能正常理解这件事情。“我们公司产品生产环节会超细过滤，会高温巴氏灭菌，不可能有虫子在产品中。”

3. 海天酱油揭秘新瓶盖：易于开关且密封性极好

事实上，自从海天酱油出现生蛆事件以来，海天味业一直以同一方式回应。前两年在出现类似事件时，海天味业出了两份同款声明，同时在声明中一直强调：“关于酱油生虫的现象，完全系消费者储存不注意、不当造成，与酱油自身质量无关。”

从海天酱油的生产与品控等各环节看，蛆虫产生在生产端几乎是不可能的。海天酱油板块的负责人介绍，海天的酱油生产过程融合应用膜超细过滤技术、超高温瞬时灭菌技术、全程无菌灌装技术等国内和国际先进水平的高新技术，这些技术保证了海天酱油产品的高品质，所以海天酱油在开瓶之前是绝没有产生蛆虫的可能性的。海天味业的酱油产品已经通过了ISO、HACCP等国际通行标准的认证，在原材料和加工工艺方面，均是保持在国际最高标准之上。且生产过程更是严防死守，产品生产全程自动化，厂房设置密封防尘、防虫网，杜绝了外部环境的侵扰。且海天酱油的每一批次产品出厂前都要进行产品质量检测，全部达到高于国家标准，并做到每一批次留样。

在中国调味品协会执行会长卫祥云看来，“头部企业有一流的生产工艺、智能化设备、一流的管理人才、完善的品控手段，且每一批次出厂产品都有留样”。从海天酱油在生产环节的各个节点上看，出现食品安全问题是绝无可能的。中国农业大学食品学院副教授朱毅则认为，大概率是瓶口有残渍，对氨基酸和蛋白质元素极为敏感的酱亚麻蝇闻味而来，并直接产蛆，导致了酱油的污染。

诚然，即使是产生蛆虫并非生产端的问题，但是为了尽量杜绝在流通环节再次出现类似的食品安全问题，海天酱油甚至已经将保护触角伸向了流通环节和消费端。据介绍，为了方便消费者更便捷地盖好盖子，海天酱油研发花费了1000多万元，专门设计了易于开关且密封性极好的酱油瓶盖，这个盖子即便是打开150度，只需消费者稍微拨动，就能够回弹回去。目前，该瓶盖已经应用到全部产品中。

案例点评

2020年8月到9月，海天味业近一个月内，两次被发现酱油瓶内出现蛆虫。对于问题发生的原因，海天味业随后解释称，可能是由于消费者储存不当造成的，企业正对事件作进一步调查核实。然而，海天味业也同时表示，其产品品控不存在食品安全隐患。

酱油长虫事件发生后，在业内外引起了极大的反响。大众关注的焦点，集中在生虫问题是否真的是由海天酱油生产品控问题所导致。

从目前的信息来看，对于酱油生蛆，海天味业无疑成为“中招”最多的品牌，但事实上，从媒体报道信息看，除了海天味业外，李锦记、厨邦旗下的酱油产品都曾被爆出过“生虫”现象。

海天是调味品行业的巨头，被称为“酱油茅台”。2020年的数据显示，海天酱油年产量已超过200万吨，且超过世界第一大酱油生产企业日本的龟甲万，成为全球酱油行业的霸主。

近年来，海天味业在资本市场的表现也非常出色，上市之后，股价一路高歌，2020年9月3日，股价达203元的峰值，市值突破6500亿元，居A股第11位，直逼第10位的中国石油。

在包括媒体在内的社会各界高度关注海天酱油生虫事件和长虫原因的时候，食品行业及相关各方应该静下心来仔细探求一下：酱油生蛆究竟是谁的原因?

笔者认为，酱油生蛆是要消费端和生产端共同负责的，指责任何一方承担全部责任都是不公平的。

从消费端来看，酱油生虫在夏天很常见。假如没盖好盖子，会吸引苍蝇，有种苍蝇会直接产虫。酱油是以豆类、粮谷类等为原料，采用混料、发酵、过滤、杀菌等工艺生产的液体调味品，不仅香气浓郁，且含有丰富的氨基酸等营养物质，这些特性使酱油容易成为蝇类昆虫飞附和产卵的载体。其实，除酱油外，泡菜、酸奶等发酵食品也会吸引蝇虫，也会发生长虫的问题。一般而言，酱油等带包装的食品出现生虫现象，大多是由于开盖使用后的储存方法不当导致的。在高温天气，食品更容易出现生虫问题，在高温环境中，蝇类卵体在6~24小时，就有可能发育为蛆虫。

无论是从各大企业的回复还是事件调查结果看，酱油“生蛆”与消费者保存不当确实有着直接关系。毕竟，在爆出的生虫事件中，大部分的酱油产品是消费者购买回家开封并使用一段时间后才发现的，而在后续的工商调查和执法检查中，并未发现生虫的酱油产品。而且企业产品生产环节会经过膜超细过滤技术、超高温瞬时灭菌技术、全程无菌灌装技术等国内和国际先进水平的高新技术，不可能有虫子在产品中。

对于酱油的保存，在未开盖情况下，应该避免高温、潮湿、不卫生环境，正常存放；也可放在低温环境中冷藏，延长保存时间。酱油开盖使用后，注意用完随时加上盖，瓶口要清理干净，以减少风味物质的挥发以及环境中灰尘、微生物等的污染。对于储存方法，部分酱油产品在产品信息处标明“阴凉干燥处保存，开封后尽快食用，冷藏更佳”。部分产品标注“开封后必须冷藏”。

从生产端来看，严格的生产环节是必不可少的。问题发生了，品牌方将责任全部推给消费者是不妥的。毕竟也有可能是原料本身附着虫卵、生产工艺出问题、包装不严和运输过程受损、保存不当等因素造成，但究竟是哪个环节出了问题，很难界定。因此，企业简单粗暴地将之归结为消费者保存不当显然不能被消费者所接受。

从市场角度来看，海天酱油生蛆事件也有可能是商业行为。无论是海天味业、李锦记还是厨邦，均是国内领先的酱油企业。因此，有业内人士分析称，海天味业之所以“生蛆”事件频发，这与“树大招风”不无关系。当然，这里的树大招风并非单指市场竞争，也因其体量大、市场覆盖率广，被爆出问题的概率也大大变高，并且，舆论的受关注度也会更高。

是食品安全隐患，还是消费者保存不当，无论哪种结果，都足以警示当前国内食品安全问题的复杂性与重要性——供应链管制不能松懈，企业责任重于泰山，但消费教育也亟须跟上。

因此，一方面，企业应该以更加严苛的标准和要求来完善自己的产品，保障流通过程中的产品品质不会发生变化，从源头上杜绝食品安全风险；另一方面，消费者在购买产品时应该选择正规渠道，保留消费凭证，在使用过程中科学存放，注意防止食物污染，若家庭消费量不算大，尽可能选择小包装的产品，减少开封后储存的时间。

但无论如何，遏制酱油生蛆等事件的发生，海天集团一直在努力。为尽量避免在流通、使用等环节再次出现生蛆等食品安全问题，海天酱油加大了包装创新力度，投入1000多万元，专门设计了易于开关和回弹且密封性极好的酱油瓶盖，有助于大大减少蝇虫飞入酱油瓶中的概率。在酱油消费端屡屡出现因保存因素而导致的生虫问题之后，作为行业龙头的海天及时作为，率先提出了科学有效的问题解决方案，体现了品牌企业的责任和担当。

案例二十三　马鞍山雨润食品公司一年被罚3次

案例概述*

2020年10月19日，记者从安徽市场监管部门获悉，马鞍山雨润食品有限公司因违反《食品安全法》相关规定，在一年内已被马鞍山市市场监管局行政处罚过3次。

1.因违规一年内被行政处罚3次

马鞍山雨润食品有限公司因违反《食品安全法》的相关规定，在一年内已被马鞍山市市场监管局行政处罚过3次，具体情况如下：

（1）生产的食品“中式腊肠（产品批号：20190605/M1，规格：260克/袋）”经检验“氯霉素”项目不符合《整顿办函〔2011〕1号》①标准要求，检验结论为不合格。该行为违反了《食品安全法》第三十四条第（八）项的规定，已被该局于2019年8月7日立案查处，马鞍山市市场监管局于2019年10月28日下达了《行政处罚决定书》(马市监稽罚字〔2019〕2号)。

（2）生产的食品“台式香肠（生产日期：2019-07-22，规格：200克/袋）”经检验“菌落总数”项目不符合《食品安全国家标准　熟肉制品》(GB 2726—2016）要求，检验结论为不合格。该行为违反了《食品安全法》第三十四条第十三项的规定，已被该局于2019年9月3日立案查处，马鞍山市市场监管局于2019年10月24日下达了《行政处罚决定书》(马市监稽罚字〔2019〕17号)。

（3）生产的食品“300克雨润烧烤肉片”其标签不符合法律规定，违反了《食

---

* 本案例摘编自徐琪琪《责令停产！马鞍山雨润食品有限公司一年被罚三次》，百家号·大皖新闻2020年10月19日，https://baijiahao.baidu.com/s?id=1680953643685663910&wfr=spider&for=pc。

① 指全国食品安全整顿办公室2011年1月3日印发的《关于印发〈食品中可能违法添加的非食用物质和易滥用的食品添加剂品种名单（第五批）〉的通知》。

品安全法》第七十一条第1款的规定，已被该局于2020年4月30日立案查处，马鞍山市市场监管局于2020年7月24日下达了《行政处罚决定书》(马市监稽罚字〔2020〕100号)。

7月31日，马鞍山市市场监管局以该单位违反了《食品安全法》第一百三十四条的规定予以立案调查。

9月22日下午，马鞍山市市场监管局召开专题工作会议，会议同意对马鞍山雨润食品有限公司单位拟作出的行政处罚决定：责令停产3天。

《食品安全法》第一百三十四条规定："食品生产经营者在一年内累计三次因违反本法规定受到责令停产停业、吊销许可证以外处罚的，由食品药品监督管理部门责令停产停业，直至吊销许可证。"

依据《食品安全法》相关规定，马鞍山市市场监管局决定给予马鞍山雨润食品有限公司单位如下行政处罚：责令停产3天（自2020年10月6日0时00分至2020年10月9日0时00分）。

2.债务问题已成为企业巨大包袱

天眼查信息显示，马鞍山雨润食品有限公司（以下简称雨润食品）成立于2005年，注册资本为5500万美元，是中国企业500强、中国民营企业500强的江苏雨润食品产业集团在马鞍山设立的独资企业。

事实上，这两年肉类价格节节上涨，肉食品企业个个都赚得盆满钵满，但雨润斥巨资建立的庞大屠宰产能不仅因猪少吃不饱业务，而且因生猪收购价格上涨而推高了成本负担。

雨润食品发布的2020年中期业绩报告显示，截至2020年6月底，雨润食品公司总资产为92.71亿港元，较上年同期减少4.10亿港元；公司总负债为111.32亿港元，较上年同期增加1.34亿港元。公司的资产负债率高达141.6%。公司上半年收益为75.36亿港元，较上年同期增长1.95%；毛利4.44亿港元，同比减少14.03%。企业亏损4.08亿港元。

更加棘手的是，截至2020年6月30日，雨润食品到期未还的银行借款达到49.97亿港元。因偿债纠纷，公司已经被各级银行起诉至法庭，多项资产被冻结、查封。

显然，债务问题已经成为雨润内部巨大的包袱，可能也是导致企业自身管理不力的导火索。

3. 停产调查能为雨润敲响警钟吗?

“这不只是雨润一家企业面临的问题，生猪屠宰行业现阶段发展整体陷入了困境。”中国生猪预警网分析师冯永辉表示，目前屠宰企业面临原料供应难的问题，一是无猪可杀，开工率低，企业运营成本陡然上升；二是猪肉价格居高不下，给生产成本造成很大压力；三是销售端受到疫情影响，表现疲软，给生产及销售企业造成较大压力。

当然，也有行业人士认为，随着猪肉价格的频繁波动，在猪肉价格到达低点时，雨润这一类的屠宰企业有望迎来发展机遇。从周期上看，一两年之后的猪肉价格如进入下行期间，可能是雨润重新崛起的最好时机。如今的雨润确实需要一个时机，前提是，在好时机来临之前，做好准备。这次停产调查无疑为雨润敲响了警钟。

2020年10月19日，记者从马鞍山市市场监管局获悉：10月6日至9日，该局食品安全监管生产科和市场稽查支队联合对该案件执行，10月6日凌晨到10月9日凌晨期间，执法部门每日均派执法人员到现场督查，目前已完成整改。不过对被罚、停产等行政处罚，雨润食品仅仅表示配合相关部门工作，并没有对此向公众作出回应。

案例点评

1. 食品不合格项目解读

（1）生产的食品“中式腊肠（产品批号：20190605/M1，规格：260克/袋）”经检验“氯霉素”项目不符合《整顿办函〔2011〕1号》标准要求，检验结论为不合格。

氯霉素是酰胺醇类抗生素，对革兰氏阳性菌和革兰氏阴性菌均有较好的抑制作用。长期食用检出氯霉素的食品，可能引起恶心、呕吐、食欲缺乏、舌炎、口腔炎、过敏以及其他不良反应，还可能对造血系统、神经系统造成损害。我国发布的《食品中可能违法添加的非食用物质和易滥用的食品添加剂品种名单

（第五批）》（整顿办函〔2011〕1号）中将氯霉素列为在肉制品中可能违法添加的非食用物质，在肉制品中不得检出。肉制品中检出氯霉素的原因，可能是养殖户在养殖中违法使用，生产企业未落实好原料进货查验制度。

（2）生产的食品“台式香肠（生产日期：2019-07-22，规格：200克/袋）”经检验“菌落总数”项目不符合《食品安全国家标准 熟肉制品》（GB 2726—2016）要求，检验结论为不合格。

菌落总数是指示性微生物指标，不是致病菌指标，“指示菌”是评价食品清洁度和安全性的指标，是在分类学、生理学或生态学上相似的一群微生物。在食品卫生监测中检验指示菌的目的，主要是以其在食品中存在与否以及数量的多少为依据，对照国家卫生标准，对食用安全性作出评价，反映食品在生产过程中的卫生状况。台式香肠（生产日期：2019-07-22，规格：200克/袋）的菌落总数超标，会破坏食品的营养成分，加速食品的腐败变质。导致食品的菌落总数不合格的原因，可能是食品企业未严格控制原料和生产加工过程中的卫生条件，或接触容器清洗消毒不到位；也可能与产品杀菌不彻底、包装密封不严、储运条件不当等有关。

（3）生产的食品“300克雨润烧烤肉片”其标签不符合法律规定。

食品标签是向消费者传递产品信息的重要载体，对消费者的消费行为有直接的指引作用，与消费者的健康安全密切相关。由于不符合国家有关食品安全管理规定，此次案例中的“300克雨润烧烤肉片”标签等受到行政处罚，实属咎由自取。

2.企业应该落实进货查验制度

每次进货时，检验员要详细检验食品外包装，确保符合《食品安全国家标准 预包装食品标签通则》（GB 7718—2011）的规定，并按批次向供货者或生产加工者分别索取、查验资料，包括食品符合质量标准或上市规定以及证明食品来源的票证，并复印留存。特别注意的是，在与初次交易的供货者交易时，企业负责人应该按照法律法规的规定，分别索取、查验供货者和生产加工者主体资格合法的证明文件，确认资料的有效期限，并复印留存。

3.企业供应商管理

建立健全供应商服务综合评价指标体系，对供应商作出真实、切合实际的评价。综合考虑供应商的客户满意程度、研发技术水平、人才搭配构建以及设备设施等，并考量供应商在产品供应链的稳定程度。

4.企业应及时回应消费者关切

食品安全无小事，雨润在品牌信任危机应对上有待完善。由于互联网对“雨润一年被曝3次违规”话题的广泛传播，公众对雨润生产的产品存在许多担忧和焦虑，其品牌声誉受到损害。而网络相关信息传递，无法满足公众知情权的关切，也不利于企业品牌形象的维护。企业要尊重市场、尊重消费者，必须客观公正地回应公众，主动站出来，及时发声、全力处置，积极回应消费者的关切，最大限度降低负面情况对公司信誉与产品销售的影响。

5.监管建议

一是进一步落实企业质量安全主体责任，强化企业按照食品安全国家标准进行生产，提高食品安全质量。

二是提升监管能力、提高监管时效。市场监管部门按照属地原则严把食品质量关，建立奖惩机制、考核机制。

三是及时公布抽检信息，通报抽检结果，开展核查处置。

四是加大宣传力度，提高消费者辨识伪劣能力，树立正确消费观念。

案例二十四

农夫山泉被质疑毁武夷山国家公园林区

案例概述*

2020年初，农夫山泉在武夷山“毁林取水”消息引发热议，之后农夫山泉股份有限公司（以下简称农夫山泉）将举报者强某诉至法庭，要求其删除微博举报内容、赔偿512万元名誉损失费及公开道歉等。而强某提供给记者的民事裁定书显示，2020年10月28日，农夫山泉向杭州互联网法院提出了撤诉申请，被法院准许，最终法院裁定农夫山泉支付案件受理费1.305万元。

1.武夷山官方调查：取水点不在国家公园范围内

2020年1月11日，强某通过微博举报农夫山泉未经国家公园管理局审批，在武夷山国家公园内使用大型器械施工。之后，武夷山国家公园管理局介入调查，并在1月12日晚发布通报，大意如下：

第一，关于农夫山泉在武夷山市洋庄乡大安村大安源小组河道内拟修建一处长约30米的水坝作为取水点，目前该取水点整理了小段河道、铺设了部分水泥阻水带和四根管道。经核查，该取水点不在武夷山国家公园范围内，距离公园边界有50多米。

第二，农夫山泉在紧邻该取水点的林地内毁坏林木并修筑了一段长约200米的施工便道。经核查，确有修筑便道，经实地测量，长度约150米。但该处便道修筑时间为2019年10月，当时该区域并未划入武夷山国家公园范围。经福建省人民政府2019年12月25日批准的《武夷山国家公园总体规划》新调入国家公园范围。毁林情况已由武夷山市森林公安部门在2019年11月18日立案调查。

---

* 本案例摘编自卢燕飞《农夫山泉起诉“毁林取水”微博举报者侵犯名誉权，法院裁定结果来了》，百家号·红星资本局2020年11月3日，https://baijiahao.baidu.com/s?id=1682341815913732969&wfr=spider&for=pc。

第三，农夫山泉利用大安村大安源小组原有的毛竹生产便道运输施工材料到取水点，这条原有的便道连接着农夫山泉公司新修筑的施工便道。经核查，该便道长约2公里，一直作为大安村大安源小组毛竹生产的必经之路并长期使用。根据批复的《武夷山国家公园总体规划》，该区域已调入武夷山国家公园范围。农夫山泉公司在施工时有从该便道运输建筑材料情况，但未对便道进行拓宽、整修，也未对该便道沿途的林木等周围环境造成损坏。

据悉，举报视频中的施工现场是农夫山泉的施工便道，主要用于为附近取水点的施工做物料运输，2019年10月修建时未划入国家公园范围内。但是两个月后的2019年12月25日，福建省人民政府批准的《武夷山国家公园总体规划》中，将这个便道区域也调入了国家公园范围内。按照规定，便道所在的区域不能施工。

另据媒体报道，2020年1月15日，农夫山泉在大安源生态旅游景区的施工便道，已经被武夷山林业局等部门栽种上楠木，以恢复生态。

随后，农夫山泉方面回应称，对于在网络上流传的“农夫山泉毁林”事件，公司项目经过严格的环保与节能评审。而举报内容中部分举报图片系摆拍，存在刻意误导情况。且举报事件系武夷山大安源生态旅游有限公司与农夫山泉之间的纠纷，该公司多次阻工，举报人强某曾花钱组织了外村村民约130人（大部分为老人）到现场阻工。

2.农夫山泉名誉被侵权诉讼案件以撤诉告终

到了2020年2月底，农夫山泉将举报者强某、武夷山大安源生态旅游有限公司（实控人为强某父母）、上海东方报业告上法庭，认为“三被告联合起来捏造杜撰了‘农夫山泉毁林、破坏生态’的事实，对其诽谤贬损，侵犯了其名誉权”。

诉讼中，农夫山泉要求强某删除1月11日至1月17日发布的所有微博内容，删除在腾讯新闻上注册发布的“举报农夫山泉破坏生态爆料人”信息，删除1月17日发布的微信公众号文章《农夫山泉，你欠大安源和公众一个道歉》，并索赔512万元名誉损失费、要求三被告公开道歉一个月等。

据悉，杭州互联网法院于2020年3月3日立案，其间受疫情影响，案件在8月27日进行了开庭审理。强某介绍，当时农夫山泉代理人表示愿意和解，但被拒绝。10月28日，农夫山泉向法院提出撤诉申请，被法院准许。

同时记者注意到，2013年4月10日，当时有媒体曾连续追踪报道农夫山泉瓶装水的生产标准不如自来水。2013年5月6日，农夫山泉向北京市第二中级人民法院提起诉讼，要求媒体赔偿损失2亿元。这场历经4年的舆论纷争，最终在2017年6月22日也以农夫山泉撤诉告终。

要知道，“农夫山泉有点甜”“我们不生产水，我们只是大自然的搬运工”，这些耳熟能详的广告语早已经成了人们对农夫山泉最直观的印象。然而，随着毁林取水事件进入公众视野，外界也开始质疑农夫山泉在“搬运”过程中伤害了大自然。一直以来倡导自然、环保、安全的农夫山泉，如何在给消费者提供天然产品和维护自然生态之间维持平衡，是必须面对的挑战。

案例点评

1.环境保护关注度不断提升

近年来，随着绿色发展理念深入人心，环境保护越来越受到全社会的高度关注，涉及民生的产业与环境保护挂钩，总会迅速掀起舆论风波。农夫山泉作为社会影响力品牌，其引发的风波也成为新闻传播中的典型事件。

从事件中我们可以看到，社交平台呈现的新闻属性逐渐凸显，一条微博、一个视频就能引发滚雪球似的关注。整件事情的发展脉络可以看到网络舆情呈现出以下特点：

第一，社交平台成为舆情事件传播的重要媒介。随着人们法律意识逐步增强，法律知识不断提高，对自身利益的捍卫也越发强烈。在发现触犯自身或大众利益的事件发生时，很多人会通过照片、视频佐证信息的真实性，通过分享传至比如微博、微信、Facebook、抖音、快手、小红书等知名社交媒体。这也成为舆情事件发生的普遍模式。每个人都是见证人，每个人都是记者，每个人都能发出质疑的声音。但这无疑也引发出了更多的问题：谁能为信息的真实性负责？谁能正确引导舆情的走向？谁又能承担舆情事件之后带来的重大影响？这些也是舆情事件出现后，需要不断去反思的问题。

第二，重要信息的不确定性导致舆情事件通常走向“反转”。近年来，多起舆情事件发生的第一时间内，通常会经过一波“一边倒”的传播发酵，然后经过信息的不断完善，被证实，真实的信息才浮出水面。真相不会迟到，这也给大众留下了“事件反转”的后遗症，很多网友在热议的同时，摒弃了绝对的言论，静待更多真相的浮现。这也透露出近年来新闻信息出现的一些问题，比如在舆情事件发酵的过程中，为抢时效，很多新闻中重要信息的缺失、模糊或者不确定性凸显，引发的猜疑也在一定程度上推动了舆情事件的快速发酵，以及后续“反转”的赫然重现。农夫山泉事件中，举报者与此次事件的利益关系以及农夫山泉的后续撤诉，都成为整个事件中无法预测的“反转”。

第三，舆情事件可能对受众产生的影响无法预知。当一个舆情事件发生的时候，舆情的走向往往无法预知。有的是针对事件中的对象进行人身攻击，有的则是对事件指向的制度等问题提出异议，有的是督促事件完善地解决。比如此次事件中，很多网友在微博或视频下面评论，“原来农夫山泉真的是大自然的搬运工……”，本来事件围绕的是农夫山泉破坏环境展开，但产品广告的真实性却意外地提升了品牌的可信度，这一点上，可以看出舆情的不可预测性。当然，这是比较意外的一个事例，恶性舆情事件的发生，一般也会导致事件中人物的生活被严重干扰，比如被谩骂、被人肉、被搜索、被恶意骚扰等，虽然我国法律有明确保护个人隐私安全的相关法律条款，但是个人隐私泄露的问题仍得不到解决，很多陷入舆情事件中的人受到了无法估量的伤害。

第四，舆情事件推动全社会危机公关日渐成熟。舆情事件一般的发展已经从最初的反驳、推诿，到现在以披露事实为准则，无论是个人还是企业，危机公关的意识和整体应对能力都在大幅提升。在众多的舆情事件中，在应对质疑的个人或者企业的回复中，我们都能看到整个社会危机公关的能力在增强，这也从侧面反映了舆情事件出现的频率之快、影响之远、意义之重。以事实为依据，以法律为准绳，是每个人都应遵循的准则。身处复杂的社会环境中，能够坚守事实的本真，能够良好地引导情绪，都是全社会危机公关能力的展现。

2.面对问题与挑战，需要多方相向而行

一直以来，农夫山泉作为知名快消品牌，不仅在市场上声名在外，对其质疑的声音也曾引发全社会关注。2013年起，曾有媒体连续追踪报道农夫山泉瓶装水的生产标准不如自来水。本次农夫山泉引发的舆情事件再一次提醒，对待涉及公众利益的事情，企业应谨言慎行，用积极解决问题的态度与公众沟通，学会站在消费者的角度思考问题。

舆情事件也变相推动水产业标准的完善。2015年5月，原国家卫计委发布

的包装饮用水新国标《食品安全国家标准　包装饮用水》正式实施。该标准规定，包装饮用水名称应当真实、科学，不得以水以外的一种或若干种成分来命名包装饮用水，以前在包装饮用水标签、说明书等载体上出现的“活化水”“小分子团水”“功能水”“能量水”等不科学的内容，都不得再标注在包装饮用水上面。需要注意的是，《食品安全国家标准　包装饮用水》不适用于天然矿泉水。该标准实施后，市场上出售的瓶装水分为三类，分别为天然矿泉水、饮用纯净水和其他饮用水。

2022年3月15日，《生活饮用水卫生标准》（GB 5749—2022）正式发布，实施日期为2023年4月1日。而上一版该标准的发布时间为2006年12月。

相信随着公民法律素养的提高，企业生产越来越规范，行业标准不断完善，饮用水产业将迎来稳步、健康的发展期。

案例二十五　椰树集团“花式”招聘引发争议

案例概述*

2020年8月21日早间，椰树集团在其官网“椰树动态”栏目发布一则声明，就椰树培养职业经理学校招聘事件致歉。这已经不是椰树集团第一次因出格信息“走红”，之前公司就因“大尺度”广告宣传引发社会广泛讨论。目前，海南省人力资源和社会保障厅劳动保障监察局已责成相关部门对椰树集团加强政策和法律宣传培训，督促其合法招聘、依法用工。

1.“终身在椰树服务”的应聘承诺

椰树集团在招聘网站发布的椰树培养职业经理学校公开招聘信息中，称“总经理有百万年薪、有别墅奖、有分红股、有海景房奖”。虽然蓝图很美好，但条件不可谓不苛刻。除了要求应聘者拥有本科学历，想要最终当上这个年薪百万元、住别墅的总经理，应聘者还需要在入职后经历16年的实践经验，分别是“下车间4年、上市场7年、进集团班子5年”。

除此之外，椰树集团还在“招生条件”处对应聘者提出了其他要求。比如，要求应聘者做到“忠诚不谋私，顾事业不顾家”，承诺“终身在椰树服务”，并且“要写承诺书，承诺以房产作为抵押，离职以房产偿还”。对于抵押房产的要求，招聘信息还作出了专门解释，称以房产作为抵押是防止将椰树作为跳板、镀金方式，学到经验后就跳槽。

对此，法律专家认为，劳动法明确规定用人单位不得要求劳动者提供担保或以

---

* 本案例摘编自《海口工商回应“椰树椰汁广告涉低俗虚假”：已立案调查》，百家号·人民日报，2019年2月13日，https://baijiahao.baidu.com/s?id=1625353337485479872&wfr=spider&for=pc；《要应聘者抵押房产并服务终身，公然违法招聘的椰树集团怎么了？》，百家号·中国新闻周刊2020年8月25日，https://baijiahao.baidu.com/s?id=1675968682385926899&wfr=spider&for=pc。

其他名义向劳动者索取财物，如果违反这一规定，劳动行政部门应责令其改正或行政处罚。有专家建议，劳动监察部门应协调椰树集团提供近年来包括现在仍在运行的招聘和用工制度，看其中是否存在违规违法内容，主动帮忙纠偏。

2.曾涉及多起劳动争议

近年来，椰树集团多次因发布不良广告等原因，被执法部门行政处罚。2019年3月27日，椰树集团海南椰汁饮料有限公司因存在妨碍社会公共秩序或者违背社会良好风尚的违法行为，被监管部门罚款20万元。另外，中国裁判文书网上还能检索到该公司曾涉多起劳动争议。2015年，该企业曾强行扣押近千名员工个人所有的房产证。有员工反映，这一行为与企业“留人措施”有关。

针对此次“终身在椰树服务”的应聘条件，椰树集团表示，招聘旨在为集团储备高级管理人才，并能与集团长期共同发展，但是对招聘信息审核不严、用词不当，部分条款已违反劳动合同法相关规定以及人文精神。对于该则招聘造成的不良社会影响，海南椰树集团对社会大众表示歉意。

事实上，椰树集团在致歉之前，椰树集团董事长赵波表示自己竞聘总经理时曾主动抵押了房产。他认为这样能够“给自己压力，也给自己动力”，“可以说企业高管都是这样做的”。

“海南直聘”微信公众号主体企业海南省人力资源市场有限公司，原属海南省人力资源开发局管理，政企分离后划归海南省国资委管理。该公司2020年5月与椰树集团开展招聘信息发布合作，由“海南直聘”微信公众号为集团发布招聘广告。海南省人力资源市场有限公司主要负责人表示，平台发布违法广告是内容审核流程把关不严造成，已删除违法广告。

依法用工是构建和谐劳动关系的基石。此前，人力资源和社会保障部相关负责人曾多次表示，企业要统筹兼顾促进自己发展和维护职工权益，统筹兼顾职工当前利益与长远利益，努力促进企业和职工互利共赢。

3.“辣眼睛”的“丰胸神器”文案

除了引起争议的招聘广告，椰树集团的产品广告也引发争议。有媒体爆出，椰树椰汁更换2019年新包装，依旧延续以往“大胸美女”风格，文案将产品定性为“丰胸神器”。

“每天一杯椰树牌椰汁，曲线动人，白嫩丰满”，听到这句广告语，不少人已经浮想联翩了。除了包装，椰树椰汁电视广告的尺度也十分大胆，视频画面显示，几名穿着清凉暴露的丰满女性手举椰树牌椰汁，在沙滩上嬉笑奔跑，让网友直呼“辣眼睛”。食品营养专家指出，宣传普通食品椰树椰汁具有丰胸功能，涉嫌违规。

无论是在2019年遭遇的低俗广告风波，还是“为防止将椰树作为跳板、镀金”所以入职抵押房产的另类招聘，椰树集团常常“亲手”将自己送上舆论的风口浪尖。在回应商业广告引起的舆论质疑时，椰树集团也在声明中大谈自己对于海南的税收贡献以及经济带动地位。而此次因“奇葩”招聘广告引发众怒，椰树集团是首次在官网为自己的不严谨与用词不当向社会致歉。屡次因出格言论吃亏的椰树集团，未来能够吸取教训吗？

案例点评

1.企业价值观与企业文化发展的重要性日益凸显

眼球经济是依靠吸引公众注意力获取经济收益的一种经济活动，在现代强大的媒体社会的推波助澜之下，眼球经济比以往任何一个时候都要活跃。眼球经济的核心点在于“注意力”，在新经济下，这种“注意力经济”形式的财富可以实现有限资源的最优分配，获得最有效的资源利用。然而，或许经济利益使然，抑或心态浮躁使然，不少企业越来越不愿意用心去打造一个好的宣传作品，而纯粹是“为了吸引眼球而吸引眼球”，不择手段地将“抢掠注意力”的戏码演绎到极致，导致整个行业的发展呈现出些许不良态势。这些事情背后反映的是经营价值观的扭曲、市场管理的不到位、企业文化的缺失，而椰树集团事件正是其中之一。

近几年，凭借画风清奇的广告包装、尺度大胆的宣传文案、衣着暴露的代言人，椰树集团多次登上热搜榜。以椰树集团事件为切口的舆情，凸显了两个方面的热议——“企业文化－价值理念”和“企业管理－人力资源管理制度”。由此，市场监管部门、人事劳动部门对企业的监管力度进一步加大，并吸引公众、媒体等主体共同关注。

（1）建立正确的企业经营价值观，塑造优秀企业品牌形象

椰树集团一直都不像其他企业一样，对“黑热搜”避之不及，似乎有借黑反红，借热度来扩大宣传、提升知名度的营销思路，椰树集团的“土味”营销风格和种种操作，让椰树集团和“擦边”捆绑得越来越深。椰树集团的营销模式还是以吸引流量、吸引眼球为主，在同类饮品竞争中产品单一，新品接力不济，缺乏有效创新。随着原来的销售渠道和消费群逐渐老化，椰树集团亟须在年轻消费群中提升品牌影响力。然而，提高自身的品牌影响力，需要得到消费者强烈的认同感，椰树集团可能需要适当调整，重新建立企业的文化体系（CI），积极发挥理念识别（MI）、行为识别（BI）和视觉识别（VI）作用，树立正确的经营价值观，去低俗，走主流价值认可的路线，虽可能无法捷径到达，但利在长远。好的营销需要了解消费者，根据不同消费群体的喜好定义营销风格，故步自封、自作聪明最终只会流失掉市场。对于品牌而言，不用单一的流量去做市场，而是尊重消费者心理，建立品牌文化，与用户形成共鸣，只有这样才能持续发展，赢得用户青睐。

（2）加强企业高质量管理，完善企业人力资源管理制度

企业管理中，最重要的就是员工的管理，不管人力资源部门的管理者采用了什么样的措施去达成企业管理的目标，归根到底，都离不开管理的核心内容——选人、育人、用人和留人。企业要建立健全与其自身情况相符合的人力资源管理体系，包括招聘、劳动合同管理、培训、薪酬、考核、激励、人力资源配置、企业文化建设等。为适应新形势下的人才愿景和职业规划，企业应以更加开阔的视野，构建现代化和系统化的人力资源管理制度，在促进企业发展的同时，为员工提供更好的发展环境。椰树集团发布招聘信息中要求承诺终身服务并以房产抵押、顾事业不顾家等部分条款违反劳动合同法，海南椰树集团的招聘和用工制度，存在明显的违规违法内容，这些都是人力资源部门在制定招聘信息时不严谨、不合规的结果。并且，其用人、留人的方式方法不对，企业可以通过薪酬激励、岗位晋升机制、股权机制、感情管理等来留住人才，而不能扣押员工财产强迫性留人。椰树集团必须完善和健全人才选用、留人、育人的机制，加强企业文化建设，才能提高员工的积极性，吸引更多优秀的人才。

（3）完善信息平台管理机制，提高监管部门的工作效率

椰树集团“土味”营销模式和违规招聘信息在相应平台直播和发布，不仅说明了企业法律意识淡薄，还说明了各大平台监管机制的不严谨。椰树集团一

事扰动了海南省国资委、广电局、人社厅、市场监管局等多个部门，低俗的信息内容、露骨的语言、误导性消费等一系列商业宣传，违反了《广告法》《劳动法》《反不正当竞争法》等明文规定条款，游走在违法的边缘，一遍又一遍挑战大众消费者的底线，挑衅法律的权威。在“眼球经济”时代，一些平台也为了获得更多的点击率和关注点，迎合低级趣味的需求，传播没有营养甚至不良的宣传内容。作为多媒体主体，平台应该以身作则，不被利益所晕染，约束和完善自身的管理机制，宣传积极、正能量的内容，筑建一个良好的文明市场环境。同时，加大对各大平台的监管力度，不要等到广大消费群体产生集体舆论的时候，再作出整改决策，而应将不雅的内容、违规的行为扼杀在摇篮中，这是多媒体平台应尽的责任和义务。

2. 企业人才价值观直接影响人才吸纳

企业过度追求利益，难免会在经营过程中作出一系列越界的行为和举动，既会导致人才大量流失，也会引发企业与内外部的大规模冲突，最终导致企业自身破产、倒闭。然而，这不仅跟企业自身文化氛围、企业经营观念和领导风格有关系，还跟整个市场大环境息息相关。社会的发展需要经济建设，也需要精神文明建设，两者密不可分，因此，企业既要抓经济又要抓文化，才能推动企业高质量发展。一个企业要做大做优做强，必须有大的格局和胸襟，不能纯粹以利益为导向，要为社会、为消费者、为股东等利益相关者谋福利，以“共赢”为核心，高标准严要求规范企业行为，实现企业高质量发展，吸引和接纳更多的消费者和投资者的认同。只有这样，企业才能达到更高的高度，走向更加辉煌的未来。

（1）树立良好的企业声誉和形象，积极履行企业社会责任

为了自身的健康发展，提升企业的竞争力，树立良好的声誉和形象，吸引并留住企业所需要的优秀人才，企业需要履行社会责任，赢得社会认可和尊重。就现有社会文明程度及人们的期望来看，企业社会责任的履行不应仅仅局限于企业家个人的道德行为之内，而应将社会责任制度化于企业的所有经营管理行为之中。这不仅是有助于企业发展的必需，也是企业这一主体与其他社会主体和谐相处、共享社会发展文明成果的必要。就企业存在及健康发展的目标来看，企业社会责任的履行决定着社会大众对企业的认可度、接受度。企业不管处在哪一发展阶段，都必须履行社会责任，赢得客户、社会的尊重，否则其提供的

产品、服务就卖不出去，员工就会离你而去，社会就会限制你的发展。企业既要考虑对股东的回报和对员工承担法律责任，也要考虑承担对消费者、社区和环境的责任。企业作为市场主体，不仅要履行提供就业、保护环境等法定责任，而且必须履行基于自身能力的公益慈善、社会价值引导等道义责任。随着经济社会发展和社会文明程度提升，企业作为存在于社会中的众多主体之一，为了保持社会和谐和可持续发展，必须履行的社会责任内涵会变得更加丰富，对企业的约束也会变得更刚性。

（2）各部门联动，协同共治，优化良好的营商环境

营商环境的优劣，很大程度上取决于法治环境是否健全，若一家知名企业屡屡涉及违法事件，可能折射出当地法治环境不够健全的问题。针对椰树集团的“土味”营销、低俗广告，需要监管部门依照规则标准，为其厘清界限，警告其不可随意逾越，并对违规行为施以惩戒。同时，还要寄希望于广大消费者，随着消费升级，人们审美品位逐步得到提升，对“土味”营销、低俗广告不再趋之若鹜，形成市场威力，倒逼企业与时俱进，主动抛弃不合时宜的营销模式。平台经济作为数字时代生产力新的组织方式，正在深刻改变人们的生产生活方式，数字化、线上化逐步渗透到生产生活的点点滴滴，因此平台经济健康发展成为社会稳健发展的重要一环。

总之，新的经济社会形势对市场监管工作提出了新要求。市场监管部门应紧跟新形势，不断创新工作方法，优化营商环境，提升服务质量和监管效能，进一步激发市场活力，维护企业合法权益，促进企业稳健发展。同时，市场监管部门应依托职能优势，加强与其他相关部门的联动和配合，充分运用法治手段，共同推进优化营商环境工作，构建公开透明、高效便捷的政务环境，创造公平公正、诚实守信的市场环境，积极回应市场主体的需求与愿望，助力企业高质量发展。

案例二十六

盐津铺子、三只松鼠、董小姐等薯片被检出丙烯酰胺

案例概述*

2020年10月29日，深圳市消费者委员会发布了一份《2020年薯片中外对比比较试验报告》。报告显示，有7款薯片样品的丙烯酰胺高于750微克/千克这一欧盟设定的丙烯酰胺基准水平值，其中，盐津铺子、三只松鼠、董小姐3款薯片样品的丙烯酰胺含量超过2000微克/千克。1994年，国际癌症研究机构将丙烯酰胺分在2A类致癌物中，将其认定为对人类可能有致癌性物质。一时间，“××品牌薯片被检出潜在致癌物丙烯酰胺”或“××品牌薯片检出致癌物超标”这样的内容成了热门话题。

1.丙烯酰胺对人体影响几何?

丙烯酰胺到底是什么物质？它对人体可能有什么影响？它是如何产生的？食品类商品中含有丙烯酰胺违规吗？除了部分零食薯片，还有什么情况食物中会产生丙烯酰胺?

1994年，国际癌症研究机构将丙烯酰胺分在2A类致癌物中，将其认定为对人类可能有致癌性物质。欧盟食品安全局对丙烯酰胺进行评估，结合动物实验研究结果，认为食品中丙烯酰胺的存在增加了患癌症的风险，并且儿童是最易受到危害的人群。此外，研究表明丙烯酰胺对生殖和遗传都有一定的毒性。

科信食品与营养信息交流中心科学技术部主任阮光锋介绍，2A类致癌物，是

---

* 本案例摘编自方京玉《薯片含潜在致癌物？ 三只松鼠回应了，你还要戒薯片吗？》，每日经济新闻2020年11月2日，http://www.nbd.com.cn/articles/2020-11-02/1539339.html；《含良品铺子、三只松鼠等！多款热门薯片检出致癌物超标，广东人快自查》，百家号·南方新闻网2020年11月2日，https://baijiahao.baidu.com/s?id=1682231074244759267&wfr=spider&for=pc；阎侠《薯片含潜在致癌物？盐津铺子回应：公司薯片为质量合格产品》，百家号·新京报2020年11月3日，https://baijiahao.baidu.com/s?id=168231220195380l704&wfr=spider&for=pc。

指对人致癌性证据有限，但对动物致癌性证据充分。他认为，从现在的调查数据来看，我国居民每天吃进去的丙烯酰胺是每天18微克左右。这个量总体来说是安全的。食品中的丙烯酰胺主要是由游离氨基酸（主要是天冬酰胺）和还原糖经过高温烹饪，发生美拉德反应后生成的。对于薯片来说，天然的马铃薯含有较高的天冬酰胺，在120℃以上温度条件下处理时，就有可能形成丙烯酰胺。

阮光锋介绍，美拉德反应指的是食物中的糖，主要是还原糖和蛋白质在加热时发生的一系列复杂的反应，其反应结果是会生成一些棕黄色的物质，同时，还会产生很多香味物质。美拉德反应其实在我们的食物中普遍存在，很多美食都有它的贡献，比如烧烤、面包、炸薯条、炸油条、油饼等。好吃还很香的很大一部分原因就是美拉德反应的作用。此外，不光是零食薯片这样的加工食品中可能会产生丙烯酰胺，我们自己在家做饭的时候也可能有。阮光锋指出，香港食物安全中心做过的一项关于丙烯酰胺的调查显示，我们摄入的丙烯酰胺大约有45%来自家庭炒菜。主要和烹饪习惯中常用爆炒的方式有关。比如，该调查发现，爆炒西葫芦的丙烯酰胺含量可以达到360微克/千克左右。

2. 深圳市消费者委员会："丙烯酰胺超标"说法背离试验本意

在"薯片被检出致癌物"成为微博热搜之后，2020年11月2日下午，深圳市消费者委员会出面进行了回应。深圳市消费者委员会表示，报告结果发布后，网络上出现不少类似"××品牌薯片检出致癌物超标"的报道及转载标题，此类话题及内容说法有失妥当，易对消费者造成误导，已背离比较试验报告本意。

深圳市消费者委员会表示，欧盟规定的基准水平值是"绩效指标"，而非"安全限量指标"，因此"丙烯酰胺超标"的说法是不正确的。也就是说，在这次相关比较试验中，7款丙烯酰胺高于750微克/千克这一欧盟设定的丙烯酰胺基准水平值的薯片样品，并不能说它们是违规超标；并且，750微克/千克的基准水平值也不是一个安全限量，它是用来验证缓解措施有效性的绩效指标。

深圳市消费者委员会质量部部长助理崔霞介绍，现在国内外并没有制定食物中丙烯酰胺限量的法规或标准。但是，国内外有很多机构在研究和检测食品中丙烯酰胺的限量，目的就是为了让更多消费者了解这类物质以及如何避免摄入过多。深圳市消费者委员会为了更好保护消费者权益，满足高品质的消费需求，结合前期消费者意见调查的结果，本次薯片的比较试验以更多、更严的要求选取了丙烯酰胺作为一个检测指标。关于丙烯酰胺，建议消费者摄入越少越好。她建议，对于生产加工企业而言，应尽量改进食品加工工艺和条件，研究减少食品中丙烯酰胺的可能途径，探索降低，甚至可能消除食品中丙烯酰胺的方法。对于消费者而言，应保持合理的营养平衡膳食，尽量避免连续长时间食用高温烹饪淀粉类食品。

3.涉事企业回复：离开剂量谈毒性无意义

本次涉事企业中，盐津铺子、三只松鼠、董小姐三款薯片的丙烯酰胺含量超过了2000微克/千克，因此备受关注。

消息显示，涉事企业的第一回应均为客服系统对消费者的回复，回答也都大同小异。三只松鼠、盐津铺子、董小姐均提醒消费者：一是我国目前对于丙烯酰胺的指标还没有任何限量标准和指导性文件；二是丙烯酰胺存在于多种食品中，薯片属于休闲食品，实际丙烯酰胺的摄入量不多，不要过量食用，均衡饮食才是消费者的合理选择。

随后，各企业均发布了声明，按时间线为：董小姐10月30日、三只松鼠11月2日、盐津铺子11月3日。这次，因为客观条件的变化，声明各有不同。

董小姐回复最早，当时深圳市消费者委员会还未作出反转答复，因此其只对此事做了说明函，且仅强调了产品符合国标、离开剂量谈毒性无意义等内容。

其后，三只松鼠在11月2日晚间通过官方微博进行回应，因为有了深圳市消费者委员会“反转式辟谣”，底气足了不少，称公司受检产品符合国家食品安全标准；同时援引中国食品工业协会马铃薯食品专业委员会发布的官方声明称，相关企业生产销售烘烤薯片产品是符合国家相关标准的合格产品，目前检测出的丙烯酰胺含量，在正常食用休闲食品范围内不足以对人体造成危害。在声明中，三只松鼠承诺仍对产品抱有疑虑的消费者可随时进行退货退款。

最后，11月3日，盐津铺子在其官方微博给予回应。前面内容与前两家公司大同小异，除了同样引用深圳市消费者委员会、中国食品工业协会马铃薯食品专业委员会的背书，盐津铺子的声明中还特意强调了，从2017年起，公司便与有关科研机构一起，针对传统炸及烤制食品等开展降低食品加工过程中丙烯酰胺含量的技术研究，并且取得了关键性技术突破，公司将在后续薯片加工过程中尽快应用相关技术控制措施，持续优化与改进产品品质。

案例点评

民以食为天，食品安全牵扯着千家万户，与人们的生活息息相关，因而对于每一则新闻报道中有关食品类的检测结果都是网友们热议的对象。“××品牌薯片被检出潜在致癌物丙烯酰胺”的相关报道迅速传播开来，引发舆论广泛关注。在事件的发展演变过程中，媒体报道在此事件中所扮演的角色和责任导向问题也成为舆论所热议的一部分。

在深圳市消费者委员会发布的《2020年薯片中外对比比较试验报告》中，显示有些品牌薯片中的丙烯酰胺含量超出欧盟规定的基准水平值。但深圳市消费者委员会表示，欧盟规定的基准水平值是“绩效指标”，并不是“安全限量指标”，目前国内外对丙烯酰胺均没有安全限量标准，因此“丙烯酰胺超标”的说法是不正确的。高淀粉类食品在超过120℃高温烹调下易产生丙烯酰胺，而丙烯酰胺是一种“人类可能致癌物”，这只是一种“可能”。目前国内外均没有相关的安全限量标准，而欧盟制定基准水平值，一般是用来验证缓解措施有效性的验证数据，并非丙烯酰胺在食物中含量的安全限量数值。此前，多家媒体也纷纷发文传递官方回应的声音，建议生产商采取有效的缓解措施，降低薯片中丙烯酰胺的含量的同时，呼吁消费者理性看待。

但从网民角度而言，当前几方的回应并未能带来讨论，甚至是批评声音热度的下降。在“致癌”问题上，不少网民仍在讨论“标准”意味着什么。对于三只松鼠的两次回应，网民对企业社会责任意识缺乏的表现表达了不满。面对深圳市消费者委员会和中国食品工业协会马铃薯食品专业委员会的官方回应，部分网民则对放任、不整改的态度表示难以接受。

在此次事件的回应中，无论是深圳市消费者委员会、中国食品工业协会马铃薯食品专业委员会，还是涉事企业，回应的声音都未能切中舆论关注焦点，在一定程度上引发次生舆情。食品安全无小事。当食品安全成为一个民生问题摆在人们面前，任何企业与机构都应该树立科学与敬畏之心，努力确保食品安全。

从一系列的声明和科普中可以看出，三只松鼠等品牌的丙烯酰胺确实不存在部分媒体提到的“丙烯酰胺超标”问题，事件一定程度上存在“反转”的情节。但从网民的反馈来说，各方回应后的整体倾向性明显没有出现“反转”。本次事件，反映出三方面问题。

1. 重视公众诉求，满足公众知情权

危机发生后，企业应该站在消费者和公众立场上设身处地感受其舆论关切的重心及其情绪引发之源，所作的回应也应当体现感同身受的共鸣，避免刺激公众情绪，恶化舆论走势。

三只松鼠等品牌在回应时重点强调国内没有针对丙烯酰胺指标的限量标准，显然是把自己放在了消费者的对立面。对于丙烯酰胺这一陌生的化学成分，消费者关注的本质是其带来的致癌风险，而并非单纯是否达到“国标”，三只松鼠等品牌站在自身角度一厢情愿地回应也就理所当然地无法让公众满意。品牌在危机回应时从与消费者割裂的立场出发，自然是让消费者与品牌越来越远。

真诚与透明是赢得公众支持、化解危机的最好方式，企业在舆情回应时，应秉承为公众解决问题的态度，而并非单纯为了消除负面舆论。

从大量媒体称三只松鼠等品牌薯片“丙烯酰胺超标”，到深圳市消费者委员会和中国食品工业协会马铃薯食品专业委员会出面“辟谣”，看似经历了舆情反转，但不可否认的是，在测试的15款品牌薯片中，三只松鼠等品牌薯片的丙烯酰胺含量比其他品牌更高。面对这种情况，消费者更想看到的是品牌对此事的自纠自查、检查丙烯酰胺含量高的原因、提出改进与提升的方案，而并非冷冰冰地扔给消费者一句“符合国家标准”。

2. 媒体报道缺乏客观性、严谨性

网络上出现不少类似“××知名品牌检出致癌物超标”的报道及转载宣传，此类表述方法及内容说法有失妥当，容易对消费者造成误导。综观媒体在“知名薯片检出致癌物”一事中的传播角色和导向，很多媒体在对尚不明晰的事件进行报道时，为追求新闻时效性而忽略对事件的真实性进行追寻与探究，缺乏客观性和严谨性，致使形成舆论风波。

媒体面向大众，便是大众媒体。媒体在新闻报道中承担社会责任，普通民众希望媒体挖掘事实，或者注重挖掘事实，承担客观地把事实公布出来的责任，传播正确的价值观。同时本着对公众负责任的态度，及时科普相关食品安全知识，让公众全方位了解食品生产过程，才是责任媒体的应有之义。

3. 食品安全科普任重道远，需理性发声

舆情回应是与公众交流情感、消除隔阂和建立信任的契机。这起事件反映出舆论对于丙烯酰胺这一陌生成分引起的食品安全层面的深层担忧，相关企业在舆情危机上的处置更为积极一些，比如对丙烯酰胺的产生环境、危害性和如何规避等开展进一步科普，帮助消费者享受美食的同时养成健康生活方式，可能是体现企业自身社会责任、丰富和践行自身品牌文化的良好契机。

食品安全问题上，国家标准是红线，而三只松鼠等品牌可以做的还有更多。食品行业只有在安全的基准上不断强化，才有无限发展的可能性。作为头部互联网零食企业，三只松鼠等品牌在食品制作加工环节，更应严格要求自己，积极探索创新食品加工方式，推助提升及引领食品行业向更加安全化、健康化方向发展。

案例二十七

“天使之橙”自动贩卖机引发食品安全争议

案例概述*

2019年1月8日，在200多座城市投放了8000多台现榨橙汁机的“天使之橙”，收到了深圳市市场稽查局下发的行政处罚书，被指涉嫌违反《食品安全法》相关规定，使用不符合安全标准的食品相关产品，对其处以119万多元巨额罚单。罚单开出后，“天使之橙”在微博上发声明“叫屈”并亮出上海市松江区市场监管局的复函。在该函中，上海市松江区市场监管局表示，经检验，“天使之橙”现榨橙汁机的铝件上下爪均符合相关国家标准，且经现场验证，这个上下爪并不会接触橙汁等酸性食品，该公司涉嫌违反《食品安全法》的相关行为不成立，该局不予立案。落款日期为2019年1月25日。深圳和上海两地市场监管部门为何对同一个行为作出截然不同的判断？人们不禁要问，这种制作过程透明的现榨橙汁究竟是否存在食品安全问题？

1. 两地市场监管部门作出不同的处理

2019年1月，“天使之橙”被深圳市市场监管部门开出百万元的罚单，原因是现榨橙汁机内部的铝合金爪头没有镀膜，直接接触酸性食品，涉嫌违反《食品安全法》要求。对此，“天使之橙”品牌拥有方——上海巨昂投资有限公司（以下简称上海巨昂），于2月16日晒出了上海市松江区市场监管局的认定，显示其产品符合要求，不予处罚。

---

* 本案例摘编自裘颖琼《“天使之橙”处罚陷争议 上海松江市场监管部门现场检查》，百家号·新民晚报2019年2月18日，https://baijiahao.baidu.com/s?id=1625808606071872988&wfr=spider&for=pc；任梦岩《“天使之橙”被罚款119万进展：深圳检测结果不合格 上海却检测通过》，百家号·央广网2019年2月20日，https://baijiahao.baidu.com/s?id=1625952505999037426&wfr=spider&for=pc；张晓荣《天使之橙暂停深圳经营，自动贩卖机食品安全现争议》，百家号·新京报2019年2月22日，https://baijiahao.baidu.com/s?id=1626135260614738781&wfr=spider&for=pc。

同样的产品，为何两地市场监管部门竟作出了截然不同的处理？现榨果汁贩卖机又是否真的安全、让人放心呢？

深圳市市场监管部门表示，经过现场验证及鉴定，认为当事人生产的“天使之橙”现榨橙汁机内部压榨橙子的上下爪部件已接触橙汁食品，所以该现榨橙汁机属于与食品接触的相关产品。当事人在食品经营过程中，与酸性食品接触的榨汁机上下爪设备为未覆盖有机涂层的铝合金，所以不符合标准，涉嫌违反《食品安全法》。

上海市松江区市场监管局通过对比试验则认为，仅在上下爪的铝合金部位涂抹上墨汁的橙汁没有滴入墨汁，全部涂抹的则有墨汁渗入，因此天使之橙自动贩卖机的铝件上下爪符合标准，没有接触橙汁等酸性食品。正是以上述现场检查结果、检测报告等为依据，松江区市场监管局向深圳市市场监管局发送复函中明确对上海巨昂不予立案。

两地监管部门截然不同的判断关键点在于，上下爪到底会不会与橙汁直接接触，进而导致有铝迁移入橙汁。对于两地市场监管部门作出的不同“判罚”，业内研讨认为可能是因为检测方法上有差异：深圳是将上下爪所有部件都进行了涂抹试验，上海针对的则是上下爪铝合金材质部分。另外，还有可能是两地市场监管部门在“酸性食品”的定义上有不同看法：深圳方或许是把橙子表皮也视同为“酸性食品”，所以主张上下爪直接接触到了“酸性食品”，应当覆上有机涂层；上海方则认为上下爪只接触到橙子表皮，不接触其果肉和果汁，不会对消费者购买的橙汁产品构成直接的食品安全风险，无须涂抹有机涂层。

针对“天使之橙”的争议，上海市质量监督检验技术研究院（以下简称上海市质检院）高级工程师罗婵指出：“之所以国标提出‘铝合金不得接触酸性食品’，主要是为了排除铝制品接触酸性物质后，会有铝元素迁出的风险。”她表示，因为物质相互接触时，从理论上讲，总是由浓度高的一方向浓度低的一方迁移，所以铝合金与橙皮接触时会产生元素迁移的。她还补充说：“《食品接触用金属材料及制品》中，没有就验证相关部件是否与酸性食品直接接触给出具体的规范检测方法，也就是说，上述用墨水来推测铝合金部件是否直接接触橙汁的方法，并非权威的科学检测方法。”

此外，相关部件是否直接接触橙汁，其实并不重要，重要的是这种接触到底会迁移多少铝元素到橙汁中，对人体健康是否构成风险。

罗婵透露，《食品安全国家标准 食品接触用金属材料及制品》近期有望修订，很可能在新版标准中加入铝迁移量的限值，以此标准来判断橙汁的铝含量是否超标，这或许比争论一个部件有没有碰到橙汁更有意义。

2.两地市场监管部门持续“掐架”

针对深圳市市场监管部门的认定，“只抓橙皮不接触橙汁，就能避免金属析出了吗？”上海巨昂召开新闻发布会表示，这次涉事的上下爪的确是参与榨汁的核心部件，且大部分都是铝合金材质，但在榨汁过程中，主要起的是固定橙子的作用，不直接与橙子内部或橙汁接触，所以不需要按照标准要求涂抹有机涂层。

上海巨昂法定代表人周祺表示，上下爪外围是此次颇受争议的铝合金部件，内部是PP塑料封口器，封口器内部的螺丝由不锈钢材质组成。他们会同上海市松江区市场监管局、上海市质检院一起进行实验，单纯把铝合金部件涂上墨汁进行实验，橙汁并不会染色。“因为我们做了涂抹测试，用的黑色油墨，我的手是很脏的，但橙汁是纯净的。”

针对“天使之橙”的说法，上海市松江区市场监管局相关负责人向媒体还原了核查过程。该负责人称，接到深圳市市场稽查局关于上海巨昂实业有限公司设备部件不符合食品安全国家标准的案件线索移送函后，该局对上海巨昂开展现场检查，并抽取4套铝件上下爪送至上海市质检院检验，经检测，结果符合标准。

为进一步调查事实真相，该局还于2019年1月22日赴企业实地调查。在企业现场，企业技术人员参照深圳实验思路（即将食用黑色色素全覆盖涂抹于铝件上下爪）和设备的实际运作流程进行了现场试验，“实验把涂抹在铝合金上的墨水视为铝合金。如果铝合金部件直接与橙汁接触，那么最终橙汁中就会带入墨水；反之，则可初步判断，上下爪的铝合金部分并没有与橙子内部有直接接触”。结果，实验中未发现橙汁受到黑色色素的污染，与深圳实验中橙汁受污染的结果截然相反。该负责人称，经反复研究比对，发现唯一差异在于深圳实验时对铝件上爪的橙汁隔离片（接触橙汁，聚丙烯材质）也进行了涂抹，因此导致橙汁受到污染。实验证明铝件上下爪只接触橙皮不接触橙汁，而橙汁隔离片属于塑料，因此不适用上述国标。

面对同行的反对，2月19日晚，深圳市市场稽查局再次出具书面回应，通报了“天使之橙”一事相关情况。书面回应中称，经调查，确认当事人存在两个违法行为：一是未按照许可范围依法生产经营的违法行为；二是使用不符合食品安全标准的食品相关产品的违法行为。同时，确认将处没收违法所得1199070元。此外，通报的最后还公布了榨汁模拟实验所采取的验证方法——为论证设备上下爪是否与橙汁相接触，深圳市市场监管局委托技术机构在执法人员和当事人有关负责人的见证下，对上下爪部件进行了验证。实验结论为，上下爪与橙汁相接触。

针对深圳市市场稽查局于2月19日“再次”出具的书面回应，2月20日，“天使之橙”官方微博回应，要求深圳市市场监管局公示鉴定报告、材质报告、组件照片、实验视频等多种鉴定材料，“请贵局立刻向我司及广大消费者公示，对我司上下爪进行榨汁模拟实验的视频记录，以及清晰完整的涂抹过程记录！”

2月21日，“天使之橙”官方微博再次发表声明称，由于深圳和上海两地市场监管部门对其设备构造的不同理解，进而得出不同的结论，同时对于过去一周时间里出现的各种报道，已经严重影响了公司在深圳的正常经营，公司作出决定如下：“即日起，暂停在深圳市场的经营活动，等待政府主管部门公正公平的回复，我司保留此次事件中对我司造成一切影响的权利追究”。继而，“天使之橙”暂停了在深圳市场的经营活动。

案例点评

“天使之橙”事件中，面对食品自动制售机这一新的经营模式，上海、深圳两地市场监管部门在缺乏有效标准支撑的情况下，创新试验方法以论证设备的安全性，虽然结果各异，却体现了监管部门主动靠前作为，积极保障食品安全的初心。随着舆情逐渐散去，事件背后反映出来更深层次的问题，应该引起监管部门的重视。

一是标准缺失带来了执法困境。本次事件中之所以得出两种截然相反的处置意见，核心问题在于相关食品安全国家标准没有就验证相关部件是否与酸性食品直接接触给出具体的规范检测方法，无法作出定性判断；同时标准缺少铝迁移量的限值，无法定量判断由设备导致橙汁中铝迁移量是否超标。因此，两地监管部门在执法过程中不得不自创试验方法，用以验证设备的安全性，但所采取方法均为非标方法，难以作为执法依据。

二是舆情引发的公众质疑。食品安全与公众的切身利益息息相关，受众面广，极易引发舆情聚焦。面对罚与不罚的矛盾，公众不禁会疑惑：同样是政府部门作出的决定，到底该相信谁？自动售卖机到底有没有食品安全风险？如果有风险又是怎么通过审批上市经营的？这一系列问题解答不清楚，受损的是监管的权威和公信力，更有违“健全统一权威的全过程食品药品安全监管体系”的要求。

保障“舌尖上的安全”，更重要的是解决机制的问题、源头的问题，特别是对于类似食品自动制售为代表的新业态的监管，一定要转换思维、改变方法，锁住源头、提前防范，变“灭火”为“防火”，有效管控食品安全风险。

第一，要加强对食品新业态的研究。随着新技术、新产品、新模式大量涌现，非传统食品安全风险日益增大，加大了监管难度。从近几年火爆的网络订餐到自动制售机，加工、配送都有别于传统食品消费方式，必须结合食品安全风险提出具有针对性的政策。对从事新业态食品制售的经营者在许可时就要同步启动风险评估机制，结合其产品的工艺，对其设备的防护清洗、消毒维护，原料的储存采购验证，制售过程的质量控制，成品产品的定期检测等进行风险评估。根据评估结果，确定具体的监管措施，从源头上把控风险，保障食品安全。

第二，加强与卫生行政部门的沟通。日常工作中要注重对食品安全标准执行中存在的问题进行收集、汇总，特别是针对食品安全标准中关键指标、检验方法与规程缺失的问题，及时向国家食品安全风险评估中心通报，协调推进相关食品安全国家标准的制修订工作。

第三，做好舆情应对。食品安全信息在传播中存在巨大的放大风险，这场由行政处罚引起的舆情事件，初衷本是体现监管部门的靠前主动作为，但是舆情又滋生新的话题，引发次生危机，给监管部门带来了新的挑战。因此，健全风险预警工作体系，加强舆情监测和风险隐患预判十分重要，要找准舆情源头，准确拿出具体解决方案，控制事态发展。

第四，强化“两个责任”落实。安全的食品是“产”出来的，也是“管”出来的，须双管齐下、产管并举，压实食品安全属地管理责任和企业主体责任，是当前进一步强化食品安全监管的重中之重。

案例二十八　外婆家、西贝莜面村、华莱士等被曝光餐饮卫生问题

案例概述*

2019年的“3・15”，外婆家、西贝莜面村、华莱士，这些大家所熟知的餐饮企业后厨被集体大曝光，食品安全再次成为热点。市场监管部门高度重视，约谈所涉及的多家餐饮企业负责人。

1.外婆家：厨师脚踩案板，食材疑似过期

“外婆家”是起家于杭州西湖的餐厅，全国各地有80多家门店，在餐饮业小有名气。正值“3・15”消费者权益日，有媒体对外婆家某门店进行卧底。视频显示，有“知情人士”应聘外婆家某门店炒菜师，在未办理健康证、未出示身份证的情况下，该人士被厨师长直接要求前来上班。进店工作四天后，店方才第一次表示需要他提供身份证复印件和健康证，而这期间该人士一直以“大厨”身份在店内进行烹饪工作。

在该人士“卧底”期间，拍摄镜头显示，后厨人员在洗菜池里直接洗拖把。“按照规定这是绝对不允许的，拖把上残留的东西根本就不能在洗菜的地方去洗。”后厨工作人员休息时，将脚直接放在灶台上，有厨师更是直接坐在了案板上。更令人惊讶的是，视频中多名厨师踩着案板翻进操作区。

2.西贝莜面村：餐盘全是油，还有食物残渣

继外婆家被曝光后厨卫生问题之后，西贝莜面村也被爆出后厨卫生状况堪忧。

---

* 本案例摘编自《外婆家后厨有活老鼠、华莱士用超保质期食品……这 8 家餐厅被点名》，百家号・中国经济周刊 2019 年 5 月 29 日，https://baijiahao.baidu.com/s?id=1634862075360148733&wfr=spider&for=pc；《外婆家、西贝莜面村后，华莱士也被查！过期汉堡、蟑螂满地…后厨触目惊心》，百家号・荆楚网 2019 年 3 月 18 日，https://baijiahao.baidu.com/s?id=1628356761749629918&wfr=spider&for=pc。

2019年3月16日，记者跟随市场监督管理部门的执法人员来到了江苏南京新街口金鹰商场的八楼，走进西贝莜面村南京金鹰店的洗碗间，只见多位洗碗工正在忙碌。工作人员称，经过去渣、清洗、消毒等步骤后，清洗好的餐具全部被放在保洁柜中，然后直接上餐给客人使用。但是执法人员发现，所谓清洗消毒后的餐具竟然上面全是油，还有黄米糕留下来的印子，根本擦不掉，明显就感觉像是没洗过。

除了碟子，碗、杯子、甜品罐等清洗后的大多数餐具，也都能明显看到食物残渣、油渍、灰尘，以及残留的洗涤剂。

对此，西贝莜面村南京金鹰店店长表示，在使用之前，工作人员会再次用口布进行擦拭。执法人员立即询问："有没有做到一次性毛巾擦一个杯子扔一个？"店长答复，没有做到。执法人员当即指出："那你擦有何意义，反而导致二次污染。"

3月16日，南京市市场监督管理部门对西贝莜面村南京金鹰店下达责令改正通知书。

3.华莱士：后厨蟑螂出没，油已发黑

除了外婆家和西贝莜面村，华莱士也被曝光了！

据江西电视台报道，2019年2月28日，记者通过网络招聘来到了江西南昌某华莱士店应聘，在没有健康证的情况下，记者还是成了华莱士的一名员工。

第一天上岗时，记者被分配在前台负责点餐和配餐工作，由于工作不熟练失误将一块鸡翅掉落在地上。可是就在记者转身送餐的工夫，店长便把掉在地上的鸡翅捡进了保酥柜。当没有客人点餐时，他嘱咐后厨阿姨把这个鸡翅回锅再炸，然后摆到了保酥柜里继续卖。

在存放炸鸡汉堡的保酥柜以及地面上，记者都发现了蟑螂的身影。对此店长说，店内的可乐机是旧机器，跑出蟑螂并不稀奇，并表示"看到就抹掉，不要大惊小怪的"。

3月1日，记者在汉堡坯的包装箱上看到，在常温下汉堡坯的保质期仅为7天，2月22日生产的汉堡坯此时已经超过了保质期。但即使是这样，这些过期汉堡坯仍在使用，直到3月2日下午，最后一包过期汉堡坯才被用完，卖给消费者。

除此之外，对于西式快餐而言，油炸食品所用的油也十分关键。华莱士"315"餐厅要求第2条就强调，统一炸油为三天一废弃，或变色就废油。但记者在店内发

现，2月27日更换的油一直到3月2日早上都没有更换，而且这油的颜色早已明显变黑。直到下午2点半，后厨阿姨才对锅内已经发黑的炸油进行了更换。而在把油换完之后，被废弃的油又全部被装进了一个白色塑料桶内，另作他用。

在记者的询问下，阿姨表示："这些油装着会有公司收走，因为可以卖钱，大概六七十块钱一桶，打电话就会有专门的人来收。"

4.涉事餐饮业企业纷纷发布"致歉声明"

对于此次事件，涉及的企业纷纷给予了回应。

2019年3月15日下午，外婆家通过官方微博发布致歉声明。外婆家创始人吴国平表示，后厨人员在洗菜池里直接洗拖把的视频是南京的一家门店，确实存在员工操作不规范的问题，员工没有健康证的问题应该是过年期间比较缺人，没有要求太多就进来了，是公司对员工的培训管理不到位，目前已停业整顿。

3月18日，西贝莜面村官方微博发表声明称"深感抱歉和惭愧"，并表示全国所有门店的厨房和洗碗间保持开放。西贝餐饮副总裁在接受采访时表示："把食品安全操作技能和制度完整落实到位，是我们应该从管理角度反思的问题。感谢媒体和监管机构的关注，我们一定整改到位，不让一直支持我们的消费者失望，欢迎大家持续监督。"

3月18日，华莱士官方在网上发布了致歉声明。针对前述门店事件，华莱士官微发布了两份声明，表示已经第一时间成立了专项调查组，并将继续对问题餐厅开展内部整改、自纠自查的工作。根据华莱士方面披露的声明，前述南昌徐坊客运站店已经停业整改，华莱士将安排专业消杀团队对餐厅堂面及后厨进行全面消杀，并组织员工对餐厅各个操作间进行卫生清扫，整改期间，该门店将无限期停业。

业内人士指出："在食品卫生的监管上，餐饮企业如果实行高标准，一方面很难招到人，另一方面高薪激励带来的成本又难以承受。因此高激励、高惩罚的措施在餐饮行业很难实施。""对于走加盟模式的餐饮企业来说，针对旗下门店的经营指导和监控一定要同步及时跟进。否则一旦门店经营出现问题，虽然很多加盟商首先想到的是从食材、门店管理等方面去反思，但由此产生的一系列负面影响最终会反映到品牌本身。"

案例点评

当前，随着国民经济的发展，外出用餐消费群体越来越大，食品安全成为重中之重。同时随着消费者消费水平的逐渐提高，团聚团建等集体用餐情况成为一种社会常态，除菜品口感、质量，大家的关注点更多地放在用餐环境、厨房加工环境以及主食配菜等方面。外婆家、西贝莜面村、华莱士等知名连锁餐厅接连被曝光食品安全问题，引起市场监管部门的高度重视，市场监管总局召开加强餐饮服务食品安全监管座谈会，要求有关地方相关管理部门对造成社会恶劣影响的餐饮单位依法从严、从快、从重查处，切实保障食品安全管理制度落实到位。

1.餐饮单位食品安全现状

企业主体责任制度落实有待完善、监管效能难以有效发挥、餐饮单位遵守法律法规思想和认识有待提高、食品安全监管机制有待完善等，都是时下存在的实际问题。例如，餐饮企业特别注重对成本和利润的把控，部分餐饮企业为了以较低成本控价菜品，甚至有可能在原材料采购环节“抽水”“降价”，以次充好的问题屡禁不止。实际上，餐饮服务由于受到多种限制性因素的影响，检测体系确实存在不少有待完善之处。一方面，原材料的采购环节存在风险。如果从事一线工作的餐饮单位采购员业务水平不高，缺少对原材料的基本辨识能力，万一原材料存在安全问题，后续餐饮服务的食品安全性也就会大打折扣。因此，从食品原材料开始，餐饮服务涵盖不同的检测项目，任何一个环节存在质量缺陷或是出现差错，在企业内部质量安全管理及检测工作缺失的情况下，都可能会留下食品安全问题或隐患。另一方面，原材料储存阶段存在变质或受到污染的情况也并不少见。在餐饮服务业中，包括原材料保存与保管在内，为确保原料品质一直保持可靠的稳定状态，减少变质情况的发生，都需要开展规范化与强制性的管理。然而，或者是认识不足，或者是对于餐饮服务业有关食品安全工作的重视度较低，使得食品保存缺乏规范性，特别是食品的分类摆放要求也时常流于形式。而且不同种类食品对温度控制的要求不同，不同部分的冷藏储存也有不同的规定，需要对食品企业的保存措施进行个性化管理。但是现实中不少餐饮服务单位的冷库温度控制基本都是一样的，这就有可能导致食品配料及食品的变质或者腐烂。

2. 餐饮服务食品安全管理模式创新

实际上，打造一个完善的、科学的食品安全管理体系，确保其发展更加合理规范，是餐饮企业谋求长远布局必须解决的要点，也是餐饮业作为食品安全体系关键一环的具体体现。

一是认真处理材料采购及食品加工中的每一个细微环节。根据实际情况，把好食品安全质量关，相关监督管理责任落到具体人身上，制定出科学合理的管理流程及核查机制。此外，还应当组建食品安全管理专项小组，组建专业技术队伍去监督及检查食品安全，结合绩效考核机制与食品安全管理要求，对餐饮服务食品安全形成立体化、全方位的管理，有效监督食品的采购及加工等流程化环节，落实食品安全监察监督工作。

二是从制度上进行追责，认真执行食品安全基础工作，促使餐饮服务行业向着明确的目标前进。“有据可查”是食品安全的基本要点，制度既是工作的指导，又是食品安全与质量的保障。尤其对于餐饮服务企业而言，从员工招聘阶段到餐饮服务流程，再到餐具清洁，每一个工作环节都需要建立起对应的管控管理制度，大家共同遵守，确保食品安全相关制度落实到位。

三是在餐饮服务单位开放之处张贴市场认证标志，给符合有关标准的单位和个人颁发认证证书，提高服务行业市场准入门槛。针对餐饮服务质量良莠不齐的情况，监管部门要主动履行职责，深入开展市场认证工作，及时纠正市场不良行为，方便消费者甄别餐饮服务单位，既为监管部门有效开展监管工作提供便利，又能增强人们用餐的安全性与信心。

四是有效发挥法律监管作用，聚焦餐饮服务基本点，完善监管体系，行使好监管管理职权。相关监管部门做好食品安全的知识推广培训与教育工作，增强大众食品安全意识与认知，与餐饮协会建立起强联系强关联，加大社会共治力度。注意听取老百姓的反馈声音，将其评论、评语集中反映到有关法律法规的修正意见上，力争使大众也能够参与到食品安全法规与政策的制定过程中。

五是定期开展培训工作，提高从业人员专业能力，学习食品安全保障知识，提高食品安全管理的认知度、认识度和认可度。以培养安全认识和知识为切入点，促使大家从思想深处认识到食品安全管理的必要性和重要性，提高从业人员对相关法律法规的理解及认识，在工作中严格按照既定要求，进行科学合理化的操作。需要注意的是，从事不同岗位的人员，需要开展与其相匹配相符合的专业知识培训，原材料采购人员及餐饮服务一线工作人员，都务必纳入食品安全知识培训相对应的范畴。

六是定期组织从业人员体检，从源头上阻隔传染疾病发生的可能性，常态化关心关注工作人员身体健康情况，合理提高餐饮服务行业工作人员聘用的准入门槛，确保从业人员身体健康，“服务健康”。

七是制定和完善食品的全程追溯、强制召回、食品安全管理体系（HACCP）等管理机制，提升生产经营者责任意识，提高从业人员自律能力，有效避免食品安全问题的发生。积极做好食品生产经营、食品安全管理等服务人员的培训工作，可以邀请相关监管部门进行考核，增强大家的思想意识和工作主动性、积极性，敦促大家做好自身岗位本职工作，提高生产经营者自律管理能力和业务水平。在提升餐饮服务行业工作人员自我管理能力的同时，也切实做好监管工作的形象工程。

餐饮服务食品安全监管机制的建立与健全，有助于保障食品安全、维护人们的生命财产安全、促进社会稳定与和谐发展。食品从业人员需要更加主动地履行企业主体责任，采取有效措施，对消费者身体健康负责。当社会各界都能充分认识到加强食品安全社会共治的重要性与必要性时，餐饮行业以及餐饮服务企业也将得到有序健康的发展。

案例二十九

法院认定“茅台国宴”商标不予核准注册

案例概述*

“茅台国宴”为中国贵州茅台酒厂（集团）有限责任公司（以下简称茅台集团）于2002年10月申请注册的商标，其专用权期限为2006年5月至2016年5月，为期10年。2015年5月，茅台集团向国家工商行政管理总局商标局评审委员会（以下简称商评委）提出商标续展，即延长“茅台国宴”商标的有效期，但商评委未予核准注册。2016年，茅台集团将商评委诉上法庭。2019年9月，北京知识产权法院认为“茅台国宴”商标注册使用在酒类商品上，易使相关公众对商品的品质等特点产生误认，对其他同业经营者亦有失公平，驳回了茅台集团的诉讼请求。

1.“国宴或国酒”商标注册申请，遭白酒企业集体反对

中国商标网信息显示，2016年，国家工商行政管理总局商标局评审委员会围绕“茅台国宴”商标作出了2次驳回复审、5次不予注册复审。

本次诉争商标为第3333017号“茅台国宴”商标。茅台集团认为，茅台酒作为酱香型白酒的代表，曾多次作为国宴用酒，“茅台国宴”使用在含酒精液体等商品上，不会让公众对商品的质量、品质等特点产生误认。

北京知识产权法院经审理认为，“国宴”含义为国家元首或首脑招待国宾或在重要节日招待各界人士而举行的隆重宴会。茅台集团提交的证据虽然可以证明茅台酒曾多次作为国宴用酒，具有较高知名度，但“茅台国宴”若作为商标注册使用在酒类商品上，容易使相关公众认为原告的相关产品为国宴专用酒，从而对其品质、

---

* 本案例摘编自朱健勇《茅台申请“国宴”商标被驳 法院：对同行有失公平》，百家号·人民网2019年9月17日，https://baijiahao.baidu.com/s?id=1644879522765103948&wfr=spider&for=pc；王基名《国酒国宴商标均被驳回 茅台遭北上资金抛售》，证券时报2019年9月18日，http://epaper.stcn.com/con/201909/18/content_431042.html。

等级等特点产生误认。同时，将包含“国宴”的诉争商标注册在酒类商品上并享有专有使用权，对其他同业经营者亦有失公平，对公共利益易产生一定的负面影响。法院驳回了茅台集团的诉讼请求。

事实上，茅台商标战由来已久。2001年9月，茅台集团首次申请注册“国酒茅台”商标，但于2002年8月被驳回。而后，根据国家知识产权局记录，茅台集团分别于2006年、2010年，通过不同的代理机构申请注册“国酒茅台”商标共9次。

茅台集团申请注册“国酒”商标，也遭到了多家白酒企业的反对。自注册号为8377467的“国酒茅台”商标申请被接受后，从2012年7月到2013年1月，有数十份商标异议申请被递至商评委，其中包括剑南春、山西汾酒、五粮液等白酒企业。

2.“国”字头商标注册，有失市场公平

记者在国家知识产权局商标局“中国商标网”上搜索，带有“国酒”的申请注册商标有198个、带有“国宴”的申请注册商标有108个，其中相当部分为酒类产品。逐一点开100多个商标，其状态显示，不是“等待实质审查”就是“申请被驳回、不予受理等，该商标已失效”。

五粮液集团旗下的“国酒五粮液”、杏花村汾酒公司的“国酒汾酒”、衢州国酒壹号旗下的“国酒一号”等，也均被驳回商标注册申请。

对于首字为“国”字商标的审查，国家知识产权局商标局可谓慎之又慎。根据商标局《含“中国”及首字为“国”字商标的审查审理标准》文件，对带“国”字头但不是“国+商标指定商品名称”组合的申请商标，如在指定商品上直接表示了商品质量特点或者具有欺骗性，甚至有损公平竞争的市场秩序，或者容易产生不良影响的，应予驳回。

对于本次“茅台国宴”商标申请又被驳回事件，茅台集团显得较为平静。时任茅台集团董事长、总经理李保芳曾公开表示，茅台集团于2019年6月30日前停用“国酒茅台”商标，目前已聘请咨询公司策划新的产品宣传方案。

记者查阅相关资料发现，在宣布放弃“国酒茅台”商标后，茅台集团便开始进入“去国酒化”时期。例如，其官方微信公众号“国酒茅台”更名为“贵州茅台”，官方微博名称已从“国酒茅台官微”更改为“贵州茅台官微”，在茅台集团和贵州茅台官网上，“国酒”的宣传字样已不见踪影，其直营店也撤下了“国酒茅台”相关宣传物料。

酒业人士指出，如果茅台能专享国酒称号，成为“白酒中的奢侈品”，则可能

坐拥上万亿市值；而如果茅台国酒地位不再，无法完成向奢侈品地位的惊险一跳，那么茅台将重新回到白酒小伙伴们的阵营里，在消费品战线里重新划分市场。

案例点评

茅台酒在中国可以说是家喻户晓的名酒，在市场经济不断发展的当今社会，企业的商标意识不断强化。茅台集团为了保护自己相关产品权益，以商标注册的方式公示保护旗下的各类产品，对此应予以理解。但在注册过程中，茅台集团出于强化茅台知名度和与同行竞争的目的，刻意在其产品的商标上加上了“国”字头，如“茅台国宴”等。

早在2001年9月，茅台集团就首次申请注册“国酒茅台”商标，但于2002年8月被商评委驳回。此后茅台集团分别通过不同的代理机构申请注册“国酒茅台”商标共9次，但均未获许可。与此同时，茅台集团还申请过“茅台国礼”“茅台国韵”等“国”字头商标注册，亦未获准。

从商评委屡屡不予批准可以看出，国家对于含有“国”字头的商标注册慎之又慎。毕竟，茅台集团如果成功注册了含“国酒”字样的商标，其他酒企将不得再以“国酒”一词做注册商标。“国酒”二字背后隐含“国家级”的含义，若茅台集团独家占有使用，对其他酒业品牌将是极大的不公从而影响市场公平竞争。

茅台集团“国”字头商标屡屡被驳，其根本问题在于以下几个方面。

1. 构成了不公平竞争

“国酒”“国宴”“国礼”等文字商标无疑会给消费者以该酒品系国家指定专用的错觉。这里的“国”字，无疑是含有“国家”“中国”之意。而随后的“酒”“宴”“礼”字，又容易让人产生“国家指定”“国家宴会”“国家礼品”等国家级别在国际交往或国事重大活动中被认定的、指定的酒品印象。即便茅台酒确实出现在招待外国元首及重大国事活动的宴会中或作为国家礼品出现在馈赠活动中，但如果以商标形式出现，易使社会公众认为，茅台集团的相关产品为国家所指定的国宴、国家礼品馈赠的专用酒品，并排斥其他酒品的参与从而对其品质、等级作用等产生误认。

2. 有获得不正当竞争优势的可能

由于商标注册的排他性质，上述“国酒”“国宴”“国礼”一旦被茅台集团注册后，就从法律上排斥了其他同类企业使用该文字注册商标的可能性，从而获得市场的不正当竞争优势，使其他同类企业在市场竞争中处于相对的劣势地位。这种优劣地位的产生不是基于市场竞争及产品质量所致，而是通过抢注“国”字头商标的不正当竞争所致。这与商标保护的目的是促进市场公平竞争的初衷本意背道而驰。

3. 与商标的基本功能不相符

商标的基本功能是识别商品的来源，使社会公众能够在选择商品时方便识别同类产品的不同制造者。如果商标的标注违背了这个基本的识别功能，就会误导公众。而“国”字头商标，含有“国家级”含义，易使相关公众认为该商标是由国家官方机构授权批准，使该商标与国家机构联系在一起，从而不易识别并混淆商品来源；也易使消费者从商品来源、质量角度判断商品品质而滑向轻易地以官方权威认定来判断商品品质，从而造成消费误解。故该种注册会产生一定的误认、误导、欺骗消费者，扰乱市场的基本秩序，损害社会公共利益的后果。

4. 其他方面

“茅台国宴”案中，我们可以看出，即便某产品具有较高知名度，但以“国”字商标注册使用仍然易使相关公众对商品的品质等特点产生误认。况且，所谓产品的品质知名度是动态的、变化的，而商标注册使用后即为固定的、长久的，注册人可以长久使用。如果某一注册人长久使用某一特定的国家最高级别的商标而排斥其他市场主体使用，不但势必造成市场竞争的不公，同时也可能会使该注册人放松产品质量的管理，不靠质量竞争而偏向于靠商标竞争，这是不利于保证产品品质的，所以应当予以禁止。

洽洽食品在北京、广州两地同日上“黑榜”

案例概述*

2019年8月23日，洽洽食品在同一天之内上了北京、广州两地市场监管局的“黑榜”。两地的食品安全抽检结果分别显示，洽洽食品的产品样品存在二氧化硫残留量、霉菌检出值超标。人们不禁发问：“瓜子一哥”到底怎么了？

1. 西瓜子为什么会存在二氧化硫?

2019年8月23日，广州市市场监管局发布2019年第9期食品安全监督抽检信息，显示广州市泓亨贸易有限公司新城分公司销售的标识为“哈尔滨洽洽食品有限公司”2018年12月8日生产、规格为108克/包的洽洽焦糖瓜子熟制葵花籽，霉菌检出值超过标准规定。同日，北京市市场监管局发布2019年第34期食品安全监督抽检信息的公告显示，据国家肉类食品质量监督检验中心检验，标称洽洽食品股份有限公司生产、北京超市发连锁股份有限公司超市发甘家口店经营的小而香奶油味西瓜子，二氧化硫残留量不符合食品安全国家标准规定。

同一天之内，北京、广州两地同时曝出产品不合格，让洽洽食品被推上了舆论的风口浪尖。

对于二氧化硫，不少消费者会谈“硫”色变。其实，二氧化硫在食品工业中也是一种食品添加剂，应用非常广泛，可以起到防腐、杀菌、保鲜的作用。但我国食品安全国家标准中并没有允许用硫黄熏瓜子。

为什么西瓜子中会存在二氧化硫？科信食品与营养信息交流中心科学技术部

---

* 本案例摘编自《被两地市场监管局检出不合格 洽洽食品作出回应》，百家号·海报新闻2019年8月31日，https://baijiahao.baidu.com/s?id=1643345885925375868&wfr=spider&for=pc；《洽洽食品被两地监管局抽检不合格，数月前荣获炒货行业20强》，百家号·澎湃新闻2019年8月30日，https://baijiahao.baidu.com/s?id=1643268300280148090&wfr=spider&for=pc。

主任阮光锋表示，植物体内都有一定含量的游离态的和结合态的二氧化硫，西瓜子也不例外，它的含量与空气被污染的程度还有一定关系，而且瓜子生产过程中还会用到糖调味，能检出二氧化硫是正常的。但他同时指出，二氧化硫是不允许人为在瓜子中使用的，如果使用，肯定属于违规，“此次瓜子中检出二氧化硫的残留量是0.022克/千克，但我们目前并没有瓜子的本底含量数据，所以也很难判断到底是否是违规”。

这样的残留量是否会对人体健康产生危害呢？阮光锋认为其实危害的风险很低。国际食品添加剂联合专家委员会（JECFA）和世界卫生组织（WHO）制定的二氧化硫安全摄入限制是每天每公斤体重不超过0.7毫克；对于一个60千克的成年人，这相当于每天42毫克。“按照这个量换算，大约要每天吃1.9千克的瓜子才会达到这个安全线，我想一般人是不可能吃这么多的。”

2.为什么同一批次产品不同检测机构会有差异?

对于本次登上市场监管局“黑榜”的官方抽检结果，洽洽食品在2019年8月29日发布声明。除了向消费者表达歉意，声明中称，在接到北京市市场监管局通知后，洽洽食品第一时间对该批次产品实施召回，同时向监管部门进行汇报。在召回产品中抽取部分样品委托安徽省进出口检验检疫局和安徽省食品药品检验研究院检测确认，结果均合格。同时，声明还指出：“西瓜子属于农副产品，植物体内含有一定含量的游离态的和结合态的二氧化硫。本次抽检的检测报告显示的检测方法为《食品安全国家标准　食品中二氧化硫的测定》（GB 5009.34—2016），但该方法适用范围并不包含炒货食品西瓜子，即使同一批次产品不同检测机构也会有较大差异，国家也已经在开展炒货的新检测方法论证，我们也和大家一样，期望新的方法尽快发布。”

8月30上午，中国农业大学食品学院副教授朱毅向澎湃新闻表示，《食品安全国家标准　食品添加剂使用标准》（GB 2760—2014）明确规定，熟制坚果与籽类食品不得使用二氧化硫，“洽洽食品”否认蓄意使用，可能的不合格原因包括“种植土壤的原因导致瓜子含有硫酸盐和亚硫酸盐”“生产工艺使用煤燃烧产生二氧化硫”“同一批次检测结果不同，可能是瓜子被污染得不均匀”。其中，土壤里硫酸盐、亚硫酸盐含量增加多是不合理施用化肥、污水灌溉，以及含硫化合物酸雨和干湿沉降所致。他表示，摄入二氧化硫及亚硫酸盐等，主要对少年儿童危害最大，在破坏维生素B_1的同时，可能影响少年儿童的生长发育，造成肠道功能紊乱。

3. 是经销商问题导致产品霉菌项目不合格吗?

针对广州地区的不合格事件，洽洽食品表示已启动召回程序，对该批次产品予以下架召回，同时积极配合广州市监管部门、工厂所在地双城市监管部门开展调查工作，并在内部也立即展开自查，对生产、运输、销售全程进行排查。

洽洽食品表示，焦糖瓜子生产工艺为高温煮制1小时，经过2小时100℃～140℃的干燥，再经过5～8分钟195℃～215℃的烤制，该工艺足以杀死霉菌。

既然工艺足以杀菌，为什么广州市市场监管局的检测中显示霉菌超标？对此，洽洽食品的回复是经销商供货问题：“经排查，本次发往泓亨贸易有限公司新城分公司的产品为我司经销商广州达胜贸易有限公司所供，经调查达胜贸易公司因春节货源紧张，从非我司供货渠道购入产品应急，购进时产品已经存在受潮变形、漏气等明显缺陷，这是导致霉菌项目不合格的原因。”

洽洽食品声称：“此次事件虽然是个别经销商的违规行为，但也暴露出我司的管理漏洞。我们将认真反省，采取针对性措施整改，对产品全链条从严管控，对薄弱环节重点监控，防止此类事件再次发生。”

案例点评

2019年8月23日，北京和广州两地市场监管部门发布的食品安全监督抽检信息均显示，洽洽食品均有一批次瓜子产品不合格：在北京被检出二氧化硫残留量不符合食品安全国家标准规定，在广州被检出霉菌值超标。该两条信息在食品行业内外迅速引起了极大反响，再次触动了公众在食品安全方面的敏感神经。

1. 二氧化硫和霉菌项目不合格的原因

了解二氧化硫和霉菌项目不合格的原因，有助于采取预防措施，避免瓜子不合格问题的再次发生，从而提高食品安全水平。

第一，关于瓜子中检出二氧化硫的原因。根据食品安全国家标准规定，在瓜子加工过程中，不可使用二氧化硫。作为一个大型知名食品企业，洽洽有较强的食品安全意识和较完善的食品安全管理体系，从正常思维来判断，不会主动在食品中违法违规添加不可以使用的食品添加剂或其他添加物。排除了主动添加二氧化硫及其同类化合物（通称“二氧化硫”）的可能性之后，洽洽瓜子中被检出二氧化硫，可能有以下几方面原因：一是植物体内本身含有一定数量的游离态和结合态的二氧化硫，作为植物源食品的瓜子也不例外。二是瓜子农作物的种植土壤中含有二氧化硫类化合物，部分二氧化硫迁移到瓜子中。三是空气中的二氧化硫污染瓜子，侵入瓜子中。四是在瓜子加工过程中，使用的一些原料含二氧化硫，并因此带入瓜子中。例如，加工瓜子所用的糖就可能含有二氧化硫。

第二，关于瓜子霉菌值超标的原因。对于瓜子产品被检出霉菌含量超标的问题，洽洽的解释是其经销商从非正规渠道购买产品应急。在购买时，这些瓜子已出现受潮变形、漏气等明显问题，从而引发瓜子的霉菌值超标。但实际情况如何，可能需要监管部门作进一步调查。

2. 全程管控质量，保障食品安全

洽洽同一天被两地监管部门曝出食品安全问题，说明其食品安全保障工作有待改进。从被披露的信息来看，要保障瓜子的食品安全，需要构建全程质量管理体系。

（1）预防二氧化硫项目不合格问题的方法

要避免瓜子因二氧化硫项目被判为不合格的问题发生，需从标准建设、原料质量控制等多个环节加大力度。

首先，要制定和完善二氧化硫含量标准。洽洽瓜子因二氧化硫残留量不符合食品安全国家标准规定，而被判为不合格产品。严格来说，这个判定有争议，因为我国并没有对瓜子中二氧化硫残留量制定科学合理的标准。如果仅以瓜子中检出二氧化硫，就判定产品不合格，这种做法并不严谨。本批次被判不合格的瓜子的二氧化硫残留量为0.022克/千克，因为土壤等环境中的二氧化硫会迁移到生瓜子中，但我国缺乏生瓜子中二氧化硫本底含量数据，所以无法判断瓜子产品中的二氧化硫是不是人为添加的。另外，对于二氧化硫含量为0.022克/千克的瓜子，如按照正常的食用量，不可能引发明显的健康问题。按照世卫组织的标准，一个人一天要吃1.9千克这种“问题瓜子”，才会触发食品安全风险，但正常人一天不可能吃这么多。基于上述原因，我国应该尽快制定生瓜子（原

料）和熟瓜子（产品）中的二氧化硫含量标准，为瓜子作物（如向日葵、西瓜）种植、瓜子加工和销售等提供法律依据。

其次，要进一步完善瓜子坚果产品中二氧化硫检测方法的标准。在瓜子因二氧化硫项目被判不合格后，洽洽食品发布了一份声明，称“本次抽检的检测报告显示的检测方法为GB 5009.34—2016，但该方法适用范围并不包含炒货食品西瓜子”。GB 5009.34—2016的全称是《食品安全国家标准 食品中二氧化硫的测定》，该标准的适用范围为果脯、干菜、米粉类、粉条、砂糖、食用菌和葡萄酒等食品中总二氧化硫的测定，其适用范围并不包括瓜子等坚果食品中二氧化硫的测定。

为解决检测标准适用范围问题，国家卫生健康委、市场监管总局发布了《食品安全国家标准 食品中二氧化硫的测定》（GB 5009.34—2022），于2022年12月30日实施，将二氧化硫测定方法范围扩大到“所有食品”范围。

再次，要严格控制原料质量，以保障瓜子食品安全。仍以二氧化硫项目为例，尽管目前没有明确的原料瓜子和瓜子产品中二氧化硫限量标准，但应从食品安全风险控制角度出发，尽量减少食品原料中的二氧化硫含量：一方面，食品企业可建立稳定的原料作物种植基地，在生态环境良好的地区，与当地农业公司、农业合作社等合作，按绿色食品标准，种植西瓜、向日葵等含生瓜子的农作物，从田间地头降低二氧化硫含量；另一方面，加强检测力量，对每批原料的所有质量项目都进行检测，不让不合格原料进厂。

最后，在加工、检验、储存、运输等所有环节，都要制定质量控制点，并严格执行质量管理措施。

（2）预防霉菌项目不合格问题的方法

从洽洽瓜子霉菌超标事件可知，为避免霉菌超标而引发产品不合格，瓜子加工等食品企业不仅要从生产全过程加强食品安全控制，还要延伸质量管控链条，对出厂后销售环节的食品安全，也要积极参与管理。

一方面，食品生产企业要指导经销商建立健全食品安全管理制度，配备食品安全管理人员，并对经销商开展食品安全控制方面的知识培训，帮助经销商提升食品安全管理水平。

另一方面，食品生产企业要经常到经销商的仓库、展厅、门店等场所调查，了解经销商在食品安全方面存在的问题。一旦发现有食品安全隐患，应及时纠正。

总之，类似洽洽这样的大型食品企业出现食品安全问题，说明食品安全保障没有过去时，只有进行时，社会各界都需要采取相应措施，时刻关注及重视食品产品品质，打造全链条质量控制体系，确保产品全程可以溯源，切实保障食品安全。

案例三十一　达利涉嫌虚假宣传被罚款

案例概述*

2019年6月28日，江苏淮安市委宣传部官方微博“淮安发布”发布消息，称福建食品企业达利食品集团因发布虚假广告，被江苏省涟水县市场监管局下达《行政处罚决定书》，处以3673.04万元罚款。7月1日晚，达利食品集团就此发表声明，称宣传问题是包装印刷失误所致，活动真实有效，声明同时指出，对涟水县市场监管局的巨额罚款存疑义，将采取行动维权。

1.分厂将过期产品流入市场?

据“淮安发布”称，2018年8月7日，江苏省淮安市市民钟先生在该市涟水县某超市购买了两罐身上印有“快乐助非遗，红包抢不停”的可比克薯片，包装上告知，消费者扫码获得现金红包后，可提现或选择相应金额，由达利食品集团全部捐赠给中国文化保护基金会，用于面向青少年开展非遗教育相关活动。钟先生按照相关提示，用手机扫描二维码，跳出的页面却提示活动已经结束无法抽奖，他随即向当地政府便民服务热线投诉，涟水县市场监管局城区分局立即开展相关调查。

调查显示，钟先生所购买薯片生产日期已超过罐身的活动期限，而在当地销售的另外一款包装的可比克薯片，包装上也有类似活动的文字，只是合作单位变成了“中国非物质文化遗产公益基金”。

当地部门进一步调查发现，罐身广告宣传的与达利食品集团开展助力非遗活动的“中国文化保护基金会”不存在，而“中国非物质文化遗产公益基金”早在2011

---

* 本案例摘编自杨永明《达利集团因虚假广告吃 3673 万罚单 声明称将用法律捍卫自身权益》，鲁网 2019 年 7 月 2 日，http://f.sdnews.com.cn/ssgsxx/201907/t20190702_2577377.htm；王子扬《推广活动虚假宣传，达利食品被罚 3673 万余元》，百家号 · 新京报 2019 年 7 月 2 日，https://baijiahao.baidu.com/s?id=1637873186942516573&wfr=spider&for=pc。

年下半年就撤销了。

活动结果显示：中奖红包总数量为1.45亿个，红包中奖率为36%……当地执法部门据此计算，活动期间市场投放的产品总量应该超过4亿个，而调查统计显示，达利食品集团投放在市场的活动产品总数仅9000多万罐。

2018年10月12日，涟水县市场监管局到达利食品集团调查了解情况，根据当时的询问笔录，达利食品集团企划部的相关工作人员承认，集团曾与中国文物保护基金会和福建省凯斯诺物联科技股份有限公司（第三方服务公司）签署过一份《项目捐赠三方协议书》，协议开展“快乐助非遗，红包抢不停”活动，活动起止时间为2017年10月5日至2018年5月31日，此后活动延长两个月至2018年7月31日。对于钟先生购买的2018年8月6日生产的活动罐，达利食品集团解释道：2018年7月31日，活动结束，但本公司马鞍山分厂在8月6日的生产过程中，误将2400个印有“扫码助非遗”文字的罐体投入生产，导致涟水市场上出现部分活动截止日期后生产的产品。

2.设计人员“理解错误”基金名称?

对于为何在协议中是跟中国文物保护基金会进行合作，罐身广告却出现“中国文化保护基金会”和“中国非物质文化遗产公益基金”字样的质疑，2018年11月8日，达利食品集团向涟水县市场监管局出具情况汇报，称罐身出现基金名称错误可能是因为广告设计人员的“疏忽和理解错误”，合作方确实是中国文物保护基金会。

“实际的红包数量远低于允诺的红包数量，而且广告宣传的2个公益组织目前均不存在，这属于虚假广告。”当地市场监管部门称，这些行为严重违反了《广告法》相关规定，2019年6月17日，涟水县市场监管局下达《行政处罚决定书》，决定对达利食品集团处以3673.04万元罚款，上缴国库。根据涟水县市场监管局发布的相关信息，其处罚依据是：“可比克活动装薯片”已经销售9182.6万罐，每罐广告费为0.1元，合计广告费用为918.26万元，根据《广告法》第五十五条的规定，即对发布虚假广告的违法行为处广告费用3倍以上5倍以下罚款。

在随后举行的听证会上，虽然达利食品集团称其印刷在可比克薯片罐体上的相关文字不属于广告，并且认为涟水县市场监管局不具有适用《广告法》进行处罚的权限，但其主张未被采纳。

3.捐出善款的活动绝非虚假宣传?

达利食品集团在接受媒体询问时回应称，协议善款已捐出，活动绝非虚假宣传。“2019年3月，我公司在涟水县市场监管局举行的听证会上解释相关原因，并提出了不同意见，但执法部门仍认为我们是虚假宣传，欺骗消费者，坚持处罚，对此我们尊重相关部门维护消费者权益的努力，但也会通过公司法务部门，采用行政复议等方式维护自身权益。”2019年7月2日，在达利食品集团总部，集团相关负责人曾先生出面解答了公众的几点疑问。

疑问1：钱真的捐了吗？究竟达利食品集团有没有欺骗消费者，捐款是否真实存在？

曾先生告诉记者，2017年12月8日至2018年7月31日，集团公司旗下可比克薯片出于弘扬优秀传统文化，向青少年儿童普及非遗教育的目的，开展有奖销售活动。根据当时公司与中国文物保护基金会及第三方服务公司的协议约定，受赠方中国文物保护基金会把该项公益捐赠用于向青少年儿童开展非遗教育相关活动。“我可以很负责任地告诉大家，事件所涉及的活动真实有效，我们已将活动所得全部善款捐赠至中国文物保护基金会，也已收到基金会的收款发票。”

疑问2：既然有捐款，为何会出现名称错误？

曾先生告诉记者，由于这方面业务是由集团其他部门委托第三方服务公司进行，将“‘中国文物保护基金会’错称为‘中国文化保护基金会’，是由印刷供应商工作人员疏忽导致，而‘中国非物质文化遗产公益基金’名称出现的原因，是由第三方服务公司提供的”。

疑问3：处罚是否合理？

曾先生表示，在达利食品集团《关于“快乐助非遗，红包抢不停”爱心公益活动的声明》中已表达集团态度，“虽然我们自身的确存在客观过失，然而针对一场真实存在的公益活动，涟水县市场监管局从重适用《广告法》对我司处以巨额罚款，显然不符合错罚相当的法律原则”。

疑问4：红包投放量够吗？

曾先生表示，红包数量需要根据消费者的实际购买数、兑奖数或弃奖数而最终确定。

疑问5：是否存在虚假捐款？

曾先生代表达利食品集团表达了自己的观点：达利食品集团自始至终坚持对公

益的投入，没有必要通过公益捐款作虚假宣传。他还告诉记者，达利食品集团的爱心敬老基金截至2019年1月已经累计发放10年，捐资近7500万元；此外，达利集团多年来还设立了多个教育基金和慈善基金。

案例点评

近年来，监管部门以“零容忍”的态度严打违规、强化执法，成为加强市场法治建设的重点工作之一，不少企业因虚假宣传收“罚单”。“严监管”下，《反不正当竞争法》《广告法》《刑法》等明确禁止虚假宣传，通过完善法律法规，进一步激发市场主体创新活力、维护良性市场竞争环境。达利食品集团因推广活动虚假宣传被罚事件就是一起十分典型的案例。

1.“天价罚单”敲响警钟，营销宣传必须尊重广告法规和客观事实

达利事件是一起涉及全国范围的、处罚金额巨大的典型虚假广告案件，引发了业内强烈关注和讨论。达利食品的“天价罚单”对于所有企业来说都是一次警醒，企业营销宣传一定要严谨，必须尊重广告法规和客观事实，遵循广告的真实性、适当性和合规性原则，采取合理有序的方式进行宣传活动。

回顾该案例，涟水县市场监督管理局认为：实际的红包数量远低于允诺的红包数量，而且广告宣传的2个公益组织目前均不存在，这属于虚假广告，严重违反了《广告法》相关规定。《广告法》第四条规定，广告不得含有虚假或者引人误解的内容，不得欺骗、误导消费者。广告主应当对广告内容的真实性负责。律师表示，达利食品集团进行“快乐助非遗，红包抢不停”的活动本质上仍然是为了进行商业推广，通过开展类似的活动以激发消费者的购买和参与热情，并非纯粹的公益目的，所以相应的活动形式、内容确实应当纳入《广告法》的规范范畴，达利食品集团所谓的工作人员疏忽的辩解也并不能作为其活动存在一些不当之处的合理理由。商家广泛开展此类推广活动，普通消费者往往根本难以确认真实性，正因如此，一旦存在虚假宣传或夸大宣传等情况，不仅会扰乱良好的市场管理秩序，也可能会侵害广大消费者的权益。

达利食品集团的“天价罚单”为市场上众多企业敲响了警钟。很多企业仅

关注广告的投放效应和因此产生的促销能力，而忽视广告的合规问题。3000多万元不是一个小数目，对于很多企业来说，可以说是无法承受之重。这次事件也提醒企业，在生产经营过程的每一个环节都应该仔细谨慎，避免出现不必要的失误。

2.企业进行广告宣传须慎之又慎

此次“跌倒”在广告宣传上的达利食品集团，其实是广告达人。人们对达利食品集团或许不太熟悉，但一定听过这些广告语：“好吃，你就多吃点”“薯片可比克，片片都欢乐”“团团圆圆达利园”……凭借这些耳熟能详的广告语，达利食品集团迅速拓展市场，扩大营收规模，旗下多款产品成功进入消费者休闲零食必买清单。

资料显示，达利食品集团旗下拥有好吃点、可比克、达利园、乐虎以及和其正等诸多知名食品品牌。自1989年创办，2015年11月20日，达利食品集团于香港联交所主板挂牌上市。企业年报显示，2018年达利食品集团营业收入208.64亿元，同比增长5.38%。营收增长的同时，其市场销售费用也在逐年上升。数据显示，2018年全年销售费用高达33.77亿元，占全年营业收入比重的16.18%，而2012年销售费用还只有7.32亿元，占总营业收入比重的6.77%，仅仅7年，营收增加192.97%，销售费用增加461.05%。2018年，达利食品集团广告费用达19.4亿元，占销售费用的57.45%。将产品下沉到三、四线市场的达利食品，仍然按照一、二线大公司模式进行市场推广经营，加大促销行为以及广告投入，避开与大品牌竞品的竞争，获得了快速发展的机会。

企业宣传推广虽然重要，但也要适可而止。如果一味靠宣传来提高企业外在，是否太过急功近利？一个没有文化与内涵的公司，是否能长期在竞争激烈的市场中存活？也因此，量力而行的宣传其实是对产品的敬畏。如果不能做到看清市场形势，缺乏对自己的正确认识，所谓大宣传、大投入很容易走入岔道而不利于有序发展。在宣传上适可而止，科学评估市场情况，降低成本，精准推广，不仅会让已有及潜在客户在适合的地点接收到有效宣传，还能够促使企业文化得以深远传播。

3.从严治理，对于违法违规企业处罚力度加大

此前国内市场虚假广告问题频出，一些企业成为市场监管部门处罚名单

上的常客，一个重要原因是法律法规对此类违法行为惩处力度不足，企业违法成本低。在行政执法实践中，许多企业因虚假宣传被罚款的数额并不高，常常是20万元这样的“起步价”。或许正是抱着“低成本的违法行为可以换来高额收益”的心态，一些企业在对待虚假广告宣传的问题上，并不严肃认真，拿违法当儿戏。实际上，在对广告监管比较严的欧美国家，很少有企业敢肆无忌惮乱发广告，因为搞虚假宣传将面临极为严重的后果。以美国为例，近些年大企业因不当营销被开高额罚单的案例有：2013年11月，强生因“回扣营销”被罚22亿美元；2013年5月，雅培因“不当营销”被罚16亿美元；2012年7月，葛兰素史克因“欺诈营销”被罚30亿美元；2011年11月，默克因“虚假宣传”被罚9.5亿美元；2009年9月，辉瑞因“夸大宣传”被罚23亿美元。这些天文数字的罚单足以对所有美国企业产生警示作用。

当然，国情不同，其他国家的法律法规不一定适合在我国推行。不过，其严刑峻法、杀一儆百的理念还是可以参照的。提高违法成本以降低违法行为发生率，这也符合法理逻辑。

虚假广告可视为市场机体的恶疾，危害既广且深。它不仅破坏市场经济的良性运行，还损害社会诚实守信的良好风尚。只有对虚假广告违法者严惩不贷，重罚违规违法行为，对不法分子形成警示作用，才能力促市场运营主体谨言慎行，敬惧法律，在市场经营活动中不敢越线逾矩。

案例三十二

拉杜蓝乔食用油非婴幼儿专用食品被责令停售

案例概述*

2019年7月18日，针对千麦实业（上海）有限公司（以下简称千麦实业）自查出代理产品拉杜蓝乔（LaTourangelle）存在邻苯二甲酸酯类物质成分（统称DEHP或塑化剂）残留问题，上海市静安区市场监管局发布初步调查通报。通报指出，该产品申报品类为食用油非婴幼儿专用食品，但其在销售中存在故意误导的嫌疑，已责令企业停售，并督促尽快下架召回。此前在7月16日，千麦实业自曝，拉杜蓝乔核桃油存在塑化剂残留情况，在5个批次产品中，2个批次超标。随后该代理商又发表声明称，现有证据表明产品无任何食品安全风险。在这起"罗生门"背后，生产商与代理商的纠纷逐渐浮出水面。

1.拉杜蓝乔的塑化剂含量对人体到底有害吗?

2019年7月16日，法国拉杜蓝乔核桃油的中国代理商千麦实业在其官方微博上发布通告，称其主动发起风险自查，发现所代理的婴幼儿辅食品牌拉杜蓝乔核桃油存在DEHP残留情况，在5个批次产品中，2个批次超标，剩余3个批次存在残留，并紧急提醒各渠道商暂停销售。千麦实业在声明中透露，此前曾发现拉杜蓝乔产品部分批次存在此问题，但生产商拉杜蓝乔多次强调，其食品中的DEHP含量对人体无害。

拉杜蓝乔是法国知名坚果油品牌，核桃油是其经典产品。近年来在很多网络大V、代购、微商和年轻妈妈们的强烈推荐下，拉杜蓝乔在婴儿辅食界很出名，选择给宝宝吃辅食油的妈妈们几乎是人手一瓶。因此，这份将矛头直指生产商的声明一

* 本案例摘编自申梦芸《网红婴幼儿"核桃油"被曝含致癌物 经销商：已暂停销售 生产商称产品符合标准》，封面新闻 2019 年 7 月 17 日，https://www.thecover.cn/news/2318891；《妈妈们崩溃了，给宝宝吃的进口核桃油塑化剂超标！经销商这样解释……》，百家号・中国经营报 2019 年 7 月 18 日，https://baijiahao.baidu.com/s?id=1639351054274862073&wfr=spider&for=pc。

出，购买过拉杜蓝乔的消费者都陷入焦虑与恐慌中。

但是，在自曝拉杜蓝乔核桃油塑化剂超标的当天晚间，千麦实业又发文称，公司所售拉杜蓝乔产品并不存在安全风险。千麦实业称，国家食品安全风险评估中心认为，0.05毫克/千克体重的DEHP摄入量不会对健康造成损害，该公司所售拉杜蓝乔产品中DEHP最大含量在1.9毫克/千克，依照5千克婴儿体重，需要每天摄入142毫升才会对人体造成损害。通常情况下，5千克婴儿一天摄入量不超过1.5毫升（30滴），未达到建议值的1%，产品依然属于安全范围。

经了解，北京相关市场监管部门曾受市场监管总局委托，对千麦实业经销商相关门店销售的拉杜蓝乔核桃油 ×500毫升（批次2018.3.20）进行了抽检，出具两份检测报告：一份为《食品安全监督抽检检验报告》，检验结果为合格；另一份为《食品安全风险监测检验报告》，显示DEHP实测值高于参考值，作出食品安全风险隐患提示。此后，上海市静安区市场监管局发布通报指出，经上海海关核查，本次事件中的产品来自法国，申报类别为食用油，非婴幼儿专用食品，已责令千麦实业停止销售相关食品，并督促其尽快下架召回涉事产品；同时向千麦实业制发《国家食品安全抽样检验风险隐患告知书》并约谈该公司。

2. 塑化剂有没有国家限量标准？

塑化剂具有脂溶性，一般用塑料瓶装的油，都存在塑化剂迁移的风险。在食品的生产、物流、包装等环节中，都有可能接触到塑料制品，从而导致塑化剂残留。有专家表示，摄入过量的塑化剂将干扰人体内分泌，对于成长中的婴幼儿来说可能会影响生殖系统的生长和发育，对于孕妇来说，则会增加患乳腺癌的风险。

不过，在科信食品与营养信息交流中心副主任钟凯看来，拉杜蓝乔塑化剂风波不足以引起恐慌。“塑化剂广泛存在于自然界，只要检测方法足够灵敏，几乎所有的加工食品中都能检出它。”他指出，即使是“最好、最安全”的母乳也可以检出塑化剂，因为哺乳的妈妈会从饮食、呼吸、皮肤接触等多个渠道摄入塑化剂。塑化剂最容易存在于含油脂的食品中，所以拉杜蓝乔核桃油检出塑化剂一点儿都不奇怪，各种食用油应该都是能检出微量塑化剂的，关键还是要看塑化剂有多少量。钟凯指出，《卫生部办公厅关于通报食品及食品添加剂中邻苯二甲酸酯类物质最大残留量的函》（《卫办监督函〔2011〕551号》）文件规定了食品中三种典型塑化剂的临时管理限值，包括邻苯二甲酸二（α-乙基己酯）（DEHP）、邻苯二甲酸二异壬酯（DINP）和邻苯二甲酸二正丁酯（DBP），但这个值不是限量标准，不能作为执法依据，只能作为风险排查的线索。本次事件的数据披露，“生产商认为该程度的残留是无害的说法还是没有毛病的，”钟凯指出，“主要是婴儿吃这个油的量太少，当然，既然超了临时管理值，就得回溯生产流程，看塑化剂是从哪里进来的，经销商下架召回也没毛病。”

3.“罗生门”的背后是生产商与代理商之争？

在品牌代理商千麦实业自曝塑化剂事件后，2019年7月18日，生产商拉杜蓝乔发布官方声明并召开记者发布会，强调国内正规渠道销售的全系列产品均为法国原罐进口，符合欧盟标准，并通过中国商检和海关检验后进入中国市场，符合中国相关标准，并称在合适的运输仓储条件下，不存在塑化剂残留超标问题。

声明还附了两份检测报告。一份报告称涵盖了 2019 年 1 月以来千麦实业进口到中国市场的所有拉杜蓝乔产品，是拉杜蓝乔在每一个批次产品出厂前严格按照欧盟和中国相关标准进行厂方自检的记录汇总。针对网络传言塑化剂残留超标的批次作了交叉比对，结论如下：对应附件报告中的 N° lot 1A-595 厂方自检，DEHP符合中国国家相关标准（即小于1.5毫克/千克残留量标准）。另一份报告是拉杜蓝乔品牌于 2019年7月初针对在中国市场销售的拉杜蓝乔拉朵安健系列产品，委托欧洲最权威的第三方检测机构之一欧陆（Eurofins）所做的检测报告。声明称，报告显示该批次产品中的DEHP残留远低于欧盟和中国相关标准。

2019年7月20日，拉杜蓝乔针对产品争议在上海召开了媒体情况说明会。会上，拉杜蓝乔亚太地区总裁否认其品牌产品存在塑化剂残留超出标准的问题。7月21日，拉杜蓝乔的代理律师在接受媒体访问时，再次重申了拉杜蓝乔品牌方此前在发布会上的声明，并对媒体表示，本次纠纷源于千麦实业未经同意仿冒了拉杜蓝乔部分商标。自2019年6月起，生产商拉杜蓝乔停止向千麦实业供货，“他们想用这个方式来损害我们商品的声誉，让商品未来的销路变得不好”。

案例点评

诚然，即使社会上有食品安全或者产品质量等问题发生，人们也不能就把所有婴儿产品、食用油一棍子打死，不管怎样，拉杜蓝乔塑化剂超标仍然只是一个个案，不必过分恐慌和焦虑。但是这件事还是应引起各方足够的重视、警醒和反思。就算“妈妈界”这次躲过了“拉杜蓝乔”门的坑害，如果此次暴露出的相关问题不能积极加以解决，谁知道什么时候又会掉到另一个“网红名牌”的坑里?

1.代理商与生产商之间的“内斗”

实际上，此次拉杜蓝乔被扒皮，并非源于监管部门的查处，而是代理商与生产商之间的“内斗”，是极为罕见的商家“自曝”。

拉杜蓝乔在国内“妈妈界”有着很高的知名度，一向被很多妈妈视为高档婴儿用油的代表产品和优先选择。没想到这种婴儿用油的“旗舰”产品居然也被曝存在严重的质量问题——塑化剂残留超标！瞬间，各大妈妈群炸了雷。有人不敢相信，寄希望于监管部门的最终结论；有人因此而自责，觉得是自己的“迷信”害了孩子；更多的人都在痛斥，大骂无良商家；还有就是大家都在问，该怎么退货、理赔和维权。

塑化剂超标是否对健康有害？一般情况下，塑化剂超标表现为三方面的危害。一是可能引发癌症，塑化剂的分子结构类似于人体内激素，在物质代谢时容易产生大量氧化基，进入人体后可能激起身体DNA异常，从而加大身体患癌的风险。二是影响内分泌系统，如果通过呼吸、接触等进入人体组织，由于DEHP存在生物毒性，其可能会影响内分泌系统平衡，导致内分泌系统紊乱情况发生。三是影响生殖系统，如果主要为DEHP的塑化剂进入人体，因其抗雄性或抗雌性激素活性，可能会影响生殖系统的生殖机能，出现子宫内膜增生、睾丸损害等症状。

2.代理商自动检测背后的原因

需要注意的是，中国代理商千麦实业表示此次为公司近期主动对进口报关产品发起的检测，是主动披露。千麦实业强调，DEHP属于塑化剂，植物油在加工过程中，极容易因为生产条件或储存用具不合格，发生塑化剂残留情况，DEHP和BPA都是极容易被检出的塑化剂种类，是环境内分泌干扰物，具有类雌激素效应，孕妇、婴儿和发育期儿童应远离DEHP。参考世界卫生组织国际癌症研究机构公布的致癌物清单，邻苯二甲酸酯类物质在2B类致癌物清单中。

这次生产商和代理商之间可能存在的纷争可从两个方面来看。一方面，假设塑化剂确实超出标准而生产商仍然认为对消费者无害，产品质量没有问题，则生产商的态度堪忧，生产工艺也需要改进；另一方面，假设是经销商挟私报复，有意引起消费者恐慌（目前来看这样的结果已成事实），则是为了私利而不顾消费者利益，应加以鄙视。

据媒体称，之前北京市相关市场监管部门就已在抽检中发现了类似问题，然而只是作出食品安全风险隐患提示并约谈企业，并未采取措施加以查处和公开曝光，从而为此次企业自曝埋下伏笔。该事件暴露出食品特别是婴幼儿食品质量监管缺漏与短板不容小觑，反映出当前的食品安全监管领域还有一定的漏洞。

3.生产商在第一时间应尽自查义务

我国颁布的《国务院关于加强食品等产品安全监督管理的特别规定》，要求生产经营者对存在安全隐患的产品承担义务。为了保障消费者的安全，法律规定经营者具有商品、服务安全保证的义务，消费者的人身与财产安全是其最根本的利益，主要内容包括两个方面。一是经营者发现其提供的商品或者服务存在严重缺陷，即使正确使用商品或者接受服务仍然可能对其人身、财产安全造成危害的，应立即采取防止危害发生的措施，并及时向有关行政部门报告和告知消费者。二是经营者应当保证其提供的商品或者服务符合保障人身、财产安全的要求，对可能危及人身、财产安全的服务或者商品，应当向社会作出明确标示和真实叙述，并警示说明正确使用商品或者接受服务的方法以及防止危害的方法，以避免或减轻损害。

“食品安全大于天”不是一句空话，婴幼儿食品质量更须执行最高标准和最强监管，否则何以谈将来？拉杜蓝乔事件不仅击破了人们对“网红产品”和“高档洋货”的品质迷信，也引发消费者对婴幼儿食品的质量关注。

“网红食品”奥雪双黄蛋雪糕连续三次被检出微生物超标

案例概述*

2020年10月16日，北京市市场监管局公布了2020年第44期食品安全监督抽检信息，在12大类881批次抽检样品中，有12批次不合格。其中，标称营口奥雪冷藏储运食品有限公司（以下简称奥雪公司）生产、北京日日生鲜商业有限公司东城区分公司经营的双黄蛋（咸蛋黄牛奶口味）雪糕（生产/加工/购进/检疫日期：2020年4月29日），大肠菌群不符合食品安全国家标准。公告还表示，针对在食品安全监督抽检中发现的不合格食品，已要求食品生产经营者所在地市场监管部门依法调查处理，涉及外埠的已通报当地市场监管部门。

1. 微生物项目屡次被检出不合格

奥雪公司成立于2010年6月2日，注册资本3000万元人民币，公司经营范围包括冷食品生产、加工、储藏、运输、销售，米面、粮油、水产品、肉食品、水果、蔬菜储藏及销售。双黄蛋雪糕是这家公司的拳头产品，于2019年上市后，迅速通过社交媒体平台蹿红，成为一款“网红食品”。上市半年，产品销售额达到近4000万元。

但是，“网红食品”奥雪双黄蛋雪糕此前已有三次被检出微生物项目不合格。

2019年6月，奥雪双黄蛋雪糕曾被浙江温州市场监管局检出菌落总数和大肠杆菌群超标，温州市市场监管局要求各属地市场监管部门责令相关单位立即停止生产、销售，采取下架等措施，分析原因并进行整改，确保处理到位并根据实际情况

---

* 本案例摘编自冯毅、李严《奥雪就双黄蛋雪糕事件致歉，称将成立市场终端监管部门》，百家号・新京报 2019 年 6 月 30 日，https://baijiahao.baidu.com/s?id=1637743832807723316&wfr=spider&for=pc；《不合格！网红雪糕“双黄蛋”抽检不达标，线上线下仍在出售》，百家号・杭州电视台综合频道 2019 年 6 月 29 日，https://baijiahao.baidu.com/s?id=1637660210289062518&wfr=spider&for=pc。

开展追溯工作。当时奥雪公司回应称，被通报的产品出厂质量检验合格，导致相关检测项目超标，是因为零售终端在运输过程中无任何冷链保护，令产品发生化冻情况且用于储存的冰柜老旧，制冷效果很差，导致该终端销售的3个厂家的3种产品抽检都不合格，公司产品双黄蛋雪糕只是其中之一。

2020年3月27日，南京市市场监管局发布关于4批次食品不合格情况的通告（2020年第12期），南京市玄武区优玄森百货超市店销售的标称奥雪公司生产的双黄蛋（咸蛋黄牛奶口味）雪糕（生产日期：2019-05-26，规格：72克/袋），大肠菌群不符合食品安全标准规定，检验结果为60、60、50、20、20，标准值为n=5，c=2，m=10，M=100。

2020年5月28日，在广东省市场监管局公布的15批次抽检不合格食品名单中，奥雪双黄蛋（咸蛋黄牛奶口味）雪糕又在其中。具体涉事产品为华润万家生活超市（广州）有限公司佛山岭南大道店销售的标称奥雪公司生产的双蛋黄（咸蛋黄牛奶口味）雪糕（生产日期：2019-06-03，规格：72克/袋）。不合格项目是，菌落总数不符合食品安全国家标准规定。检验结果为：①$4.9\times10^4$；②$5.3\times10^4$；③$1.0\times10^3$；④$2.7\times10^4$；⑤$4.4\times10^4$CFU/g，标准值为n=5，c=2，m=25000，M=100000CFU/g。针对此次检出的不合格产品，广东省市场监管局要求辖区市场监管部门及时对不合格食品及其生产经营者进行调查处理，责令企业查清产品流向，采取下架、召回不合格产品等措施，分析原因并进行整改。

2.连发声明

2020年6月1日，奥雪公司在其官方微博曾发表声明称，广东和南京两则通报实为2019年检验结果，监管局按照流程于2020年在网上公示，并非现在市面上的在售产品。针对2019年不合格产品，公司已配合质监局作出下架和召回处理，不能召回的要求经销商立即就地销毁，禁止任何渠道售卖不合格产品。该微博同时表示：“针对菌群超标事件，我们成立了市场监管部门，更加严格地审核经销商和渠道商的运输及仓储资质，安排监管人员定期在全国各地巡回检查。”

6月2日，奥雪公司董事长向记者表示，两起抽检不合格事件均发生在2019年，涉及的产品大概有几万箱，每箱有30多件产品。他表示，在2019年质量事件发生以后，公司立即下架了相关产品并进行召回，对已销往较小零售终端无法召回的产品，禁止其继续销售。公司对包括云南、新疆在内的市场范围内的产品都进行了检查，很多地方主动进行了第三方机构检测。“一直以来，我们的产品如果不是100%

合格的话是不允许出厂的，2019年的问题是出自销售终端不符合我们的要求。”奥雪董事长表示，“事情发生后对所有的经销商以及销售终端进行了审核，如果不符合要求则坚决取缔，公司的区域经理、大区经理在做销售工作的同时，会经常性对经销商及销售终端进行审核。”

作为食品生产企业，除了生产之外，是否应当对运输和销售环节负责呢？对此，科信食品与营养信息交流中心科学技术部主任阮光锋表示，食品生产企业对运输和销售环节有间接责任。环节越多，风险越多，由于食品全产业链长，风险颇大，企业应从自身品牌和质量角度出发，规范相关环节。这种情况下，企业的做法一般是更换供应商或者销售商。在类似情况下，大企业不会姑息经销商。

案例点评

1. 菌落总数和大肠菌群项目介绍

“指示菌”是评价食品清洁度和安全性的指标，是在分类学、生理学或生态学上相似的一群微生物，在食品卫生监测中检验指示菌的目的，主要是以其在食品中存在与否以及数量的多少为依据，对照国家卫生标准，对食用安全性作出评价。

菌落总数和大肠菌群同为食品卫生指示菌。检测菌落总数的卫生学意义是评价被检样品被细菌污染程度及卫生质量状况，可以通过此项指标对食品有无腐败和变质、食品的保质期以及食品对人类危害的可能性进行推测。实际工作中，依据菌落总数多少，再结合其他检测项目，可对食品卫生质量作出全面评价。菌落总数越高，对食品营养成分的破坏程度越高，食用价值越低，同时与腐败变质速度呈正相关关系。通常认为，食品中菌落总数超标，说明食品受致病菌污染的可能性增加，可认为是生产、加工、运输、贮藏等处理环节上对于物料、人员和环境卫生管理不当所导致。

大肠菌群并非细菌学分类命名，而是卫生细菌领域的用语，可包括大肠埃希氏菌、柠檬酸杆菌、产气克雷白氏菌和阴沟肠杆菌等，现已被广泛用作食品卫生质量检验的指示菌。因为，粪便中除一般正常细菌外，还可能存在肠道致病菌（如沙门氏菌、志贺氏菌等），所以食品中检出大肠菌群，说明被检样品受到肠道致病菌污染的风险较大。一般情况下，大肠菌群数量的高低，表明了食品被粪便污染的程度，同时反映出对人体健康危害程度的大小。当食品大肠菌群超标时，意味着食物中毒和感染食源性疾病的风险较大，食用后可能引起急性中毒、呕吐、腹泻等症状，危害人体健康安全。《食品安全国家标准　冷冻饮品和制作料》（GB 2759—2015）中规定，冷冻饮品（食用冰除外）同一批次产品5个样品的大肠菌群检测结果均不得超过10^2CFU/g（或CFU/mL），且最多允许2个样品的检测结果超过10CFU/g（或CFU/mL）。

经查，涉事网红奥雪双黄蛋雪糕执行标准为《冷冻饮品　雪糕》（GB/T 31119—2014），该执行标准中卫生指标限量应满足《食品安全国家标准　冷冻饮品和制作料》（GB 2759—2015）要求，即同一批次产品5个样品的菌落总数检测结果均不得超过10^5CFU/g（或CFU/mL），且最多允许2个样品的检测结果超过2.5×10^4CFU/g（或CFU/mL）；同一批次产品5个样品的大肠菌群检测结果均不得超过10^2CFU/g（或CFU/mL），且最多允许2个样品的检测结果超过10CFU/g（或CFU/mL）。

2.雪糕中指示菌超标的可能原因

与罐头等食品不同，雪糕生产工艺中杀菌工序相对靠前，在杀菌后还会有冷却、凝冻、成型等环节。在呈现在消费者面前之前还要经历冷链运输和储存，因此任何环节的疏漏都有可能造成菌落总数或大肠菌群的污染，例如以下情况：

原料带入及杀菌工艺不到位。雪糕常用原料包括乳及乳制品和蛋及蛋制品，初始带菌量相对较高，且本身营养丰富，当原料储运不当以及后续杀菌工艺执行不到位时，非常容易导致原料中微生物增殖，最终导致指示菌超标。

二次污染。二次污染是造成雪糕产品指示菌超标的一个重要原因。比如：杀菌后料液冷却时间过长或后续温度控制不符合工艺要求，杀菌缸与凝冻缸之间的输送管路存在卫生死角，凝冻缸的清洗消毒不彻底，出料口没有定时消毒等，都可能对料液造成二次污染。

人员污染。加工人员的卫生控制尤应加以重视，若生产加工人员进入车间时工作服手套等消毒不彻底，或者未按卫生要求作业，都会直接或者间接污染过程产品。

生产环境污染。生产车间空气中的微生物，在气流或自然沉降的作用下，可能会附着在过程产品表面，造成直接污染；或者附着在人员或设备表面，然后通过接触造成间接污染。另外，雪糕加工过程中需要经过多道工序，涉及的设备及工器具较多，如果清洗、消毒不彻底，将可能造成雪糕产品的菌落超标。

成品储运及经营环节反复化冻导致污染。《食品安全国家标准 冷冻饮品和制作料》(GB 2759—2015）和《冷冻饮品 雪糕》(GB/T 31119—2014）对冷冻饮品的贮运和销售温度作了严格规定：短途运输应使用冷藏车，长途运输冷藏车厢温度应＜－15℃，运输过程应保持产品应有的状态；冷冻饮品产品应贮存在≤－18℃的专用冷库内；冷冻饮品产品应在冷冻条件下销售，低温陈列柜的温度应≤－18℃。因此，当产品在运输及贮存、销售过程中温度不符合作业要求，产品发生反复化冻，也容易造成雪糕产品指示菌超标。此外，如在运输或储存过程中与其他冷冻食品尤其是冷冻生制品混放，也有可能造成交叉污染。

3.对不合格产品的处理措施

《食品安全法》第五十二条规定，食品生产者应当按照食品安全标准对所生产的食品进行检验，检验合格后方可出厂或者销售；第六十三条规定，食品生产者发现其生产的食品不符合食品安全标准或者有证据证明可能危害人体健康的，应当立即停止生产，召回已经上市销售的食品，通知相关生产经营者和消费者，并记录召回和通知情况。因此，相关市场监管部门对奥雪涉事产品的处理措施是有法可依且处理得当的。虽然奥雪公司提供了出厂合格报告，并对同批次留存样品进行了检测且检测结果合格，但由于微生物具有污染不均一性，因此不能据此推翻抽检结论，也不能取消对该批次产品的核查处置。对雪糕微生物超标的情况，可能与生产、运输、储存等多个环节因素均有关联，市场监管部门可以在对生产、流通环节均充分调查取证的基础上查明原因，确认违法主体后形成核查处置意见。

4.对消费者购买雪糕产品的提示

一是科学选购。购买雪糕时，建议消费者尽量在正规场所的冷冻柜中选择，且优先选购正规厂家生产的产品。在购买时要确认外包装完好无损、冷柜温度符合要求、与其他冷冻食品分别存放。

二是合理存放。与购买时相同，在家庭中存放雪糕时也应注意冰箱冷冻层温度应尽量控制在－18℃以下。同时，雪糕建议在单独的冰箱隔层中存放或与其他可即食类食品共同存放，避免交叉污染。

三是关注信息。根据《食品安全抽样检验管理办法》，食品安全监督抽检结果信息和不合格食品核查处置信息会通过政府网站等媒体向社会公布。因此，建议消费者及时关注食品抽检信息。

5. 继续做好食品安全抽检工作

食品安全抽检是《食品安全法》确立的一项基本制度，是保障广大人民群众舌尖上的安全的重要举措。市场监管部门为保障人民群众身体健康，对全部33大类食品开展定期或者不定期的抽样检验工作。食品安全抽检坚持以问题为导向，以排查和防控食品安全风险为目的，是保障广大人民群众舌尖上的安全的重要举措。近年来我国不断加强食品安全监管，并通过食品安全抽检达到科学研判、风险预警、隐患控制的目的。《“十四五”市场监管现代化规划》明确提出“稳步实现农产品和食品抽检量每年5批次/千人目标”。与“十四五”提出的4批次/千人相比又有了提升，食品安全抽检工作稳步向发达国家靠近。

近年来，通过每年公布的食品安全抽检合格率可以看到，食品安全状况稳中向好，但仍存在着微生物污染、农兽药残留超标、食品添加剂“两超”等现象。因此，应继续发挥好通过食品抽检倒逼食品生产经营者落实食品安全主体责任的重要作用，与食品生产监管、经营监管共同发力，打好“组合拳”，守护好百姓“舌尖上的安全”。

案例三十四 品牌开发酒乱象引发舆情关注

案例概述*

2019年4月22日，《新京报》刊发《汾酒开发品牌酒乱象：有合作商私灌散装酒高价卖》的报道。记者在山西太原、汾阳等地调查发现，山西杏花村汾酒厂股份有限公司（以下简称汾酒厂）生产的股份酒，其市场批发和零售差价不大且稳定，而批发价30元一瓶的开发酒，对外零售价能达到600元左右。对此，山西杏花村汾酒集团有限责任公司（以下简称汾酒集团）发表声明称，集团公司高层已经召开紧急会议，依据产品瘦身工作总体安排，正针对报道中的内容进行核查。而对杏花村镇周边商铺存在的假冒侵权产品问题，汾酒集团已请求汾阳市公安局、市场监管局，依法进行查处。汾酒集团还称，本着对消费者高度负责的态度，严肃对待媒体报道，对于能够核实的问题，将大力进行整治、整改。

1.股份酒和开发酒的区别

位于山西汾阳市境东北部的杏花村镇，是我国著名的酒都之一，因盛产汾酒而驰名，是全国最大的清香型白酒生产基地，也是汾酒集团的所在地。公开资料显示，汾酒厂是汾酒集团的全资控股子公司，主要生产和销售汾酒系列、杏花村系列、竹叶青系列、白玉汾酒系列自营品牌酒水。

都是汾酒，股份酒和开发酒到底有何不同?

按照经销商及汾酒集团内部人士的说法，股份酒是指汾酒厂生产的汾酒，这是

---

* 本案例摘编自李振中《迷失的白酒品牌——由山西杏花村汾酒集团开发酒想到的》，百家号·消费日报网 2019 年 5 月 6 日，https://baijiahao.baidu.com/s?id=1632773569704256121&wfr=spider&for=pc；郭铁《山西杏花村汾酒集团回应 30 元一瓶的“开发酒”乱象：将核查整改》，百家号·新京报 2019 年 4 月 22 日，https://baijiahao.baidu.com/s?id=1631496651290631823&wfr=spider&for=pc；《汾酒集团关于新京报报道的开发酒乱象发布声明》，黄河新闻网 2019 年 4 月 22 日，http://ll.sxgov.cn/content/2019-04/22/content_9374784.htm。

汾酒老厂，而集团酒是汾酒集团其他子公司生产的酒水，它们由各个开发商自行设计包装品名销售，所以也称为开发酒。在整个汾酒集群中，汾酒厂自营生产销售的汾酒比起汾酒集团的产品种类要少很多。汾酒集团出品的汾酒种类远多于汾酒厂，其价格也是五花八门。

汾酒集团公司定制产品事业部负责人介绍，集团开发酒是由汾酒集团方面授权一部分有资金、有资源的个人或公司，自行设计酒瓶和外包装，由汾酒集团灌装酒水后，被授权方将“杏花村”商标和汾酒集团公司的名字印在外包装上进行销售。这种模式下的个人或者公司，被视作被授权方，统一称为“开发商”，被授权的产品则被称为“开发酒”、“集团酒”或“汾酒合作酒”。

按照规定，所有开发商的酒水必须来自汾酒集团公司，不能私自灌装。但这一规定并不能真正制约数量众多的开发商。开发商获得授权后，会再取类似中国第一村、杏花村、年份老酒这样的名字，并在私底下通过和小作坊合作，在贴有汾酒商标的瓶子里装上非汾酒集团生产的酒水推向市场。由此可见，开发酒和股份酒的价格不一样，酒水品质也不一样。开发酒只是汾酒集团的加盟酒水，股份酒更好，如果价格公开的话，自然是一分钱一分货。

北京默合律师事务所律师指出，开发商或销售商私自灌装散酒涉嫌欺诈。如果一些开发商利用享有授权的便利条件，违反汾酒集团的规定，灌装私人酒厂或者是来路不明的散酒，则可以视作欺诈消费者的违法行为进行处罚。据律师介绍，按照汾酒集团的开发模式来分析，这些开发酒的酒水可来自汾酒集团的子公司白酒生产线，也可以来自自营汾酒厂的产品生产线，但是必须加强品控，应该向消费者说明开发商和酒水来自什么生产线，这样才能有效避免打着汾酒集团名字的假冒伪劣酒水出现，也能保护汾酒品牌声誉。

2.股份酒和开发酒“真身”难辨

在汾阳市近百家白酒销售商手里，存在着上百种集团开发酒，这些酒的包装上统一标注“山西杏花村汾酒集团有限责任公司出品”“杏花村”等字样，不同的是分为“原浆”“老酒”“杏花村老酒”“原酒”等品牌，但在这些白酒的包装上，合作开发商是谁，却没有明显标识显示。

集团开发酒的外包装是开发商设计制作的，每个开发商开发出来的集团酒都会有一个条形码和食品安全溯源二维码，但基本都是标注的汾酒集团，而没有开发商信息。相较之下，汾酒厂生产的股份酒，包装上就注明了生产厂名、厂址，扫描二维码显示了相关产品的质量检测文件。

根据《中华人民共和国产品质量法》第二十六条、第二十七条规定，产品或者其包装上的标识必须真实，并要求注明产品名称、生产厂厂名和厂址；根据产品的特点和使用要求，需要让消费者知晓，应当在外包装上标明。根据上述法律条文规定，作为其他公司在汾酒集团开发出来的产品，除了需要注明汾酒集团出品，还应该标明合作开发商名称。

对于汾酒的集团开发酒存在产品信息不全问题，北京默合律师事务所律师表示，根据《中华人民共和国产品质量法》，汾酒集团开发酒在对其包装进行信息标注的时候，应该加上开发商的信息，这样是为了方便消费者进行查询，也是满足消费者的知情权。如果一些开发商取得汾酒集团的授权进行白酒开发以及销售，开发商也算是产品的生产商之一，那么开发商的信息在包装上必不可少。

3.“开发模式”都是商业化惹的祸

一名白酒业内人士表示，开发商模式曾让汾酒度过了最困难的时期。1998年山西朔州假酒案后，汾酒受到波及，销售受到影响，省外市场快速流失。受益于合作开发模式，汾酒在2004年之后迅速崛起，利用集团开发模式，让汾酒在白酒市场里站稳脚跟。汾酒的品牌最多的时候有1000多个，2008年以后，汾酒集团开始清理开发商和合作开发品牌，品牌减少到300多个。后来，但凡开发商要与汾酒公司合作，都要根据本地实际提出开发方案，经汾酒厂认可后缴纳押金，从汾酒集团灌取酒浆，再进入市场销售。

虽然汾酒集团一直在压缩开发商数量，但是开发商的销售额在汾酒集团销售总额中的占比仍然很大。中国酒业协会一名业内人士表示：“对于汾酒集团来说，开发商既是客户又是合作商；对于消费者而言，开发商既可代表汾酒集团，也可沦为‘灰色地带’的造假者。”对于汾酒集团来说，开发商模式是一把双刃剑。很多销售商和开发商也担心任由这种开发模式发展下去，迟早会因为监管问题导致汾酒品牌的受损。

4.“开发模式”已成白酒行业普遍现状

“汾酒集团的开发模式，已成为白酒行业内的普遍现状”，一名白酒行业业内人士表示，“开发、贴牌模式对酒厂贡献很大，放大了品牌的声音，扩大了品牌的市场占有率，带来的负面影响则是稀释品牌含金量。”该人士认为，这种开发模式不仅是汾酒，就连茅台、五粮液等知名白酒企业也存在，这种情况会让消费者无所适从，汾酒和茅台也曾因出现良莠不齐、鱼龙混杂的品牌缩减了很多开发商。对汾酒这样的大型上市企业来说，它们要对任期内的绩效负责，如果是对未来负责的话，白酒企业可以考虑砍掉贴牌，让品牌价值得到恢复；或者慎重选择贴牌，让消费者成为意见领袖，从而驱动企业发展。

与汾酒对贴牌酒的整治还停留在口头上不同，五粮液、茅台等酒企针对品牌贴牌酒大刀阔斧的变革正在加速进行中。2019年4月初，宜宾五粮液股份有限公司、五粮液品牌管理事务部向运营商、专卖店下发《关于清理下架和停止销售“VVV”“东方娇子”等系列酒品牌的通知》。通知指出，公司2019年对“VVV”“五粮PTVIP”“东方娇子”“壹玖壹捌1918”4个品牌产品已停止合作。各运营商、专卖店从即日起对自有门店进行清理，对以上产品进行下架，停止销售。在运营商签约区域、渠道内，已纳入五粮液“百城千县万店”工程的社会化终端配合五粮液系列酒公司开展清理下架工作。通知同时要求，各营销战区要在4月25日前全面督导此项工作的完成。此次清理涉及上述4个品牌共22款产品，这些产品在包装等方面与经典装五粮液类似，属于高仿产品。

与此同时，茅台集团也在全面清理定制、贴牌产品。2019年2月18日，茅台集团下发了《茅台集团关于全面停止定制、贴牌和未经审批产品业务的通知》，这是茅台集团有史以来最严厉的规定之一，要求全面停止包括茅台酒在内的各子公司定制、贴牌和未经审批产品所涉业务，相关产品和包材在未经集团允许的情况下，就地封存，不再生产和销售。

案例点评

1.“品牌乱象”不利于酒产业健康发展

近些年来，中国白酒企业，尤其是知名白酒企业为了抢占市场，纷纷通过授权、合作、开发等运营方式出产定制酒、贴牌酒，市场上突然冒出一大批名不副实、一本万利的“开发酒”，让消费者眼花缭乱，无法辨别。当然，不仅白酒行业，红酒行业也是如此，年份造假、商标造假、酒瓶造假等现象层出不穷，在各大电商平台和酒类专业销售平台上，一个酒厂的成百上千个产品令消费者蒙圈。同样是一个品牌酒，其实有多个挂牌子品牌，不同的制造、营销、流通模式，这样的营销模式在品牌酒中屡见不鲜。这种“多生孩子好打架”的策略短期内的确带来了业绩，但从长期来看，实则是对酒企业和酒行业的巨大伤害。“品牌乱象”在现如今酒行业虽然已经见怪不怪了，可量变引起质变，愈演愈烈，丑闻一件件被曝光，犹如“打脸”自己，使得消费者对品牌酒产生抵触情节。当假酒、伪劣酒横行霸道，盈利手段五花八门，市场混乱到一定程度时，对于品质要求更高的消费者而言，一旦发现自己花了大价钱买的某品牌酒是贴牌、质量不佳，就很可能演变成一场集体性的信任危机。一旦被媒体曝光或者消费者举报，市场反弹恐怕比想象来得更猛。汾酒集团品牌乱象正是其中之一。

（1）大量子品牌的出现，短期内会给企业带来一定的经济利益和品牌效应，但长期看会产生过度营销

品牌下设子品牌，更多的还是出于品牌溢价。建立子品牌，相当于从市场战略层面上，开辟新的战场，能够快速占据市场领先位置，并吸引大量的消费群体。当一个企业在某一市场上的市场占有率趋于饱和时，寻找新的增长点就成了首要的任务。尤其是在科技领域，产品更新换代速度极快，在品牌价值所剩无几的前提下，企业追逐利润的基因，就会逼迫企业要尽快从“红海”转向“蓝海”。而建立子品牌，继续延续企业生命，就成了诸多办法中最行之有效的一种。延伸子品牌最大的作用是满足市场细分的需要，用一个品牌的利润来培养另外一个品牌，或者干脆将几个子品牌整合成完整的产业链，来获得更强的市场竞争力。即便是品牌乱象的出现，在短期时间内，酒企业依旧会借助母品牌的影响力，使得子品牌在市场上获得一定消费群体的认可和信任，并且在这段时间里，品牌影响力会有所增长，酒企业的利润增长速度也是迅猛的。在实际的企业营销管理过程中，投机取巧的营销大环境还是桎梏企业品牌意识成熟的沉重枷锁，主要诱因还是当前艰难的企业生存环境以及企业经营者的轻视。短期营销总存在着一些投机心理，总想着少努力、低投入，多借巧、高踏板。在市场营销的大染缸中，在各种利益诉求的行业变革里，企业总会与虚假宣传、过度营销产生联系。

（2）子品牌维护程度跟不上市场份额增长速度，母品牌影响力会下降，企业经营利润会受损

当市场趋向饱和，消费群体审美疲劳，同质化产品增多，酒品牌乱象的继续膨胀，子品牌维护程度会逐步跟不上市场占有份额的增长速度，子品牌就会对母品牌造成负面影响，进而影响企业的经营利润。当酒企业看到短期可观利益后，大多数企业还是会延续这种经营模式，以获得更多更便捷的利益，俗称“挣快钱”。一旦企业还是以逐利为首要目标，打造多个子品牌，授权子品牌，招揽加盟商开多家子公司，却忽略子品牌的维护和子公司的管理，不加节制地扩大市场份额，最终只会适得其反。企业母品牌的影响力会受到影响，其品牌影响力的增长速度会放慢，企业获利程度也会有所下降。中国传统文化讲究一个“度”字，过犹不及就是这个道理，任何事情都需要在平衡的状态下才能往前发展。在中期阶段，大量子品牌的出现或乱象的出现，酒企业和整个行业需要及时调整企业的发展战略和经营战略，在扩大市场份额的同时，做好品牌的维护和子公司的运营管理，保持好品牌的良好信誉和口碑。酒企业必须通过消除过多过滥的合作授权，逐步实现对于开发商的管理到位，从而实现对自身品牌的保护，创新改革，确保其品牌溢价模式走得长远，这才符合企业的核心利益。面对较好的市场形势，如果酒类品牌为了追求短期收益最大化，而放任合作商高价售卖低质酒，看似占据了更多市场份额，却是以损害消费者权益所换来的。

（3）品牌乱象容易形成市场恶性循环

站在长远角度来看，品牌乱象不仅会损害消费者的利益，还会对企业的品牌、名誉造成一定的负面影响。做企业一定要坚守长期主义，制定长远的发展目标，确定正确的经营价值观。近年来，很多企业追求速成，努力使自己的品牌迅速成长起来，却不明白一个深入人心的品牌，是要建立在企业长期努力的基础上，一个追求短期利益的企业往往是经不起市场考验的，很容易昙花一现。企业把盈利增长点全部寄托在市场营销上，犹如一个赌徒在“押宝”。投机取巧的虚假宣传，犹如饮鸩止渴，一旦被顾客识破，被新闻媒体曝光，不仅会砸掉品牌，还会彻底丧失消费者信任，饭碗打破。风物长宜放眼量，企业要把质量、品牌的提升看作重中之重的事情，将维稳求进的精力渗透到企业发展战略的各个层面上，精益求精，才能做百年企业，树百年品牌。新的市场环境对品牌营销宣传也提出了更高更严的要求，企业必须重视起来。取巧，赢现在；守拙，赢未来。做品牌首先要有一个踏实的态度，企业能够取得长久的发展，只有自己不断苦修内功，打好市场基础，销售自然水到渠成。

2.品牌打造需要持之以恒不能投机取巧

不论是企业本身，还是企业品牌，都有自己的生命周期，要保持长久的影响力和生命力，需要的是宽度和长度的共存，如同一个气球，它需要保持半径的一致性，才能变大。一个品牌的长久永驻，需要内涵和数量的同时增长，无边界地扩大数量或宽度，却不注重质量或内涵，或只有内涵，却不扩大市场份额，都终将是无法发展壮大的。酒行业的发展也离不开这两方面，就现状来看，酒行业处在量和质发生冲突和偏移阶段，需要相关部门进行拉回或整治，完善酒行业营商环境。随着我国社会主义市场经济的进一步发展完善，品牌建设与营销管理被越来越多的企业摆在更加突出的位置上，强化品牌意识、加强品牌建设已经成为我国现代企业营销管理中的重要课题。

（1）品牌打造不是一蹴而就，而是一个长期的过程

品牌定位、品牌文化及品牌形象等影响着一个品牌的价值，品牌的打造需要执着地追求和永续地经营，它涉及品牌个性、品牌文化、品牌忠诚、品牌知名度、品牌美誉度、品牌认知度等。如果以一个品牌去不断延伸，做各种各样的产品，那么其品牌定位就是混乱的，品牌文化就是混乱的，品牌形象也是不清晰的。如果一个品牌想做新的尝试，一定是有较高风险的，利用子品牌，如果未能成功，立马抛掉子品牌，对母品牌的影响降低到最小。当然，也不是子品牌越多越好，过度延伸对于品牌价值也是一种损失，所以合理利用子品牌才是关键。在品牌初创时期，品牌的自我维护手段主要渗透在品牌设计、注册、宣传、内部管理以及打假等品牌运营活动中，品牌发展的科学维护应该为“企业自身不断完善和优化产品，以及防伪打假和品牌秘密保护措施”，包括并不限于品牌秘密保护战略、技术创新战略、防伪打假战略与产品质量战略等。品牌发展进入成熟期后，不仅要自我维护使产品持续更新以维持顾客对品牌的忠诚度，采取法律维护以确保知名品牌不受侵犯，更应该采用经营维护手段，充分利用知名品牌资源，提升品牌价值。品牌的经营维护就是企业在具体的市场经营活动中所采取的一系列维护品牌形象、保护品牌市场地位的行动，包括顺应市场变化，迎合消费者需求；维护品牌形象，保护产品质量以及品牌再定位。

（2）在市场经济的环境下，一个良好的品牌形象是一个企业在激烈竞争中强有力的资本

企业需要采取切实有效的措施，着力加强企业品牌建设，创建行业领先、

用户满意、群众公认的品牌形象，以品牌优势提升企业核心竞争力，推进企业快速发展。一个企业拥有品牌，说明了其产品在经历市场洗礼后得以存活，证明其品质得到保证，得到消费市场好评。当消费者可以真正感受到品牌优势和特征，并且被品牌的自身个性所吸引时，品牌与消费者之间就有可能建立长期、稳固的关系，这正是品牌的核心价值所在。

总之，企业营销必须遵循诚信原则，营销策划时不能夸大扭曲事实以欺骗消费者。企业营销可以进行相对的艺术性润色，但并不能随意捏造宣传。

案例三十五　江苏曝“过期学生奶”，业内建议设黑名单制

案例概述*

2019年3月初，江苏太子乳业有限公司[①]因向当地部分学校供应过期学生奶一事备受关注。据媒体报道，除了被曝出该“过期奶”事件，涉事的太子乳业更是在过去一年中，接连出现食品质量问题。在业内人士看来，从表象来看，接连出现的问题反映出太子乳业在生产流程、质量管控方面的能力和重视程度不够。深层次原因则是，学生奶市场缺乏有效监管，一些地方乳企进入学生奶市场并非社会荣誉驱使，而是经济利益为先。

1.产品印刷不合格并非真正过期?

2019年3月1日，江苏兴化市一名学生带回家的学生奶被家长发现已过期，品牌为“汇良 lactel”的全脂调制乳生产日期为2月26日，保质期2天。事件曝光后，3月2日，兴化市教育局联合兴化市其他政府部门发文，要求立即停止江苏太子乳业有限公司学生奶供应，相关监管部门随后进驻企业进行调查。

3月4日，泰州市市场监管局现场对太子乳业6个批次的库存产品进行抽检，结果显示，6个批次产品的菌落总数、大肠菌群、金黄色葡萄球菌、沙门氏菌等各项指标全部合格。3月7日，江苏太子乳业大股东兰特黎斯发布声明，称江苏太子乳业相关“学生奶”产品过期系包装保质期印刷不合格导致，目前已进行了召回，并声称江苏太子乳业采取了自查措施，“对涉及流程操作失误的错误包装库存进行了全面封存。经过检测，相关批次产品质量符合国家规范和要求”。

---

* 本案例摘编自郭铁《江苏太子乳业学生奶过期停产，中国奶协称其不在注册名单》，百家号·新京报 2019年3月5日，https://baijiahao.baidu.com/s?id=1627158568773551599&wfr=spider&for=pc；《又是学生食品安全问题！“问题奶”进校园“频出事”》，百家号·中国青年网 2019年3月19日，https://baijiahao.baidu.com/s?id=1628396824713541150&wfr=spider&for=pc。

① 江苏太子乳业有限公司已更名为兰特黎斯（江苏）乳业有限公司。

然而，这并没有打消家长疑虑。3月12日，兴化市教育局向全市中小学、幼儿园下发《关于开展饮用学生奶意向调查的通知》，征求家长意向后，终止太子乳业的学生奶供应。1个月后，江苏奶业协会向南都记者确认，暂时取消江苏太子乳业学生奶的生产资质。江苏太子乳业进入全面停业整顿状态。

江苏太子乳业并非首次被曝出“问题奶”。南都记者查询工商信息发现，早在2016年10月，该公司就因为试生产的300杯学生奶存在大肠杆菌超标问题，被兴化市市场监管局罚款5万元。2018年11月，兴化市市场监管局抽样检测再次发现，太子乳业生产销售的14282杯调制乳存在大肠杆菌超标问题，该局对太子乳业进行立案查处，按顶格对其作出行政处罚，罚款达90万元。

据悉，2019年度开学前，泰州市市场监管局、兴化市教育局、兴化市市场监管局又对该公司进行专项检查，所有出厂的学生饮用奶的检验项目尚未发现不合格项。开学后，太子乳业恢复学生奶供应。然而，仅数天后便再次被曝出“过期奶”事件。

2.地方学生奶为何能进入“中国学生饮用奶计划”?

为改善我国中小学生营养状况，2000年，原农业部、教育部等7部委联合下发《关于实施国家“学生饮用奶计划”的通知》。2013年9月，教育部等7部委联合发布《关于调整学生饮用奶计划推广工作方式的通知》，明确将国家“学生饮用奶计划”推广工作整体移交给中国奶业协会。

值得注意的是，江苏太子乳业有限公司从未注册进入过“中国学生饮用奶计划”。中国学生饮用奶计划官网公示的企业注册信息显示，江苏省目前注册成功的乳品生产企业只有徐州卫岗、江苏梁丰、新希望双喜、江苏三元双宝、江苏君乐宝5家企业。江苏太子乳业注册的是“江苏学生饮用奶标志企业”，由江苏省奶业协会核发。根据该协会2017年发出的《同意注册使用“江苏学生饮用奶”标志标识企业名单》显示，共有19家企业获得资格，其中包括江苏太子乳业。根据兴化市教育局对媒体的答复，太子乳业最早在2005年就被江苏省相关部门确定为“江苏省学生饮用奶定点生产企业”，是经江苏省奶业协会核准注册的省学生饮用奶生产企业，目前依然在注册有效期内。兴化市教育局还称，学生饮用奶的推广运行原则上实行“属地管理，就地生产，就近推广”，鉴于该市范围内仅太子乳业一家为学生饮用奶定点生产企业，兴化学校便使用该企业生产的学生饮用奶。

业内认为，中国奶业协会主导的“中国学生饮用奶计划”对认定乳企无论是奶源品质还是生产工艺，均较普通牛奶提出了更高标准。与之相比，地方认定的“学生奶”很可能出现把关不严的情况。不过，2013年下发的《关于调整学生饮用奶计划推广工作方式的通知》要求，只要符合国家乳制品生产要求，具有相关职能部门颁发的“乳制品生产许可证”的企业即可生产供应学生牛奶。

有关乳业专家指出，相比于市售产品来自知名企业，学生奶产品往往来自一些地方小厂，这恰恰说明了其中存在利益捆绑。在欧美、日韩等国外学生奶市场，能参与到学生奶的生产当中来，对生产企业而言是一种社会荣誉的直接体现，而在国内则是一些企业为了获得国家补贴的利益驱使行为。专家建议，对于学生奶要建立跟踪监管制度。对于出事的企业，不仅要重罚，更要让其永远不得成为公益产品提供者。

案例点评

1999年12月30日，国务院批准实施国家“学生饮用奶计划”。2000年，原农业部、教育部等7部委联合下发《关于实施国家“学生饮用奶计划”的通知》，正式启动实施国家“学生饮用奶计划”。推动这项计划的目的，是为了通过科学营养干预，搭配合理行为干预，帮助学生改善身高发育，增强身体素质。实践也证明，此项计划的实施，确实对增强中小学生的身体素质、养成良好的饮食习惯发挥了积极作用，一路走来，加入学生奶计划的乳企队伍在不断壮大。如今江苏兴化市出现学生奶过期现象，引发了家长的担忧和外界的质疑。

1.“学生奶”被明令暂停供应

2019年3月2日，位于江苏兴化的学生饮用奶生产企业江苏太子乳业有限公司，因向当地部分学校供应过期饮用奶一事受到社会热议，江苏奶协计划召开理事会，讨论撤销该企业学生奶生产资质。早在2018年9月，太子乳业几个批次的产品就爆发质量问题。当年兴化市市场监管局城南分局局长说，该公司在做产品出厂检验时发现，有7万杯学生奶存在大肠杆菌超标，因涉及数量之大，涉事企业将产品送至苏州专业废物处理公司销毁处理，幸运的是，有关批次牛奶并未流向校园餐食餐桌。2019年2月28日澎湃新闻报道了《太子乳业恢复向学生供奶》，一些学生家长顾虑，家里孩子长期饮用有安全质量问题“前科”奶企生产的牛奶产品，可能会不补营养反而伤身。一检查就合格，一恢复供应就出事，这样的调查行为和检查方式，并不能令公众放心，也不能让家长安心。仅就客观结果而言，监管方显然未能有效发挥作用。没有家长愿意把孩子当成小白鼠的，实际上，“过期奶”事件只是表征，当地学生奶供应链确实存在问题才是问题根源。

2.质量是学生饮用奶“生命”线

根据国情并借鉴国际经验，我国在2000年实施“学生饮用奶计划”，让更多学子喝上安全放心的学生奶，作为“营养餐”的重要内容，旨在提高青少年的身体素质和健康饮食习惯。由于学生奶的饮用者是广大中小学生，其集中饮用的特点，决定了其不同于一般乳制品的消费。学生奶是经中国奶业协会许可使用中国学生饮用奶标志的专供中小学生在校饮用的乳制品，厂家直供学校，不在市场上流通销售。新鲜牛奶是学生奶的主要奶源，必须来自健康的奶牛，学生奶是经过严格生产过程制成的，包括挤奶、杀菌、灌装等环节。学生饮用奶的奶源、加工、储存、配送、饮用等，应符合“营养、安全、方便、价廉”指导原则，奶原料必须来自新鲜优质产地奶源，教育局、市场监管局等职能部门对每一个环节都明确具体工作部署，建立起严格安全质量保障机制。

作为一项改善学生营养的措施，国家“学生饮用奶计划”已经成为一项利国利民、造福后代的大事。自2022年《国家“学生饮用奶计划”推广管理办法》（修订版）出台以来，除了日常基础纯牛奶，巴氏杀菌乳、发酵乳等也成为学生奶组成部分，奶品品类在不断扩充，供应对象延伸至全体学生，学生饮用奶相关政策进一步完善。对于家长关注的学生奶安全管理问题，修订后的管理办法给出了相应回答。一是对学生饮用奶的入校作出对应的操作规范要求，从配发、输送、仓储、分送到包装材料回收，每一个环节都有“法”可依，确保学生饮用安心，也确保学生家长放心。二是学生饮用奶被纳入食品安全质量监管和生产管制工作计划范围内，乳企奶源生产资格资质的认定也由备案审批变更为认证认定，确保食品安全更上一层楼。

此外，中国奶业协会还开展学生奶多项入校园教育工作，培养中小学生科学的饮奶习惯，规范学生饮用奶入校后的操作过程，对保障学生饮用奶入校后的食品安全起到了很好的带动作用。在示范学校创建过程中，蒙牛、三元、新希望、伊利、完达山等企业积极参与，取得了良好的社会反响，受到广大学生及家长的广泛好评。

3. 学生饮用奶对青少年生长发育至关重要

牛奶对处于生长发育关键时期的儿童青少年作用显而易见。结合日常作息科学合理饮用牛奶，能够增强蛋白质补给，充分补充营养，助力孩子们健康成长，有利于他们的身心健康。首先，饮用牛奶不仅可以改善膳食钙的营养状况，同时还提供优质维生素A、维生素D以及蛋白质等人体必需营养素，许多国家都把牛奶作为学生营养餐中不可或缺的食品。其次，对于正在成长发育中且承担紧张学业任务的孩子们来说，每天按时定量地饮用牛奶，能补充因活动散失的大量能量，有效缓解营养不足，补充足够的蛋白质、维生素及微量元素，提高身体吸收能力和组织器官代谢功能等。

总之，“学生饮用奶计划”作为我国有史以来第一个由中央政府批准并组织实施的全国性的大规模营养干预计划，旨在改善学生营养、促进青少年健康成长，是落实“健康中国”战略的重要举措，也是落实“国民营养计划”的具体行动。

案例三十六

同仁堂就回收过期蜂蜜发公告：子公司监管不到位

案例概述*

2019年3月25日，同仁堂在2018年年报中将新的一年定位为“质量提升年”，起因是媒体的爆料。据媒体报道，位于江苏省盐城市滨海县的盐城金蜂食品科技有限公司（以下简称盐城金蜂）将大量过期、临期的蜂蜜回收。虽然企业宣称是“退给蜂农养蜜蜂”，然而从视频中可以看到，企业将回收后的蜂蜜倒入大桶，送入原料库。视频一出，立即引起公众哗然。盐城金蜂正是“百年老店”北京同仁堂蜂业有限公司（以下简称同仁堂蜂业）的子公司。随后，监管部门对事件作出处罚：吊销同仁堂蜂业食品经营许可证。

1. 同仁堂声明：存在对蜂蜜未明确标识的问题

盐城市滨海县市场监管部门表示，已发现盐城金蜂多次类似操作，该公司此前还曾出现篡改同仁堂蜂蜜生产日期的行为。

同仁堂蜂业是北京同仁堂股份集团有限公司控股的子公司，是专业生产经营药用辅料——三十五白蜡、四十五白蜡、蜂蜜、蜂王浆、蜂蜡、蜂胶、蜂花粉为主的蜂产品专业化公司。同仁堂持有同仁堂蜂业51.29%股权，同仁堂蜂业2017年度营业收入为2.8亿元，净利润为268万元。

在大量过期、临期蜂蜜回收事件被曝光之后，同仁堂在2018年12月16日晚间发布《致歉声明》，承认盐城金蜂是同仁堂蜂业受托加工生产单位。关于报道中提及的违规处理退货蜂蜜问题，同仁堂称，其于2018年8月与盐城金蜂签订了退货处

---

* 本案例摘编自《“蜂蜜门”致2018年净利减少5778万，同仁堂反思品牌和质量管理》，百家号·第一财经2019年3月25日，https://baijiahao.baidu.com/s?id=1628979649762048097&wfr=spider&for=pc；李楠、夏峰琳、武超《实探北京同仁堂南京门店：涉事蜂蜜下架，其他子公司蜂蜜仍在售》，百家号·新华日报财经2019年2月13日，https://baijiahao.baidu.com/s?id=1625320972520350977&wfr=spider&for=pc。

理的相关合同，在合同中明确规定从退货中“清理的蜂蜜只可用于养蜂基地进行喂养蜜蜂，不得做除此以外的任何用途”。同仁堂认为，由于现场监管不到位，存在对清理出的蜂蜜未明确标识的问题，但尚未发现这些蜂蜜进入生产原料库的情形。

针对报道中提及的更改标签日期的行为，同仁堂解释称，由于2018年初工厂搬迁，在不同生产地址的标签转换时，对标签的管理和使用出现差错。所涉产品已全部封存，未流向市场，会在监管部门的监督下依法处理。此外，同仁堂表示，同仁堂蜂业在委托生产过程中存在监管不力和失察责任，同仁堂蜂业已通知盐城金蜂，暂停其受托加工生产活动，对所涉物料全部进行封存，并将全力配合上级公司和政府监管部门开展调查。

2. 监管部门介入，同仁堂召回涉事产品

2019年2月11日，经江苏省盐城市滨海县市场监管局调查认定，同仁堂蜂业部分经营管理人员在盐城金蜂进行生产时，存在用回收蜂蜜作为原料生产蜂蜜、标注虚假生产日期的行为，违反了《食品安全法》有关规定，对此处以罚款14088266.1元。

同时，经北京市大兴区食药局调查认定，同仁堂蜂业2018年10月起生产的涉事蜂蜜中，有2284瓶流入市场，按照《食品安全法》有关规定，没收违法所得人民币111740.88元，没收蜂蜜3300瓶。同时吊销同仁堂蜂业食品经营许可证，自处罚决定作出之日起5年内不得申请食品生产经营许可，有关涉事人员自处罚决定作出之日起5年内不得申请食品生产经营许可，或者从事食品生产经营管理工作、担任食品生产经营企业食品安全管理人员。

对于上述处罚结果，同仁堂同日在官网发出致歉声明，“接受两地监管部门的调查结果，服从相应处罚决定”。该公司称，此次事件性质严重、影响恶劣，损害了同仁堂品牌的商誉，再次向各界郑重道歉，并公开承诺严肃问责违规人员、坚决开展治理整顿，杜绝此类事件再次发生。同仁堂蜂业声明称，即日起对标注虚假生产日期的41批次2284瓶蜂蜜产品实施三级召回，并公布了召回产品的具体信息、对消费者的退货和赔偿内容。

3. 同仁堂“蜂蜜事件”警钟：诚信需要重塑

始创于1669年、至今有350多年历史的同仁堂，已经从以“宫廷秘方、民间验方、家传配方”为基础的传统制药房，发展成一家现代化企业，在食品药品行业是个“百年老店”金字招牌。子公司回收过期蜂蜜事件发生后，同仁堂通报了相关责

任人的处理情况：责成公司原党委书记、董事长向北京市委作出深刻书面检查；给予公司党委副书记、总经理、北京同仁堂股份有限公司董事长党内严重警告处分；给予公司总工程师记大过处分。经公司党委研究决定，给予公司副总中药师、科技质量部部长党内严重警告处分，并调离岗位。给予北京同仁堂股份有限公司党委副书记、总经理、同仁堂蜂业董事撤销党内职务处分，提请免职；给予北京同仁堂股份有限公司副总经理、同仁堂蜂业董事长开除党籍处分，提请免职；给予北京同仁堂股份有限公司副总经理党内严重警告处分，提请降职；给予北京同仁堂股份有限公司投资管理部部长调离岗位处分。

同仁堂表示，“蜂蜜事件”的发生，暴露出公司对合作企业及委托加工业务监管不到位的问题。公司已部署在全系统开展质量管理风险全面排查，对所有企业的委托加工业务进行停产整顿，重塑诚信，维护好同仁堂品牌。

同仁堂还发出了召回公告，针对商标为“源蜜”“蕊悦”“药植蜜”的41批次2284瓶（盒）的蜂蜜产品，已在全国销售渠道对标示为“受托方：盐城金蜂食品科技有限公司”生产的瓶装蜂蜜停止销售并全部下架封存，因拟召回的蜂蜜产品食用后不会造成对消费者健康的损害，在产品销售涉及的北京、山东、天津、辽宁、河北、四川、山西7省市区域内实施召回。召回期限为2月11日起30个工作日内，消费者可通过原购买渠道办理退货，同仁堂表示将承担召回的全部费用，并依法对消费者予以赔偿。

2019年3月25日，同仁堂在2018年年报中亦对引发舆论关注的“蜂蜜事件”有所体现，称公司考虑未来业务调整及相关资产处置，因销售退回、召回及停售瓶装蜜预提的费用、预提的跌价准备、上述处罚及预提补偿，减少同仁堂蜂业2018年归属于母公司净利润5778.65万元。对于“蜂蜜事件”，同仁堂表示：对于同仁堂蜂业在报告期内出现的问题，公司举一反三、引以为戒，已按照同仁堂集团的统一部署，将新的一年定位为“质量提升年”，开展全系统的质量大排查和专项整治工作，切实提升管理，加强管控。公司深刻吸取本次事件带来的教训，将加倍严格对待品牌管理和质量管理。

案例点评

身为国有药企又是百年老字号，同仁堂近年在商业创新方面的成绩是有目共睹的：开连锁店，建直销体系，卖蜂蜜、卖蜂胶、卖鱼油，甚至卖炖肉料包。

但我们也看到了大量企业由于快速扩张而导致的管理滑坡，而管理滑坡可能隐藏着相当大的风险。同仁堂的快速商业扩张是不是也隐藏着这样的风险呢？面对这些风险同仁堂会怎样做呢？在商业利益面前，如何重塑那份耐心、那份坚守、那份诚恳，是同仁堂在发展中必须面对的挑战。

1.解决食品安全问题重在对产品质量管控的防微杜渐

事实上，此次爆发的“蜂蜜事件”并不是同仁堂第一次陷入“诚信危机”。通过整理资料发现，2015年1月，中国消费者协会发布《30款蜂蜜商品比较试验结果》显示，同仁堂汪氏百花品牌蜂蜜检出重金属元素；2016年5月，有媒体对8款蜂蜜进行测评，其中同仁堂麦卢卡蜂蜜涉嫌造假；2017年原国家食品药品监督总局共发布46份药品抽检通告，同仁堂系以一年15次被上榜的“成绩”高居榜单前列，其中由北京同仁堂（亳州）饮片有限责任公司生产的中药饮片5次上“黑榜”，涉及杜仲、制没药、乳香、白矾、土鳖虫、远志等中药饮片。

从2015年“重金属元素事件”至2018年“蜂蜜事件”，均属于同仁堂在市场经营过程中由于粗放式管理，显现出来的系列食品安全风险。所以，同仁堂应该对症下药，系统性、持续性地开展以提升食品安全管控为目标的大反思、大整顿工作，防微杜渐，举一反三，全力防范“兄弟企业”及加工企业登上质检“黑榜”等类似事件的再次发生，建立起强烈的主观责任意识来驱动自身的经营行为，确保不会再犯相同的错误。

2.“产品质量和生产流程”双管齐下，擦亮金字招牌

阿里零售平台消费数据发布的《春节健康消费报告》揭示了一条“有趣”的数据：当前“80”后、“90”后纷纷掌握了家庭采购权，他们极度依赖线上购物，更看重健康、便捷性，以及商品带来的精神享受。市场调查数据显示，“80”后爱滋补，“90”后偏爱“老字号”，方回春堂、东阿阿胶、同仁堂等10余个老字号大健康品牌，都颇受年轻消费群体的好评。

显然，2018年底曝光的“蜂蜜事件”并没有影响到“90”后对同仁堂的选择。年轻消费者对老字号的坚守也透露出两方面信号：一方面，随着年轻人消费意识的超前，消费能力的提高，他们在日常生活中更加注重消费升级产品，这成为他们购物的主流选择；另一方面，老字号因其精湛的手艺或是诚信的理念，潜移默化地影响着一代又一代人，传承父辈的信念，消费者选择坚持相信

百年老字号的产品质量。

实际上，同仁堂表现出来一些问题，是部分企业在大规模快速扩张时所出现的通病。对于生产过程中需要控制或者关注的指标数据，他们过多地凭借经验主义予以处理，而不是基于市场实际情况，导致管理运营机制的决策失真。企业追求利润也无可厚非，但疏于管理的盲目扩张，压低成本而忽视产品食品安全与生产质量，老字号品牌长年累月积攒下来的美誉度可能就会急速降低，产业行业的口碑亦会受损。我们应该清醒地认识到，与其他一些行业品牌不同，同仁堂等中医药行业老字号品牌，还承载着振兴中华中医药行业的社会责任，更应该将社会责任融入企业发展战略，坚持脚踏实地、量力而行地践行社会责任。一旦真的失去大众信任信心，那么“老字号”就会只剩下一个“老”字，品牌的传承优势则被逐渐透支，直至荡然无存。

有媒体报道，老字号从新中国成立初期的1万多家，减少至目前的1128家[①]，其中只有10%可以盈利，90%经营困难。造成这种状况的原因是多种多样和复杂的，但是同仁堂显然是在盈利的10%行列中，这就弥足珍贵。虽然，蜂蜜产品在整个同仁堂的产品中是一个不大的品类，不足以动摇同仁堂这棵百年大树的根基，但“履霜，坚冰至”，此次失信事件，表面上看起来只是某个子公司、某些企业员工等的失职，但究其根本，正是公司经营理念动摇的一个必然结果。因此，受到严厉处罚的同仁堂，更需要深刻反思其在内部管理体制机制、商业模式上可能存在的问题，而不仅仅是就蜂蜜问题谈蜂蜜问题。对于同仁堂这样的老字号来说，百年的积淀重在“诚信”二字，如果在诚信方面打了折扣，那么“同仁堂”也就沦为了市场上的口号，有虚无实。希望经历此次风波之后的同仁堂，严格落实全流程质量管理责任，加强产品质量跟踪，做好售后服务，使质量管理工作到边到角，促进企业生产经营工作，确保市场放心，确保消费者满意，在激烈的市场竞争中行稳致远。

① 根据2023年11月8日商务部流通业发展司发布的中华老字号复核结果，有55个品牌被移出中华老字号名录。

案例三十七　香港无印良品饼干测出致癌物

案例概述*

2019年1月15日，香港消费者委员会发布的检测报告称，其于2018年8月至10月，从香港多地购买了58款饼干类食品，部分检测样品中发现了具有基因毒性和致癌性的环氧丙醇和丙烯酰胺。其中，无印良品的一款产地为马来西亚的榛子燕麦饼干，在检测的非预先包装或豁免营养标签的预先包装样品中，其环氧丙醇和丙烯酰胺含量均为最高。

1.关于检测出的基因致癌物成分

香港食物环境卫生署总新闻主任回应记者采访时表示，消费者委员会报告中所指的环氧丙醇和丙烯酰胺，均为当地食品法典委员会尚未“制定食品”中最高含量的物质，但当地就丙烯酰胺曾制定了相应的守则，有关部门也在草拟缩水甘油酯的守则。食品安全中心针对法例未订立标准的有害物质，将以风险为本的原则，抽取食物样品进行化验。如果风险评估结果显示有关食物不适合供人食用，将会要求商户停售，并回收有关食物。此外，还可能会检控涉事商户。

香港消费者委员会发布的检测报告显示，安全测试内容包括检测样本是否含有污染物环氧丙醇（glycidol）、丙烯酰胺（acrylamide）及氯丙二醇（3-MCPD），其中，环氧丙醇和丙烯酰胺属于基因致癌物。检测发现，40款检验样本中含有环氧丙醇，含量介乎每公斤3.4微克至1900微克；42款样本检验出丙烯酰胺，含量介乎每公斤32微克至340微克。

---

* 本案例摘编自张熙廷《无印良品回应“榛子燕麦饼干”被指含致癌物：已暂时下架》，新京报2019年1月20日，https://www.bjnews.com.cn/news/2019/01/20/541195.html；《香港无印良品饼干测出致癌物？官方回应》，百家号·北晚在线2019年1月16日，https://baijiahao.baidu.com/s?id=1622781012866136301&wfr=spider&for=pc。

公开资料显示，环氧丙醇多以缩水甘油酯（glycidyl esters,GE）的形式存在于油脂中。缩水甘油酯是油脂在高温精炼加工的过程中产生的加工过程污染物。人们进食后，食物中的缩水甘油酯会在消化过程中分解，导致缩水甘油差不多完全释放，而缩水甘油是毒性基因致癌物。

2.致癌物容许摄入量指标来自欧盟

根据欧洲食品安全局建议，按人体体重计算，氯丙二醇的每天容许摄入量为每公斤体重2微克，即一个体重60公斤的成年人，每日摄取量不应多于120微克。以这次氯丙二醇含量最高的蝴蝶酥样本计算（每公斤含780微克），进食154克（按样本分量计，相当于20块），就会超出建议指标。

而对于丙烯酰胺，研究表明，这种物质主要来自食品的高温煎炸，尤其是淀粉类食品在高温（大于120℃）烹调下，极易产生丙烯酰胺。很长时间以来，丙烯酰胺都被认为是致癌物质。

国际癌症研究机构（IARC）1994年对该物质的致癌性进行了评价，将丙烯酰胺列为2类致癌物（2A），即人类可能致癌物，其主要依据为丙烯酰胺在动物和人体内，均可代谢转化为其致癌活性代谢产物环氧丙酰胺。在动物试验研究中发现，丙烯酰胺可致大鼠多种器官肿瘤，包括乳腺、甲状腺、睾丸、肾上腺、中枢神经、口腔、子宫、脑下垂体等。

2018年4月，欧盟为抑制丙烯酰胺出台了新规，内容包括薯条不能炸得过焦，白面包不能烤成深色，对烹炸好的薯条成品也有更高的标准，以促使在制作过程中，尽量少地生成丙烯酰胺。

3.突然消失的无印良品榛子燕麦饼干

针对“一款饼干被检测出具有基因毒性和致癌性的环氧丙醇和丙烯酰胺”的事件，2019年3月15日晚，无印良品（上海）商业有限公司客服人员回应记者称，位于香港的无印良品与内地的无印良品门店分属于两家不同的分公司，因此，门店所销售产品类型可能略有差异。

据江苏广电集团荔枝新闻报道称，2019年1月17日上午，在南京东方弗莱德的无印良品店的二楼，记者找到了这款产地为马来西亚的榛子燕麦饼干。此时，该饼干并没有下架，处于正常售卖状态。在这款饼干配料表里有燕麦片、小麦粉 、植物油等14种成分，但是，配料表里并没有香港消费者委员会检测报告中测出的环氧丙醇和丙烯酰胺。无印良品南京旗舰店工作人员表示，产品都是符合法律法规的。当记者询问现在有什么措施的时候，对方回复称：他们没有任何违反国家法律法规的东西，也没有超过含量的东西。不过，5分钟后，当记者再次来到饼干货架时，此时榛子燕麦饼干全都不见踪影，换成了另外一款食品。

随后，记者又来到了位于南京珠江路金鹰天地三楼的另一家无印良品店，在食品货架中，记者并没有找到榛子燕麦饼干。无印良品金鹰天地店工作人员表示，门店没有榛果燕麦的饼干在卖，已经下架。

2019年1月18日晚，就一款“榛子燕麦饼干”被指含有致癌物一事，无印良品（上海）商业有限公司正式发布情况说明称，“无印良品榛子燕麦饼干”原产国为马来西亚，公司进口并在中国大陆进行了销售，涉事产品“未添加任何违反中国法律法规及国家标准的食品原料以及食品添加剂”。说明称，在得知香港消费者委员会的检验情况后，考虑到消费者的顾虑，公司暂时下架了马来西亚进口的该榛子燕麦饼干。

案例点评

2019年1月15日，香港消费者委员会发布检测报告称，产地为马来西亚的无印良品一款榛子燕麦饼干，被检测出具有基因毒性和致癌性的环氧丙醇和丙烯酰胺。霎时间，无印良品陷入“致癌门”，成为社会舆情热议焦点。

环氧丙醇作为一种污染物，又被称为缩水甘油，它通常会和油脂内的脂肪酸发生反应形成酯类，以缩水甘油酯（GE）的形式广泛存在于经过高温提炼处理的植物油中，其中以精炼棕榈油含量最高。缩水甘油酯经人体摄入后会在胃肠道内被大幅水解，释放出环氧丙醇。环氧丙醇被证实具有基因毒性和致癌性，国际癌症研究机构将其定义为2A类致癌物。2017年，香港消费者委员会曾大规模测试了60款市面较常见的食用油样本，其中46款检出环氧丙醇，含量为每公斤67~2000微克，占比高达65%。通常情况下，环氧丙醇不用于食品加工。但是在实际生产中，也有一种可能，即源于生产线上传输带与机器的滚轴相连，因滚轴需要用润滑油润滑，可能会有微量润滑油沾在传输带上，而润滑油中通常含少量环氧丙醇。中国互联网联合辟谣平台专家成员阮光锋曾发文指出，环氧丙醇一直都与植物油共存，不少奶粉、虾片、薯条等含有植物油的食物，都可能存在环氧丙醇，只是因当时技术有限，含量甚微，没有被及时发现而已。随着检验技术的提高，越来越多的副产物会被发现，综合剂量及食用量考虑，这些物质对人体的危害并没有那么大，只是出于健康未知的风险，这些物质还是不含有最好。目前暂时无法制定出环氧丙醇的安全剂量，国际上通常要求其在食品上达到ALARA原则，即合理最低剂量。基于香港消委会的测试，按照欧洲食物安全局的建议，持续每日进食超过7克（约2茶匙）便超过其建议的每日最高容许摄取量。

世界卫生组织国际癌症研究机构研究发现，丙烯酰胺会引起基因突变和染色体畸变，被认为是“潜在的人类致癌物”，因此将其列入致癌物清单。2021年中国食品科学技术学会发布的食品安全国家标准《食品中丙烯酰胺污染控制规范》草案指出，以谷物、咖啡、马铃薯为原料的食品，如面包、早餐谷物（不含粥）、饼干、谷物棒，烘焙咖啡、速溶咖啡或咖啡替代品，经油炸或烘烤而成的马铃薯制品等，这些食品相关原料中的天冬酰胺和还原糖在120℃以上的高温下煎炸后会产生化学反应，形成丙烯酰胺。丙烯酰胺是一种致癌物，摄入过多容易损害人体神经系统，可能会增加人类致癌的可能性。但并非所有的炒菜都能够产生这种物质，只要烹饪方式合理，就可以有效避免致癌物质的产生。目前国内外也没有国家或组织制定食品中丙烯酰胺的限量标准。毒性与剂量不能分开，比如如果想靠喝咖啡达到致癌性，除非一天喝30杯中杯咖啡，这个量对于常人来说，显然难以达到。

回顾无印良品饼干事件的应对历程，结合近期国内发生的多起超标事件，有几点启示值得关注。

1.优化烹饪习惯、改善膳食结构是饮食安全关键

既然高温烹调时，食物中的丙烯酰胺无法完全避免，在食品加工过程中，就可以考虑改进一些手法以减少丙烯酰胺产生的量。一是烹饪温度不要过高，适当调整烹饪方式，尽量减少或避免爆炒，杜绝过量摄入煎、炸、焙烤淀粉类食品，避免食物烧焦，必要时在炒制前可稍微焯一下。二是烤制点心面包、烹饪菜肴时尽量少放糖，避免美拉德反应过于强烈。国外学者有研究发现，甘氨酸与葡萄糖混合加热时会形成褐色的物质，糖化反应也称为美拉德反应。在人体内，没有被消耗掉的糖和蛋白质相互作用进行糖化反应产生AGE糖化终产

物。部分糖化反应可以产生对人体有益的葡萄糖、氨基酸等，但是多余的未能被吸收的AGE，在体内也可能会引起一些不好反应，那就是糖化危害。为减少糖化危害，日常生活中需要注意少吃甜食，多运动。在减少多余糖分摄入的同时，加快新陈代谢。

2.依标依规选用食品原料及食品添加剂，保障食品加工安全

2022年10月关于海天酱油的网络争议中，食品添加剂的必要性与安全性成为最主要的焦点。2021年7月，市场监管总局发布的《关于加强酱油和食醋质量安全监督管理的公告》中已明确要求酱油企业应加强食品原料及食品添加剂使用管理并真实合法标注。并且早在2014年，国务院就提出“同线同标同质”，要求出口企业在同一生产线，按相同标准生产出口内销产品，以使供应国内市场和国际市场的产品达到相同质量水准，因此国外与国内食品并不存在所谓的“双标”问题。在此类事件中，产品必须符合国家食品安全标准才是关键。无印良品饼干致癌事件引发巨大关注后，深圳市消委会曾发表声明表示，由于欧盟规定的基准水平值是“绩效指标”，而非“安全限量指标”，“饼干丙烯酰胺超标”“致癌物超标”等说法并不正确，会严重误导消费者，炒作环氧丙醇也是如此。当前，对丙烯酰胺的缓解研究越来越受到人们的关注，比如使用空气炸锅烹饪食品，其加热原理类似于烤箱，但比烤箱内空气流动更快，食物熟化时间更短。如此既可以满足大众对美味的向往，又可以避免摄入过多油脂，降低肥胖及其他潜在并发症发生概率。

3.正确认识致癌物，养成平衡膳食、科学养生的生活方式

日常生活中潜在的致癌物并不少，但致癌物和致癌是两个不同的概念，食用了某种致癌物也不一定会导致癌症。任何一种致癌物质都需要达到一定浓度，并且需要持续暴露、接触一定时间以后，才能产生致癌后果。如果单纯讲某一种物质是致癌物，不考虑浓度、暴露时间是不科学的。人体本身具有抵抗能力，而且丙烯酰胺、环氧丙醇等致癌物也必须与个体发生反应，时间、地点、身体条件和摄入量的不同都会影响其致癌作用，并且不同自身免疫力人群摄入后的效果也不相同，就如同各种流感病毒、超级细菌以及新型冠状病毒。食物是人类摄取丙烯酰胺等致癌物的主要来源，其他摄取途径包括饮水、吸烟及工作生活中的接触等。丙烯酰胺可能被身体吸收，还可能会通过母乳传递给婴幼儿，

而小朋友解毒功能相对较弱，因此，哺乳期家长要严格控制丙烯酰胺的摄入量，尽量少吃或者不吃油炸高油高脂食品。此类致癌物虽没有安全限量，但是人们都希望它们越少越好，最好是没有，这也是所有食品企业应该努力的方向。

美国癌症协会（ACS）发布未来十年肿瘤一级抗击计划，称为“2030癌症预防和死亡率下降蓝图”，在未来十年十大抗癌策略中列入了戒烟、限酒、健康饮食、运动、控制体重等多项个人习惯因素。因此，大家应在减少致癌物接触的同时，保证合理饮食、均衡营养、规律用餐时间及用餐量，充分实现食物的多样化，同时应坚持每天适当运动，戒烟、戒酒，减少久坐，通过锻炼提升个人体质、提高身体的免疫功能，更大限度预防癌症。

案例三十八

上海梅林等18家企业起诉39健康网，欲“为罐头正名”

案例概述*

2019年1月21日，上海梅林等18家罐头生产企业在北京举行发布会称，39健康网发布文章，将罐头列为6种“催人老”的食物之一，为此，以中国食品工业协会为主体，起诉了39健康网。上海梅林等企业表示，要“为罐头正名”，罐头中并不添加防腐剂，也无添加必要，营养物质也不会被破坏。后有媒体发现，在39健康网已经找不到这篇“原发”稿件。

1.罐头属于“催人老”食物之一吗?

2018年12月4日，39健康网发布《愿望：6种“催人老”的食物，希望你一个都没有上瘾》一文，列举了6种所谓“催人老”的食物，其中罐头在列。文章称，罐头食物食用方便，是很多人比较喜欢的食物，但是一些人不知道，罐头的营养物质都已经被破坏掉了，尤其是蛋白质会出现变质，自然其营养物质也会大打折扣。为了保持口味以及考虑食物的储存，其中还会被加入大量的糖分以及防腐剂，这些物质在短时间之内进入人体之后，会让血糖短时间上升，也会增加胰腺的负担，在伤害身体的同时，也会导致肥胖出现。

对此，中国食品工业协会罐藏食品专业委员会常务副会长林焜辉表示，罐头食品是不添加防腐剂的，准确地说，根本就不需要添加防腐剂。因此，应国内主要罐头骨干企业的要求，由协会作为诉讼主体，向39健康网进行名誉权诉讼，“为罐头

---

* 本案例摘编自夏丹《欲为罐头正名，上海梅林等18家企业起诉39健康网》，新京报2019年1月22日，http://www.bjnews.com.cn/feature/2019/01/22/541812.html；Colin《罐头食品　真的不健康？》，百家号·环球网2019年5月22日，https://baijiahao.baidu.com/s?id=1634199676577217261&wfr=spider&for=pc；李振兴《39健康网涉嫌侵权文章无法打开》，百家号·北京商报2019年1月24日，https://baijiahao.baidu.com/s?id=1623535338988403532&wfr=spider&for=pc。

正名”。

上海梅林食品有限公司副总经理表示，39健康网把罐头说成6种“催人老”的食物之一，“加入大量的糖分以及防腐剂”等，加深了消费者对罐头的误解，给罐头行业及其背后的百万家农户带来的损失和影响是长期和不可估量的。

2.专家称“罐头使用大量防腐剂”是谣言

据林焜辉介绍，除了极少数耐热性较低的维生素外，罐头食品中的碳水化合物、蛋白质、脂肪、维生素、微量元素都不会被破坏；蛋白质受热发生凝固，是其特性之一，但不会分解“变质”；其常温下保存时间长，是依靠热力杀菌、达到商业无菌所致，因此，罐头食品生产不必也不可添加食品防腐剂，罐头食品“营养被破坏”“使用大量防腐剂”等均是谣言。而罐头食品中添加的糖，主要是为了调节水果类罐头的糖酸比，使口感更佳，网传罐头食品“含糖多导致肥胖”的说法也没有依据。

全国食品工业标准化技术委员会罐头分技术委员会委员、教授级高工华懋宗表示，一般来说，罐头食品保存期视品种、包装材料和加工工艺而定，通常可以保存较长时间不会腐败，但其最佳食用期在1～5年。“罐头食品催人老”的说法，既没有理论依据，也没有实际案例，本身就是伪命题。

3.罐头食品发展态势有些尴尬

从肉制品罐头到各式各样的水果罐头，作为现代食品工业中的重要一员，罐头食品曾非常受市场欢迎。中国的罐头产业崛起于20世纪80年代，由于当时的物质资源较为匮乏，人们有着长期储存食物的需求，再加上方便携带，罐头食品一度成为热门产品。罐头在国人的记忆中曾是一种特殊的存在。小时候走亲访友、家庭聚餐离不开罐头。头疼脑热生病了，一瓶水果罐头就是最好的灵丹妙药。特殊年代，罐头为保障供给，维护国家粮食安全作出了贡献。但随着经济的发展、冷链保存及运输技术的不断成熟，人们在食品消费方面有了更为丰富的选择，新鲜与健康成为消费的主流趋势。被打上“不健康”标签的罐头食品，如今面临着尴尬的局面。

前瞻产业研究院相关报告指出，从2017年我国不同罐头产品销售收入结构来看，蔬菜罐头在我国最受欢迎，占行业总销售收入的50.55%；其次是水果罐头，占比为21.76%；肉、禽类罐头占比为14.38%；水产类和其他种类罐头占比均在10%

以下。此外，我国罐头的外销也一直处于世界领先水平。数据显示，2017年，全国罐头出口274.48万吨，出口金额 46.6亿美元，同比增长1.3%；2018年1—7月，我国累计出口罐头140.3万吨，价值14.6亿美元，同比分别增长1.6%和9.8%，出口数量和金额均稳居世界第一。

尽管从国际市场的表现来看，我国罐头产业有着良好的发展势头，但在国内市场的总体发展态势却不太乐观，企业在品牌布局方面仍处于劣势，缺乏全国性的领导品牌，再加上罐头行业属于传统食品加工业，对市场需求的变化缺乏敏感度，企业没有把握时机进行创新转型，造成产品的同质化严重。

与此同时，一些国际深加工食品巨头开始进入中国罐头食品市场。早在2016年底，SPAM 午餐肉所属的美国深加工食品巨头荷美尔，斥资1.1亿美元在嘉兴投建的工厂已经开始生产，其产品在线上线下均有销售。而丹麦历史最悠久的品牌郁金香也在2017 年获得许可后，将午餐肉罐头、香肠、萨拉米等三类产品带到中国，并于2018年正式进军中国市场。

但是从主流电商平台的销售情况看，进口罐头企业并未能占据绝对优势，消费者还是更倾向于购买国产品牌。在午餐肉方面，上海梅林在天猫超市以及品牌官方旗舰店里的销售量高居榜首，分别超7000件及1.5万件。在进口午餐肉品牌中，SPAM销量较好，但也不到2000件，而上文提到的“郁金香”，则尚未形成较为规模化的产品销售。在水果罐头方面，也是林家铺子及三只松鼠等国内知名零食品牌遥遥领先。

在一些大型连锁商超里可以看到，货架上仍是国产罐头占据主流，但仍能看到进口品牌的身影。“午餐肉、鱼肉等肉类罐头具有较高人气，相比之下，水果罐头不受消费者喜爱。”工作人员介绍说，与新鲜肉制食品相比，罐头的销量较具颓势，但仍然会有不少消费者前来购买。有消费者表示，罐头是家中的常备食品，“毕竟方便省事，适合下饭”。

在我国当下的食品消费观念中，不少消费者已经形成对罐头食品的误解，甚至将其“保质期长”的特性与“防腐剂”挂钩，而忽略了密封容器以及杀菌处理流程在其中发挥的作用。若是消费者对罐头食品一直持有这种错误认知，从长远来看将影响整个行业的发展。对企业而言，只有依靠技术和创新，形成品牌的差异化优势，才能在当下的市场竞争中取得优势地位。此外，企业还应在科普和宣传方面多下功夫，从而消除人们对罐头食品在健康方面的误解。

案例点评

平台具有信息传播推广速度快的媒体属性，特别是拥有众多粉丝的网站，对信息刊发要慎之又慎，否则会对行业造成伤害，对消费者产生误导。39健康网《愿望：6种“催人老”的食物，希望你一个都没有上瘾》一文，从媒体宣传观察点来说，缺乏科学论证。从社会责任的角度看，食品安全类的文章涉及广大普通消费者，严谨和科学是必要的基本出发点。

2021年，中国罐头工业协会启动《中国罐头行业品牌打造三年专项行动（2021—2023）》活动，指出需要借助科技界、行业企业、新闻媒体等力量，以媒体平台为抓手，向社会大众宣传罐头知识，展示科技进步，去除大众对罐头食品的消费误区等。由此看来，18家企业起诉39健康网侵权，在我国罐头行业的发展史上，更加具有典型意义。

1.运用科学知识，传播正确理念

《愿望：6种“催人老”的食物，希望你一个都没有上瘾》一文列举的“催人老”的食物，除罐头之外，还包括蛋糕、饼干、巧克力、油炸类食物、加工的肉食等5种食物。但是该文多用一些描述类的语句、肯定的语气，却既不能指出论断的权威出处和公开报道，也没有理论及数据支撑。罐头具有“保质期长”的特性，而恰恰这个特性很容易让消费者联想到“防腐剂”，涉案文章凭借想当然，迎合读者认知，起到夸大和推波助澜的作用，让罐头蒙受不白之冤。文章不仅忽略了密封容器以及杀菌处理流程在其中发挥的作用，甚至连罐头基本的标准都没有搞清楚。罐头的营养物质保存良好，食品中的蛋白质并不会因为经受的高温而变质。水果罐头含糖与其他含糖食品一样，无可非议。罐头食品不需要添加防腐剂，能在常温下保存是依靠热力杀菌达到商业无菌所致。

由此可见，涉案文章内容涉及大众普通生活，这类文字极易产生“抓眼球”效果，却缺少了科学判断的基本常识。

2.强化使命担当，践行社会责任

从该事件来看，尽管文章作者可能出于无心，只是想表达自己的感受，但平台也有失察之责。近年来，平台媒体化功能越来越强，特别是拥有规模用户的网络平台因用户的信息交互、公共表达和社会化生产，越来越具有媒体化特征。新形势下，平台不仅是粉丝交流、发声的工具，更成为传播信息的重要载体。因此平台要担负起媒体的社会责任，对此类文章要有预判，防止不实信息的传播，要引导正确价值观，传播科学知识。

首先，保障人民群众的生命安全和身体健康，是食品安全的最基本要求。食品安全是一个公共卫生核心问题，也是一个道德问题。平台应该对食品安全类的文章予以特别的重视。《愿望：6种“催人老”的食物，希望你一个都没上瘾》一文中，所指的这6种食物有的是人们日常消费甚至必不可少的，都被列入“催人老”行列，显然不正常也不合常理，平台对此应该予以警觉，认真去核实。

其次，平台要增强辨识的能力和提高求证的水平，强化抵御谣言的“免疫力”。应汇聚专家资源，建立自己的专家库资源。术业有专攻，平台每天面临海量的信息，对类似的信息要找专家去核实验证，以作出正确的判断。食品行业看似是一个挺简单的行业，每个人根据生活经验都能说出一些观点，但其实不然。食品行业分类复杂甚至各不关联，比如添加剂、包装机械、保健食品等，每个领域都有其独特的知识。对平台来说，精确掌握其中的要旨显然不现实，辨别食品类的信息是否科学正确具有相当的难度。这就需要借助外部第三方力量，与行业组织、科研机构、品牌企业等建立长期稳定关系，建立强大的专家资源库，对“催人老”“请注意了”“你知道吗”等提醒性的标题或耸人听闻的“标题党”等类似的博眼球信息找专家帮助把关，不仅能有效避免错误的发生，同时能得到更加科学专业的指点和完善，使信息更加权威、更有说服力，让信息真正发挥正确指导消费的作用，对平台来说也增加了在粉丝间的公信力和影响力，增加了平台与粉丝的黏性，一举多得。

平台是信息传播的重要力量。随着数字化日新月异的发展，网络谣言呈现出碎片化、视觉化、多中心化以及高速迭代演化等新特征，这对平台提出全新的能力建设的要求。平台需秉持职业精神，压实自身责任，建立行之有效的责任制度，防控谣言的产生和传播，及时纠偏、纠正，不给谣言留下可乘之机。这也是平台更好发挥社会责任的应有之义。

案例三十九 证监会依法对獐子岛公司信息披露违法违规案作出行政处罚

案例概述*

2020年6月24日，针对“獐子岛扇贝6年逃4次”事件，中国证监会依法对涉事公司信息披露违法违规案作出行政处罚及市场禁入决定，对其给予警告，并处以60万元罚款，对15名责任人员处以3万元至30万元不等罚款，对4名主要责任人采取5年至终身市场禁入。据悉，这已经是依据证券法可以作出的顶格处罚。

1.獐子岛扇贝“跑路史记”

2019年11月11日晚间，獐子岛发布公告称，根据其公司2019年11月8日至9日已抽测点位的亩产数据汇总，已抽测区域2017年存量底播虾夷扇贝平均亩产不足2公斤；2018年存量底播虾夷扇贝平均亩产约3.5公斤，亩产水平大幅低于前10月平均亩产25.61公斤，公司初步判断已构成重大底播虾夷扇贝存货减值风险。“基于抽测现场采捕上来的扇贝情况看，底播扇贝在近期出现大比例死亡，其中部分海域死亡贝壳比例约占80%以上。死亡时间距抽测采捕时间较近。”根据公告，截至2019年10月末，公司上述2017年底播虾夷扇贝（面积26万亩）消耗性生物资产账面价值1.6亿元、2018年底播虾夷扇贝（面积32.4万亩）账面消耗性生物资产账面价值1.4亿元，合计账面价值3亿元。

事实上，这并不是扇贝第一次为獐子岛的业绩“背锅”。早在2014年，獐子岛当年巨亏11.89亿元，原因是北黄海遭到几十年一遇的异常冷水团，獐子岛在2011

---

* 本案例摘编自《獐子岛扇贝6年逃4次？！证监会借北斗卫星找扇贝，“弥天大谎”无所遁形》，百家号·央视财经2020年6月24日，https://baijiahao.baidu.com/s?id=1670379314155465173&wfr=spider&for=pc；《证监会对獐子岛公司案作出行政处罚及市场禁入决定》，中国证券监督管理委员会2020年6月24日，http://www.csrc.gov.cn/csrc/c100028/c1000756/content.shtml；孙吉正《业绩造假、董事长辞职　獐子岛“扇贝事件”真相浮现》，百家号·中国经营报2020年7月4日，https://baijiahao.baidu.com/s?id=1671246633170846076&wfr=spider&for=pc。

年和部分2012年播撒的100多万亩即将进入收获期的虾夷扇贝绝收。3年后的2017年，獐子岛再度巨亏7.23亿元，其将原因归之为海洋牧场遭受重大灾害，扇贝被“饿死”。2019年一季度，獐子岛净利润亏损4314万元，其给出的理由依然是“扇贝跑路”，即虾夷扇贝受灾，导致产量及销量大幅下滑。

而从这次扇贝出现死亡之前披露的三季报来看，獐子岛2019年的业绩依然不容乐观。该公司2019年第三季度营业收入为7.2亿元，同比下跌3.84%；归属于上市公司股东的净利润为-1043.7万元，同比下滑219.50%；归属于上市公司股东的扣除非经常性损益的净利润达-1304.9万元，同比下跌546.03%。

正因如此，市场质疑獐子岛再次想让扇贝为业绩的下滑“背锅”。

值得关注的是，獐子岛在2015—2018年获得的政府补助分别为6542.86万元、3020.03万元、726.23万元、3043.82万元，而2019年上半年获得政府补助为563.61万元。在4年半的时间内，政府补助共计近1.39亿元。

2020年，在獐子岛举行的2019年度业绩网上说明会上，其董事长又将业绩亏损的原因甩向了扇贝：“国家部局组织的专家调研组认为，近期獐子岛底播虾夷扇贝大量损失，是海水温度变化、海域贝类养殖规模及密度过大、饵料生物缺乏、海底生态环境破坏等多方面因素综合作用的结果。”

2.獐子岛扇贝6年逃4次，北斗卫星攻破谎言

6年4次扇贝大逃亡，獐子岛这家上市公司一再引发外界对其关注。2018年，中国证监会正式启动对獐子岛的调查。

央视财经在2020年6月24日的节目报道中，以《獐子岛扇贝6年逃4次？！证监会借北斗卫星找扇贝，“弥天大谎”无所遁形》为题，介绍了证监会应用高科技、揭开獐子岛业绩造假的真相。为了取得充分证据，中国证监会统筹执法力量，走访渔政监督、水产科研等专业力量，应用高科技手段，借助卫星定位数据，对獐子岛27条采捕船只数百余万条海上航行定位数据进行分析，委托两家第三方专业机构运用计算机技术，还原了采捕船只的真实航行轨迹，复原了獐子岛最近两年真实的采捕海域，进而确定实际采捕面积，并据此于2020年6月作出结论，认定獐子岛公司成本、营业外支出、利润等存在虚假。

问题一：肆意操纵财务报表，寅吃卯粮

2016年，獐子岛公司已经连续两年亏损，当年能否盈利直接关系到公司是否会“暂停上市”。为了达到盈利目的，獐子岛利用了底播养殖产品的成本与捕捞面积直

接挂钩的特点，在捕捞记录中刻意少报采捕面积，通过虚减成本的方式来虚增2016年利润。调查发现，獐子岛捕捞面积的多少由其负责捕捞的人员按月提供给财务人员，整个过程无逐日客观记录可参考，财务人员也没有有效手段核验，公司内控严重缺失。可实际上公司采捕船去过哪些海域，停留了多长时间，早已被数十颗北斗卫星组成的“天网”记录了下来。

调查人员正是利用客观的卫星定位数据，还原出獐子岛公司采捕船实际捕捞轨迹图，与獐子岛记录的捕捞区域对比后发现明显出入，说明獐子岛并没有如实记录采捕海域。调查人员还聘请了两家专业的第三方机构分别对卫星定位数据进行作业状态分析，对捕捞轨迹进行还原并计算面积，三方分别还原出来的捕捞航行轨迹高度一致。通过对比可知，2016年，该公司实际采捕的海域面积比账面记录多出近14万亩，这意味着实际的成本比账面上要多出6000万元人民币，这6000万元成本都被獐子岛公司隐藏了起来。

调查人员还发现：獐子岛在部分海域没有捕捞的情况下，在2016年底，重新进行了底播，根据獐子岛成本核算方式，重新底播的区域的库存资产应作核销处理，又涉及库存资产7111万元，需要计入营业外支出视为亏损。通过这两种方式，獐子岛成功地在2016年实现了所谓的“账面盈利”，成功摘帽，保住了上市公司地位。到了2017年，獐子岛故伎重施，再度宣称扇贝跑路和死亡，借此消化掉前一年隐藏的成本和亏损，共计约1.3亿元。这种乾坤大挪移，把2016年的成本和损失转移到2017年的做法，是典型的寅吃卯粮、操纵财务报表的行为。

问题二：抽测数据造假，虾夷扇贝库存成谜

獐子岛在2017年披露的《秋测结果公告》中称，其在120个不同点位进行了抽测。但卫星定位系统数据显示，抽测船只在执行秋测期间，并没有经过其中60个点位，这说明抽测船只根本没有在这些点位执行过抽测。獐子岛故弄玄虚，凭空捏造“抽测”数据，掩盖自身资产盘点混乱的问题。

问题三：短时间内业绩大变脸，公司未及时披露

之前獐子岛一直对外声称，2017年的盈利预估在9000万元至1.1亿元之间。但在2018年1月初，獐子岛财务总监就知晓公司2017年净利润不超过3000万元，其还向獐子岛公司董事长汇报了此事，这属于应当在2个工作日内披露的重大事项，但是獐子岛并没有按规定时间披露，直到1月30日，业绩变脸的公告才对外披露，严重误导了投资者。

3.遭顶格处罚的獐子岛：董事长辞职+开盘跌停

2020年6月24日，证监会官网公布对獐子岛公司信息披露违法违规案作出行政处罚及市场禁入决定，对獐子岛公司给予警告，并处以60万元顶格罚款，对15名责任人员处以3万元至30万元不等罚款，对4名主要责任人采取5年至终身市场禁入。

证监会指出，獐子岛公司在2014年、2015年已连续两年亏损的情况下，客观上利用海底库存及采捕情况难发现、难调查、难核实的特点，不以实际采捕海域为依据进行成本结转，导致财务报告严重失真。2016年通过少记录成本、营业外支出的方法，将利润由亏损披露为盈利。2017年，将以前年度已采捕海域列入核销海域或减值海域，夸大亏损幅度。此外，该公司还涉及《年终盘点报告》和《核销公告》披露不真实、秋测披露不真实、不及时披露业绩变化情况等多项违法事实，违法情节特别严重，严重扰乱证券市场秩序、严重损害投资者利益，社会影响极其恶劣。

当日稍晚时候，獐子岛发布公告称，公司董事长、总裁以及证券事务代表辞职。獐子岛称，董事长因收到《中国证券监督管理委员会行政处罚决定书》和《中国证券监督管理委员会市场禁入决定书》的原因，申请辞去公司董事会董事长、战略委员会主任委员、提名委员会委员及公司总裁等所有职务；原董事长辞职后，不在公司担任任何职务。此外，獐子岛海外贸易业务群执行总裁表示因个人工作安排原因，申请辞去公司海外贸易业务群执行总裁职务，辞职后将继续在公司任职。另1位高管则表示因个人工作安排原因，申请辞去公司证券事务代表职务，辞职后不在公司担任任何职务。

当日晚，獐子岛还收到了来自深交所的关注函。深交所指出，獐子岛因内部控制存在重大缺陷，结转成本时所记载的捕捞区域与捕捞船只实际作业区域存在明显出入，导致其2016年度虚增利润1.31亿元、2017年度虚减利润2.79亿元。獐子岛是否拟对2016年、2017年相关定期报告进行会计差错更正。如是，请说明更正的具体计划与期限；如否，请提出充分、客观的依据。

证监会公布处罚信息后，2020年6月29日早盘，獐子岛开盘跌停，报2.75元/股。

4.案件移送公安机关追究刑事责任

2020年9月11日，证监会网站发布公告《证监会依法向公安机关移送獐子岛及相关人员涉嫌证券犯罪案件》。公告称，2020年6月15日，证监会依法对獐子岛及相关人员涉嫌违反证券法律法规案作出行政处罚和市场禁入决定。证监会认定，獐子岛2016年虚增利润1.3亿元，占当期披露利润总额的158%；2017年虚减利润2.8亿元，占当期披露利润总额的39%。獐子岛上述行为涉嫌构成违规披露、不披露重要信息罪。根据《行政执法机关移送涉嫌犯罪案件的规定》，证监会决定将獐子岛及相关人员涉嫌证券犯罪案件依法移送公安机关追究刑事责任。

獐子岛财务造假性质恶劣，影响极坏，严重破坏了信息披露制度的严肃性，严重破坏了市场诚信基础，依法应予严惩。下一步，证监会将全力支持公安司法机关的案件侦办，坚决落实"零容忍"的工作要求，着力构建行政处罚与刑事惩戒、民事赔偿有机衔接的全方位立体式追责体系，全力维护资本市场平稳健康发展。

据此前獐子岛公告，其控股股东长海县獐子岛投资发展中心于2020年6月23日收到大连市中级人民法院（2017）辽02刑初140号《刑事判决书》。本案系投资发展中心在公司2014年1—9月发生重大亏损的情况在公开披露前属于《中华人民共和国证券法》规定的内幕信息，因在敏感期内有减持股票的行为，被大连市人民检察院在2018年1月提起公诉。经大连市中级人民法院审理，判决投资发展中心犯内幕交易罪，判处罚金1200万元，追缴投资发展中心非法所得1131.60万元。

案例点评

1. 对上市公司信息披露监管趋紧趋严

近年来，企业为了维护自身声誉和市场利益，不惜折断自身羽毛，游走在违法犯罪的边缘，操控资本市场，经营绩效造假，违反市场规定，严重扰乱市场经营秩序。这种行为呈大幅度增加，其背后反映的是企业诚信道德的缺失，市场监管制度的不力，以及公众对良好市场环境的关注和期许。獐子岛"扇贝跑路"事件正是其中之一。

以獐子岛"扇贝跑路"事件为切口的舆情，凸显了两个方面的热议——"企业文化－诚信"和"企业管理－信息披露管理制度"。由此，证监会对上市企业的监管力度进一步加大，并吸引公众、媒体共同关注。

通过对中国证监会等部门的舆情危机处理策略进行分析，大致有三点应对思路值得借鉴：

（1）诚信经营，自觉履行商品经营者的义务，树立行业标杆

企业诚信的缺失，会严重影响企业的品牌和形象，大大降低消费者对企业的信任感和认同感。獐子岛肆意操纵财务报表，在捕捞记录中刻意少报采捕面积，通过虚减成本的方式来虚增2016年利润，2016年，公司实际采捕的海域面积比账面记录多出近14万亩，这意味着实际的成本比账面上要多出6000万元，并且将2016年重新底播涉及库存资产7111万元转移到2017年，这是典型的企业道德缺失、不诚实，故意操纵财务报表的行为。獐子岛诚信缺失，主要系上市公司实际控制人和公司高管为了通过上市公司公开市场等条件谋取高额的不正当收益，从而出现企业经营的违法违规行为，需要有关部门盯紧抓牢企业关键人员，保持执法高压态势，提高企业守信经营意识，维护好国家、企事业、第三方合作机构以及消费者等权益。

（2）维护消费者权益，保护其利益不受损害

涉及大众民生、有损大众经济利益的问题，会受到舆论的关注。企业故意捏造、伪造、掩盖真实信息行为，使消费者利益受到损失，会受到消费者谴责。证券时报·e公司记者梳理发现，自从2019年12月以来，先后有50多名股民以獐子岛证券虚假陈述为由，向该公司发起索赔，涉案金额合计3726.69万元，超过獐子岛2020年前三季度净利润。证券投资者权益包括知情权、交易权、分配权、参与权和监督权等五项重要的权利，其中知情权是投资者有权及时、准确、充分地获得上市公司应披露的信息。证券投资者因投股企业的故意违规操作，未能得到真实和及时的信息披露，股民的知情权利被恶意侵害，从而遭受大量的经济损失。

（3）完善上市公司信息披露制度，加大监管部门的执行力度

违规成本较低和利益驱动是上市公司信息披露违法违规的主要原因。证券市场是个信息高度不对称或站位角度不一样的市场，可能被心怀叵测的人利用，通过内幕交易、操纵股市价格等违法手段大发横财。所以，规范证券市场行为的有效办法，是矫正这种信息的不对称性。同时，由于信息不对称性的天然存在以及市场规则、制度的不完善性，信息失真情况必然大量存在，甚至出现恶意造假的现象。也因此，证监部门应该对上市公司所披露的信息保持一定怀疑，结合实际，从基本市场情况出发，增加对上市公司潜在风险的观察力度。另外，随着公司和经济的发展，为了保障公司和股东的利益，有必要建立董事责任的

追究机制。尽管某些上市公司存在一定的高买低卖的合理市场行为，但不能排除利益输送的风险，因此，为更大力度地保护上市公司与股东利益，基于并购资产或者高买低卖等相关问题，也确有必要建立上市公司“交易异常”的责任追究机制。

2.资本市场和消费市场都要求企业诚实守信合规经营

诚信建设对资本市场而言，可谓基本的生命线之一。资本市场交易的基本特点是：投资者买到具有虚拟性的金融“商品”，说不上具体的使用价值，而抽象的内在价值又不能快速展现，需要经过一段时间沉淀后方能展露。因此，“资本商品”高度依赖销售者信用。金融商品发行人真实、完整、准确地披露所售商业产品相关信息，在出售后，发行人继续合规守法经营，遵守获得监管许可时作出的承诺，如发生重大有利或不利事件后，及时向市场披露，这些要素均极为关键。

（1）树立企业诚信理念，重塑企业文化体系

诚信经营是企业的生命线，也是企业不容触碰的底线。企业的每名员工都需要强化诚信理念，如果员工不能够保证诚信，那么损害的将是企业的品牌声誉，长此以往，企业有可能失去客户，也将为此失去长远发展的机会。

（2）增加信息披露违规成本，增强IPO公司信息披露动力

监管机构所倡导的以信息披露为中心的监管理念，事实上加重了外部投资者自主决策和承担上市公司经营风险的压力。信息披露是投资者了解上市公司的重要窗口，信息披露是否真实、准确、完整、及时，直接影响到上市公司股价高低及投资者决策是否正确。近年来，上市公司信息披露的法律法规逐渐完善，同时，以信息披露为核心的监管政策也在逐步健全，大大提高了上市公司的信披违规成本，违规公司及相关责任人员都将难逃责任、被问责。

在上市公司信息披露质量不高的情况下，市场投资者更丰富的信息来源主要是媒体报道。在獐子岛事件中，媒体的追问、追访和追踪报道，让投资者获得了企业更多内部信息，同上市公司公告信息相得益彰，才有了一个更加真实的獐子岛。证券监管机构和宣传主管部门应当大力支持这类媒体行动，让媒体行业成为强大的股市监督力量。

广州市场监管局通报“辛巴直播带货即食燕窝”事件

案例概述*

2020年12月23日，广州市市场监管局公布“辛巴带货燕窝”处理情况。广州和翊电子商务有限公司作为涉事直播间的开办者，受商品品牌方广州融昱贸易有限公司（以下简称融昱公司）委托，于2020年9月17日、10月25日，安排主播通过直播平台推广商品“茗挚碗装风味即食燕窝”。直播带货中，主播仅凭融昱公司提供的“卖点卡”等内容，加上对商品的个人理解，即对商品进行直播推广，强调商品的燕窝含量足、功效好，未提及商品的真实属性为风味饮料，存在引人误解的商业宣传行为，其行为违反了《中华人民共和国反不正当竞争法》第八条第1款的规定，市场监管部门拟对其作出责令停止违法行为、罚款90万元的行政处罚，对销售主体融昱公司罚款200万元。

1. 网友质疑即食燕窝为糖水

2020年11月初，有消费者质疑辛巴徒弟“时大漂亮”在直播间售卖的即食燕窝“是糖水而非燕窝”，并要求辛巴对此作出解释。具体涉及的产品是10月25日“时大漂亮”在直播间售出的茗挚牌“小金碗碗装燕窝冰糖即食燕窝”，即“茗挚碗装风味即食燕窝”。网友在社交平台上晒出一段视频，并直言：“这不都是水吗？你在这闹着玩吗？”

对于此事，辛巴在直播中展示了该燕窝产品的各项检测报告，并表示产品没有任何问题，怀疑发布视频者将产品进行了调换，对品牌及产品进行抹黑攻击。此

---

* 本案例摘编自杨智明《辛巴回应“假燕窝”事件：深表内疚自责，直播间存在夸大宣传》，百家号·南方新闻网 2020 年 11 月 27 日，https://baijiahao.baidu.com/s?id=1684523393810153525&wfr=spider&for=pc；《辛巴承认带货燕窝是“风味饮品”，退赔 6200 万元！科普专家：真燕窝也是忽悠》，百家号·中国消费者报 2020 年 11 月 29 日，https://baijiahao.baidu.com/s?id=1684671882022936974&wfr=spider&for=pc。

外，茗挚品牌方融昱公司发布声明表示，因视频被部分账号恶意剪辑、评论并传播，对品牌和合作主播造成了严重伤害，对社会造成了不良影响，公司对此事作出如下声明：所有商品均为合格正品，不存在质量问题；并将对恶意剪辑视频、恶意中伤公司品牌者，追究到底。

2.职业打假人打假加码，产品蛋白质含量为零

2020年11月19日早间，职业打假人王海发布“茗挚碗装风味即食燕窝”检测报告，并配文称：“经过检测，辛有志当作燕窝忽悠粉丝的风味饮料就是糖水。据检测结果，该产品蔗糖含量为4.8%，而成分表里碳水化合物为5%，确认该产品就是糖水。”王海还补充道，茗挚（100克）糖水的唾液酸含量“高”达万分之一点四，价值“高”达人民币0.07元。从阿里巴巴看到，唾液酸每100克卖500元左右，0.014克价值7分钱左右。目测其成本每百克（一碗），连带包材，内容物，加工费，工业成本不超过1元钱。

王海表示，从营养成分表中可以看到，该产品的蛋白质含量为零，脂肪含量为零。而燕窝应含有水溶性蛋白。

3.辛选官方回应：产品质量问题联系商家就可以

针对辛巴所售燕窝被王海检测为糖水一事，2020年11月20日，辛选官方微博发表《燕窝事件回应声明》称，公司已关注到微博博主王海发布“辛巴所卖燕窝就是糖水”的内容，并提供了相应的质检报告，感谢王海先生对该公司及该产品质量问题的关注。辛选官方表示，王海提供的质检报告显示，除了冰糖燕窝制品本身应含有的糖分外，还有燕窝成分：唾液酸。声明称，2020年10月25日，辛选主播“时大漂亮”在直播间推广该款燕窝产品，融昱公司在“茗挚”天猫旗舰店售卖，直播价格为258元15碗，每碗17.2元。辛选方面减去平台相关费用后，得到12.6%的推广佣金，辛选方面不涉及任何采购和销售行为。辛选方面是按照融昱公司提供的产品信息，进行直播推广，事件发生后，已第一时间将产品送检，待结果回传后公布。

此外，辛选官方表示，基于自身一直以来对直播产品质量的重视，如果消费者对该产品有任何不满，可以向“茗挚”天猫旗舰店申请退货退款，辛选方面将全力以赴予以协助，并督促商家做好售后服务。天猫平台辛有志专属店也在24小时不间断回应每一位消费者的需求和疑问，以保障消费者的权益。辛选官方将对此次燕

窝事件进行深度自查，如发现该产品有任何质量问题，一定会配合好有关部门，维护消费者权益，其自身以及品牌方会各自承担相应法律责任。

在这一则回应声明中，辛巴表示自己只是根据品牌方提供的产品信息进行直播推广，不涉及采购销售行为，有问题找商家。另外，声明还提到这款燕窝中除了糖分，还含有唾液酸，但是并没有对很低的唾液酸含量作出解释。

4. 辛选再发声明：承认夸大宣传，对消费者退一赔三

2020年11月27日，在“糖水燕窝”事件发酵已近一月后，辛选创始人辛有志再次发表声明，对此事进行道歉，并表明将主动承担责任，启动召回方案，对消费者进行“退一赔三”，先退赔6198.3万元，解决问题。同时，辛选还宣布将进行供应链整改升级，并启动消费者权益保障计划。

案例点评

2020年，商务部发布的数据显示，一季度全国电商直播超过400万场，全年有望突破万亿级市场规模。“万物可播、全民可播”吹响了市场的冲锋号。然而，作为一种新兴的营销方式，直播带货或网红带货既创造销售业绩的繁荣，又处于野蛮生长期，虚假代言的乱象丛生。为引导消费者建立理性消费思想观，厘清网红、直播平台、品牌商家、MCN（多频道网络）机构之间的商业关系，有必要强化电商直播平台履行审查监督职责、建立健全网红带货“黑名单”诚信评价机制等。

1. 直播带货现象剖析

一是“擦边球”现象普遍存在于直播带货的背后。一些网红包括千万级达人为了取得更大的GMV（商品交易总额）以及得到更多的关注，“不可避免”地夸大宣传产品的功能，或者出现虚假不实的话术，乃至于出现价格欺诈等。这些行为影响了整个直播带货行业的发展，也损害了广大消费者的知情权。

二是政府和相关平台机构应该加大监管监督力度，制定严格法规和可行标

准，保护消费者合法权益。直播带货受到消费市场欢迎，其本质上反映出人们对于购物新体验和新鲜事物的需求，这也提醒有关部门需要高度重视消费者的权益保护以及行业规范建设。

三是网红带货欺诈引发多方关注。目前直播消费市场中，在手机、电脑等非体验类商品中，网红主播主打价格战的“低消刺激牌”。在面膜、口红、衣服、鞋子、食品、饮料等体验类产品的推广中，主播带货主讲感情色彩的“共情故事”。一时间，直播带货存在不实宣传、低质伪劣、刷单刷量等各种问题，但同时又创造着令人刮目相看的GMV成绩。一方面，网红带货存在“滥竽充数”现象。比如，辛巴直播销售的燕窝被职业打假人认定为糖水、某脱口秀演员直播间围观311万观众中只有11万真实数据，以及某知名主持人一场直播退款率超七成等。被“割韭菜”式的冲动购物之后，若干消费者可能会发现“三无”产品充斥其间、“亲测好用”名不副实、退换货维权难等。这些不良情况反映出直播带货背后充斥着批量制造假网红、直播刷单数据造假等灰黑色产业，甚至违法犯罪行为。另一方面，网红带货GMV形势喜人。网红带货因势利导将“做内容”与博流量、粉丝吸纳与推广宣传、娱乐社交与线上营销等充分结合，成为电商标配，促使粉丝向消费者的快速转化和商品价值变现。数据显示，2020年“双11”期间，辛巴个人战绩突破32.92亿元，整体团队销售额达到88亿元。

2. 主播带货行为的法律属性探讨

在直播带货销售行为模式下，主播与品牌商家所属公司签订委托带货合同，网红主播负责在直播间推荐、推广、宣传商家产品，直播间观众通过对应的商品链接进入商家店铺，下单购买商品。如此情况下，接受商家委托的主播所属公司推广商品时，属于广告法中的广告发布者。如以自身的名义及形象对商品作引证、推广时，主播属于广告法中的广告代言人。

（1）机构或主播与商家纠纷争议焦点

实际上，在MCN 机构或主播作为原告起诉的案件中，核心诉请基本为要求商家支付服务费，并承担迟延付款利息等，也有案件系商家所销售商品存在问题，如侵犯第三方权利、侵害消费者权益等。而在MCN 机构或主播与品牌商家发生合同纠纷诉讼案件中，商家作为原告提起诉讼的案件占多数，大部分商家认为带货机构或网红主播未提供符合要求的卖货服务，诉请为其违约违规行为承担赔偿责任。

（2）平台经营者的法律主体地位

根据直播平台的市场定位差异，直播带货平台可以分为两类：一类是社交短视频或游戏、体育等网络平台，如抖音、快手等嵌入广告和电商形式平台，打通社交非电商平台进而实现流量价值变现。另一类是传统电商平台，如京东、小红书、知乎等，打通销售与广告产业链之间，借助既有汇聚的流量池进行直播带货和流量变现等。

依托于非电商平台的直播带货，对平台提供者的经营行为需要具体分析。如果非电商平台与网红之间具有进驻平台收取服务费的合作关系，“平台为交易双方提供网络经营场所、交易撮合、信息发布等服务”，平台属于电子商务平台经营者；而如果平台只提供直播或资源整合服务等，即不干预具体的直播内容，不具有订单管理等撮合交易的功能，但网红主播可以自主注册和开播，则此时平台仅属于广告法的互联网信息服务提供者。另外，鉴于传统电商平台深度参与带货卖货，其明显构成电子商务法中的“电商平台”，适用该法中的相应权利、义务和责任。

3. 优化直播带货的监管建议

为对直播环境形成全方位监管，需要明确有关监管主体的职能范围与边界，构建统筹协调的监管机制，提升监管效率，避免工作推诿造成的监管盲区。

（1）部门协同监管，推进社会共治

实现精准化、专业化监管。建立快速响应处置机制，建立协同管理体系，形成监管部门、直播平台、从业人员、行业组织等共同参与的社会共治环境。打通监管执法部门间的壁垒，整合公安、工信、网信、文化、市场等监管部门资源，组建联合专业化队伍，形成执法合力，营造社会共治的良好氛围。

（2）建设行业信用体系，设定评分规则

推进从业人员、平台等直播带货信用体系建设，支持依法设立的信用评价机构开展直播带货行业的信用评价。信用评价可涉及投诉举报、产品质量、直播内容、行政处罚等多个方面，设定相应分数规则，动态计算信用值。对违法行为查实受处罚的主体，根据情节轻重给予临时或永久封号处置，执行临时或永久黑名单制度等。

直播带货是“互联网＋经济”蓬勃发展中涌现出的新业态、新商业模式，实现了线上线下相互融合，完成了需求侧与供给侧的相互对接。作为一种新型商品营销模式，人们要做的就是用正确的目光去看待它，不排斥但也不要盲目跟风推崇，而是科学理性地助推电商直播带货之路越走越宽，越走越光明。

案例四十一 雀巢确认出售银鹭花生牛奶和八宝粥业务

案例概述*

2020年4月24日，雀巢集团发布了一季报，中国业务受到新冠疫情影响而出现两位数的下滑，与此同时，雀巢宣布同意向Food Wise（慧品）有限公司出售银鹭花生牛奶和银鹭罐装八宝粥在华业务，但增长良好的即饮咖啡业务并不在出售之列。2020年8月28日，雀巢宣布，同意与青岛啤酒集团在中国大陆进行战略合作，青岛啤酒集团将购买雀巢中国大陆的水业务。

1. 雀巢出售银鹭业务和中国大陆水业务

据雀巢公布的数据显示，2020年一季度雀巢实现销售收入208亿瑞士法郎，同比下降6.2%，主要原因是资产剥离所致，导致销售额减少4.7%，去除出售资产因素后，雀巢一季度增长4.3%，高于市场预期。但是由于新冠疫情影响，加上恰逢中国农历新年期间，雀巢中国的一季度业绩受到较大影响，雀巢银鹭花生奶、八宝粥、徐福记糖果以及即饮产品和冰淇淋都受到不同程度影响，整体出现两位数的下降。在咖啡业务和星巴克产品的带动下，雀巢中国的电子商务实现了两位数的增长。

在2020年年初，市场就曾多次传出雀巢有意出售银鹭业务的传言，4月24日，雀巢终于官宣了对中国银鹭业务的态度，表示已经决定对其在华银鹭花生牛奶和银鹭罐装八宝粥业务进行战略性审视，包括出售的可能性。其目的是确保银鹭业务的

---

* 本案例摘编自王子扬《银鹭被传出售背后：业绩拖累雀巢，接盘者挑战大》，百家号·新京报2020年3月13日，https://baijiahao.baidu.com/s?id=1661008513559249289&wfr=spider&for=pc；《雀巢有意出售银鹭部分业务 但即饮咖啡不卖》，百家号·第一财经2020年4月24日，https://baijiahao.baidu.com/s?id=1664840453285309755&wfr=spider&for=pc；《雀巢同意将中国水业务出售给青岛啤酒 涉及两大品牌三家工厂》，百家号·红星新闻2020年8月28日，https://baijiahao.baidu.com/s?id=1676259319973354949&wfr=spider&for=pc。

长期增长和成功。此外，雀巢董事会当天还重申并强调了中国市场对集团的战略重要性，指出雀巢目前在大中华区设有31家工厂、3家研发中心和4家产品创新中心，表示未来还有继续在华投资的计划。

官网显示，银鹭食品事业始创于1985年，主营业务为罐头食品、饮料生产经营，目前拥有厦门、山东、湖北、安徽、四川五个生产基地。目前银鹭主要有三块业务，分别是八宝粥、花生牛奶和后来雀巢引入的即饮咖啡业务，而此次即饮咖啡业务并不在战略审核范围之内。2019年，雀巢大中华区的销售收入为69亿瑞士法郎，折合人民币约481亿元，其中银鹭业务约占7亿瑞士法郎，咖啡业务约占1/3。根据尼尔森12月零售市场占有率报告，雀巢在中国即饮咖啡市场占有率排名第一，并连续多年保持两位数的增长。

2020年7月，雀巢宣布“更加聚焦于标志性的国际品牌和知名高端矿泉水品牌”战略，同时投资包括功能性水在内的差异化健康饮用水产品。8月28日，雀巢宣布，同意与青岛啤酒集团在中国大陆进行战略合作，青岛啤酒集团将购买雀巢中国大陆的水业务。此次交易包括本地品牌“大山”“云南山泉”，雀巢位于昆明、上海和天津的三家水业务工厂。根据双方的许可协议，青岛啤酒集团将在中国生产和销售“雀巢优活”品牌。至此，雀巢将把其在中国的上述水业务转让给青岛啤酒集团，包括将上海雀巢饮用水有限公司、天津雀巢天然矿泉水有限公司和云南大山饮品有限公司的全部股权转让给青岛啤酒集团。

除了中国水业务，雀巢还称，不排除出售北美（美国和加拿大）大部分水业务的可能性，但不涉及国际品牌。也就是说，雀巢将在全球范围内聚焦水业务中的高端品牌，逐渐出售各地市场的低端水品牌。

2.雀巢品牌瘦身计划进行时

雀巢现任CEO马克·施耐德（Mark Schneider）自2017年上任以来，一直在淘汰雀巢的非核心业务，对旗下品牌不断进行“瘦身”。

回顾近两年的出售案例，2018年雀巢以28亿美元的交易金额将美国糖果业务出售给费列罗，2019年以102亿瑞郎出售了旗下皮肤健康公司，以40亿美元出售了美国冰激凌业务，后又将肉制品业务Herta的60%股份出售给西班牙食品公司Casa Tarradellas等。施耐德在上任后曾公开提出，要在2020年底替换掉现有业务的10%。事实上，通过业务洗牌，雀巢已经打破了净利润持续下滑的困局。自2014年起，雀巢净利润逐年走低，从145亿瑞士法郎降至2017年的72亿瑞士法郎；而2019年雀巢全年净利润同比增长24%至126亿瑞士法郎。

在瓶装水业务方面，财报数据显示，2019年雀巢销售增长幅度最小的板块正是瓶装水业务，有机增长率仅为0.7%。从这个角度来看，雀巢是希望通过剥离低端水业务，重点发力高端水以提高业务增长。

而从中国市场的角度来看，瓶装水行业正出现高端化的趋势。数据显示，中国瓶装水消费市场的格局，正从金字塔形向纺锤形演变。原因就是1元水因水源、添加剂以及渠道的问题，市场逐渐萎缩；2元水迎来大量1元水消费者，流失部分消费者转向3元水；3元水培养成型、逐渐扩大，进入突破期；而4元及以上的高端水正在起步。

3.雀巢在诸多领域面临“围猎”之势

随着互联网经济的兴起，国内各个垂直类领域的后起之秀不断崛起，部分传统食品板块式微，雀巢在诸多领域都面临“围猎”之势。甚至是在其拥有绝对优势的传统速溶咖啡领域，而三顿半、永璞等互联网品牌依托新零售平台，在2019年“双11”期间一举超过雀巢。显然，口味更佳且价格适宜的新品咖啡正在蚕食这位巨头的市场。

同样的，此次雀巢出售银鹭的根本原因也在于雀巢对其改造的失败。市场上有一种解读认为，雀巢更多地把银鹭当作了雀巢咖啡的生产方，而并未对银鹭自身的产品进行改造和升级。再加上，花生牛奶、八宝粥这样的产品也没能更好地适应消费市场的变化升级，导致业绩受到了压力。

在糖果市场也有类似的声音。承载着许多人的童年回忆的徐福记在雀巢手中不能同国货大白兔一样“玩转市场”，是因为雀巢缺少跨界布局的产品矩阵思维，在营销策略和贩卖途径上缺少花样创新。即便糖果市场是夕阳板块，但倘若能抓住大健康风口、创新产品分类、做好互联网营销攻略，雀巢未必不能在这一领域翻牌。

在互联网经济普及的当下，随着各垂直领域玩家的围猎，使雀巢在中国的发展面临前所未有的冲击。在通过品牌瘦身创造更高的利润之余，雀巢更应该意识到想要抓住中国这一市场，更应该重新调整营销思维，实现产品升级。只有以更年轻、更健康、直击消费者痛点的发展眼光进行品牌和产品布局，才有希望在日益激烈的食品饮料行业突出重围!

案例点评

2020年雀巢出售银鹭花生牛奶和八宝粥业务以及中国大陆的水业务。纵观雀巢近几年业绩表现：2018年之前，雀巢净利润连年下滑，三年下降了超过50%。雀巢财报显示，2014年净利润145亿瑞士法郎，2015年91亿瑞士法郎，2016年85亿瑞士法郎，2017年72亿瑞士法郎。2017年新任CEO施耐德上任后，通过不间断业务洗牌，2018年，雀巢实现净利润101亿瑞士法郎，同比增长41.6%，2019年实现全年净利润126亿瑞士法郎，同比增长24%。2020年一季度雀巢销售收入下降，主要因为资产剥离所致，去除此因素后，一季度实际增长4.3%，高于市场预期。通过业务洗牌，雀巢已经打破了净利润持续下滑的困局。

通过分析，雀巢将银鹭花生牛奶和八宝粥业务以及中国大陆的水业务剥离，其原因大致可以考虑以下几个方面：

一是雀巢一贯的企业发展模式。雀巢本身是一个“买卖”型企业，纵观雀巢企业发展史，从1867年至今，雀巢在全球拥有500多家工厂、2000多个品牌，业务遍布全球191个国家，产品涵盖十几个领域，旗下超过一半的知名品牌是通过并购获得的。业内公认，雀巢善于快速调整业务板块，在资本驱动之下，瞄准一个有价值的领域，快速并购需要的业务，然后进行本土化耕耘，迅速建立和巩固该领域在某国家和地区的领先地位，这一生意经使得雀巢不断壮大，成为全球最大的食品饮料企业之一。1997—2017年，雀巢参与的并购案例就有近30起，银鹭正是在此期间被收入囊中。2017年施耐德任CEO以来，雀巢又约收购了50家公司。因此，雀巢剥离效益不佳的业务并不奇怪。

二是消费升级背景下的选择。随着中国市场消费升级，消费者结构、渠道和传播手段都出现了巨大变化。目前市场上出现了更多的细分品类和产品，饮料品牌层出不穷，消费者拥有了更多选择，随之产生的需求和期待也有所提升。其次，随着国民生活水平的提升，健康、安全、高品质成为消费者主要的追求。这迫使很多企业发展中高端市场，以获得更大的利润空间，来应对消费升级和成本不断上涨。雀巢方面，银鹭花生牛奶和八宝粥业务这两块业务主要针对国内3～5线市场，产品较为成熟，进一步优化的程度有限，对于消费者的吸引力持续下降；雀巢在中国的水业务中，全球品牌“雀巢优活”和本地品牌

“大山”“云南山泉”等也属于大众品牌，在市场表现上，均不属于高增长业务范畴。

三是新零售商业模式的冲击。随着中国大数据时代、互联网经济的飞速发展，新零售作为一种新型商业模式受到越来越多的认可。新零售即将线上与线下融合，消费者可以线上选择，线下体验。新零售还可以结合大数据来对消费者进行画像，提供更具针对性的服务。新一代年轻人生长在互联网时代，拥有更为丰富的精神资源和更加开阔的眼界，更愿意在网上购物，体验新鲜东西。为更符合年轻人的消费模式，雀巢开启以消费者为核心全面数字化的转型之路，而这正是银鹭花生牛奶和八宝粥业务所欠缺的。银鹭在市场上销售数十年，渠道较为成熟，采用大经销商模式，渠道不畅通，广告、促销缺乏新意，消费者沟通下降，几乎处处都在新零售模式的冲击下，市场业绩反应不佳。高质量发展以创新为驱动要素，雀巢出售反响不好的业务，专注新的、符合市场预期的领域，是实现企业高质量发展的前提。

四是符合企业战略调整方向。2017年施耐德上任，这位医疗保健背景出身的CEO专注于新的消费者趋势和健康护理业务，将调整占营收约10%的产品组合作为战略目标之一，开始重整品牌和战略，对市场表现不佳、增长率不高的业务进行剥离，并进入新的健康护理业务领域，力求克服传统业务的增长缓慢局面。施耐德在2019年业绩说明会上透露：“雀巢将采取进一步措施，解决表现不佳业务，投资给增长更快、利润更高、更契合行业发展趋势、更能满足年轻消费者的高端产品。雀巢一系列的买卖交易都从自身产业链的角度考虑，以达到利益最大化，高端化及科学健康领域会成为其产业发展的重点，为雀巢提供可持续发展动力。”无论是雀巢出售银鹭两大业务，还是剥离低端水、重点发力高端水领域，强化对健康领域的投资，既是出于对市场趋势的判断，也是符合企业战略的选择。

分析雀巢的战略调整举动，结合其战略调整思路，有几点值得反思与借鉴：

一是企业并购风险与收益并存。并购带来新业务的同时，未必会带来新的生机。从产业链的角度并购企业，会给企业带来“1+1 > 2”的效果；而盲目并购会加大企业运营成本，反而会拖累企业自身的发展。雀巢对银鹭的改造失败，并快速断腕，正体现了这一点。雀巢未对银鹭产品进行有效的升级改造，而是更多地将银鹭视为即饮咖啡的生产工厂，导致银鹭的现金牛产品在市场表现上乏力，逐渐沦为“瘦狗”产品。换个思路想，如果雀巢能够及时关注并紧跟市场变化，银鹭花生牛奶和八宝粥产品在消费者认知中正是雀巢准备着力的健康领域的产品，并且在行业内处于领头位置，拥有较高的市场占有率，采用恰当的营销手段，其业绩未必不会逆风翻盘。

二是企业做好市场调查至关重要。研究消费者结构和市场趋势，并根据趋势适时调整企业发展模式，才能更好更快应对市场变化。以雀巢出售的几大业务为例，在互联网经济、奶茶经济的普及下，银鹭花生牛奶和八宝粥之类的产品不再是广大消费者眼中的明星产品，业绩受到压力成为必然。从中国市场的角度来看，瓶装水行业正出现高端化的趋势。里斯咨询公司在2019年8月发布的《里斯咨询瓶装水行业报告》显示，中国瓶装水消费市场的格局，正从金字塔形向纺锤形演变，即低端瓶装水逐渐萎缩，而高端瓶装水正在兴起。如此而言，在市场发生巨大变化的背景下，如果不能及时跟进，调整业务结构也不失为企业破局的一种思路。

三是创新是企业发展的第一驱动力。在当今世界不稳定和不确定性显著上升的背景下，中国市场坚定不移地践行开放理念，加快构建以国内大循环为主体、国内国际双循环相互促进的新发展格局，通过科技创新、模式创新、供应链合作等手段推进消费提质升级。中国市场体量巨大、市场活性高、竞争压力大，唯有创新才能在市场中保持良好地位。以雀巢为例，雀巢积极跟进政策方向及消费趋势，响应“健康中国2030”号召，以消费者高体验感为核心，不断优化产品组合，丰富产品内容，提升产品质量，创新服务方案，以更加年轻、多样、健康的状态来应对市场的挑战，用实际行动促进企业高质量发展。

四是企业应关注自身核心业务。核心业务是企业创造价值的源泉，从战略的角度，找准着力点，精准发力，方能立于不败之地。2020年，雀巢在中国即饮咖啡市场上以42.6%的市场占有率排名第一，几乎占据即饮咖啡领域的半壁江山，是第二名三得利咖啡7%的市场占有率的6倍有余，并连续多年保持两位数的增长。即饮咖啡作为雀巢的王牌产品，在此次对于银鹭的资产剥离中得以保留，这正是雀巢这个“买卖”型企业的高明之处。有舍有得，专注自身高质量发展，对于不符合自身需求的业务断然剥离，对于核心业务紧握在手，是雀巢在百年历史发展中始终保持在较高水准的秘诀之一。

案例四十二

联合利华斥资1亿欧元在江苏太仓打造旗舰型食品基地

案例概述[*]

2020年6月24日，世界500强企业联合利华太仓生产基地扩展升级仪式举行，联合利华将斥资1亿欧元在此间建设全新生产基地，并升级为联合利华中国食品生产基地。据悉，这是拥有和路雪冰淇淋、立顿茶、家乐调味品的联合利华近年来最大的一笔食品投资，是联合利华中国20多年来在冰淇淋领域的最大一次调整。

1. 首创冰淇淋柔性生产线

1996年，联合利华旗下和路雪品牌在太仓投资建设了一期项目，可实现42000吨的冰淇淋年产能力，此后，联合利华分别于2003年和2013年对原工厂进行设备改造和扩容升级，以进一步提升冰淇淋的产能。2020年6月24日启动的升级，不仅将对标连通端到端价值链的“灯塔工厂”，严格按照LEED绿色建筑评价体系的标准建设，还将首创冰淇淋柔性生产线。

此前，冰淇淋的柔性化定制在全球范围内没有先例。联合利华已在家庭和个护产品线上部分实现了柔性生产线，可做到不同包装规格、不同品种之间的无缝切换，但冰淇淋属于食品领域，工艺技术更加复杂、卫生安全要求更高。升级后的太仓工厂将采用最高标准来建设，达到智能化、数字化、柔性化的目标，以适应未来品类繁复的个性化定制、跨界生产的需求。

据悉，项目新址位于太仓高新技术产业开发区广州路北、人民路西地块，项目占地面积近100亩，包括生产车间、仓库、办公及辅房等，项目建成后可形成年产

---

* 本案例摘编自《联合利华斥资1亿欧元在太仓建设生产基地》，百家号·中国日报网2020年6月29日，https://baijiahao.baidu.com/s?id=1670830704738178965&wfr=spider&for=pc；《苏州“对标找差、再攀新高”常态化机制全透视》，苏州市人民政府2020年6月30日，https://www.suzhou.gov.cn/szsrmzf/szyw/202006/82ae62c519fd466f87cbd46ff9701db2.shtml。

冰淇淋15万吨的规模。一期项目仍以和路雪冰淇淋为主，目前预留的100多亩地未来或引入茶包、调味料、食品、个护等品类的生产线，整体项目可支撑联合利华未来5～10年的扩产和投资。

2.联合利华太仓生产基地提质扩容

斥资1亿欧元，联合利华太仓生产基地的提质扩容，是联合利华总部近年来在食品领域最大的一笔投资。为未来10年布局，背后是这家全球500强企业看好中国消费市场、看好中国发展的信心。数据显示，这几年联合利华旗下和路雪品牌在中国市场的冰淇淋销售额每年呈两位数增长。联合利华北亚区食品、冰淇淋和茶品类业务副总裁表示，此前，“拳头”产品可爱多的年销售额已率先跻身联合利华中国“10亿元俱乐部”，2020年，高端产品梦龙成长为该品类第二张进入“10亿元俱乐部”的“王牌”。

据联合利华北亚区供应链副总裁透露，每年上半年都是冰淇淋的生产和销售高峰，受特殊时期影响，位于太仓的工厂在2020年春节期间“停摆”，3月10日开始复工复产，为了赶“进度条”，工厂24小时开足马力。刚刚复工复产之初，很多员工还未回归，联合利华甚至采用了“共享员工”的方式，当地酒店、餐厅的服务人员，来自上海的包装供应商员工都“培训上岗”，终于把产量提了上来，抢回“失去的一个月”。

联合利华亚太区总裁表示：“中国是联合利华全球率先复工复产的市场之一，联合利华全球第二季度的重心是持续增长，太仓的这个项目将成为鼓舞士气的绝佳案例，为全球传递和提振信心。”联合利华始终看好中国业务，未来将继续加大在华尤其是长三角地区的投资，在谋求可持续发展的同时，长远扎根中国市场。“未来十年的发展中，中国市场的增量会占很大比例，我们对中国市场充满信心，对中国消费者、对行业发展充满信心。”

和路雪太仓工厂在20世纪90年代落成，当时从联合利华上海公司到太仓工厂，一路开车需要花4个多小时。20多年过去，长三角区域一体化发展已上升为国家战略，“同心圆效应”日益显现。同样路程，如今开车半小时足矣。而对于联合利华来说，这家外资企业的获得感，不仅在于往返时间的缩短，更在于长三角一体化所赋予企业发展的意义——它为联合利华找到了一条以上海为龙头的长三角区域投资布局路线。

位于上海的联合利华北亚区总部及全球研发中心、位于太仓的冰淇淋及食品工厂、位于合肥的日化工厂……经过这些年的努力，从原材料到供应链体系，从产品到物流体系，联合利华在长三角的发展矩阵已日趋完善，它不仅支撑着长三角地区以及中国市场的销售，不少产品甚至出口到全球。

联合利华亚太区总裁表示，位于上海的北亚区总部主要承担技术研发、财务管理、营销管理等职责，而上海也是测试市场的绝佳舞台。“2018年11月，首届中国国际进口博览会在上海举办，我们从全球市场调集了30多个品牌进场测试，其中一半的品牌2019年已经进入中国，包括花漾星球、花木星球等一批品牌甚至实现了本地化生产，而承接生产的就是合肥工厂。”“太仓生产基地升级为联合利华中国的食品生产基地后，联合利华在长三角的布局将更加深入，有助于我们充分利用所有的资源，更好满足中国消费者的需求。”

案例点评

随着我国经济的高速发展，居民收入水平、生活水平持续稳定提高，消费水平也大幅提高，吸引越来越多外企在我国加大投资、扩大生产规模，联合利华就是其中之一。回顾联合利华在我国发展历程：1996年开辟中国市场，入驻江苏太仓，以和路雪冰淇淋生产、销售为主要业务，随着销量持续扩大，分别在2003年和2013年对原有设备与工厂进行升级改造。2020年，联合利华第三次提质扩容，斥资1亿欧元打造旗舰型食品生产基地，进一步提升其产能，计划将该基地打造成中国食品领域的标杆项目，不仅对标连通端到端价值链的“灯塔工厂”，严格按照LEED绿色建筑评价体系的标准建设，还将首创冰淇淋柔性生产线。联合利华在我国积极调整布局规划、寻求转型升级的过程体现以下五大趋势。

一是我国休闲食品消费市场潜力大，越来越多的外资企业进入中国市场。中国休闲食品行业的发展历程可以分为三个阶段：第一阶段为20世纪70年代至80年代，在此发展阶段物质生活较为匮乏，市场休闲食品消费以国内手工零食为主。第二阶段为1990—2000年，在此阶段主要表现为改革开放下，“舶来品”占据休闲食品市场份额开始快速增加，出现的代表性企业有乐事、上好佳、旺旺、联合利华等。第三阶段为进入21世纪以来，我国居民膳食结构发生巨变且食品消费呈现多样化趋势，消费目的也从温饱向享受转变，随着消费升级，休闲食品消费的充饥性需求减弱，场景化消费逐渐加强。自此，休闲食品成为食品市场上的热点产品，备受消费者青睐。庞大的市场需求，使得我国休闲食品市场规模不断扩大，在国内食品企业茁壮成长的同时，也吸引了大量国外食品企业在我国食品市场进行“角逐”。

二是我国需求导向型市场促使企业探索新业态新模式，满足消费者个性化需求。随着我国居民生活品质的改善，大家对衣食住行各方面的要求都有所提高，尤其是食品，“民以食为天”，城乡居民的食品消费结构正处于从大众化消费向个性化消费转变，人们对食品的口感、味道、外形、热量、原材料等个性化需求迅速增多，促使我国食品行业发展呈现多维度。联合利华首创冰淇淋柔性生产线就是满足需求导向市场的体现，很多年轻人愿意为“个性”买单，定制不同原料、口味、外形、包装等符合自己喜好的冰淇淋。但柔性化定制对企业生产效率的要求非常高，无法标准化大批量生产会导致产量低下，联合利华已在家庭和个护产品线上部分实现了柔性生产线，智能、高效、灵活地满足多样的渠道定制需求，为探索冰淇淋生产新模式奠定了基础。

三是企业发展面向未来，推动数字经济与实体经济深度融合。数字经济是继农业经济、工业经济之后的主要经济形态，也是我国把握新一轮科技革命和产业变革新机遇的战略选择。各类产业与数字技术的融合是大势所趋，但融合程度参差不齐，第三产业数字化程度明显高于第二产业。《中国制造2025》的提出让绝大部分制造企业将信息化、智能化提上日程，加速我国由制造大国向“智”造大国转变。我国制造业发展过程中，也得到了不少来自国际的认可，至今世界经济论坛评选出的“全球最顶尖的智能工厂”——“灯塔工厂”103个，我国占1/3以上。联合利华太仓基地作为其中之一，其发展是其他“灯塔工厂”的缩影。联合利华根据自身发展情况与我国食品市场发展现状，以科技赋能冰淇淋生产和创新，与现有数字技术深度结合，广泛收集顾客需求，快速反馈顾客信息，高效投入生产，通过“智改数转”打造“太仓智造”的领先标准，掌握行业发展先机。

四是企业关注自身效益的同时也担负起社会责任，坚持绿色可持续发展模式。气候变化正在对人类社会构成巨大的威胁，在未来30～40年，人类社会必须解决过去200多年发展所造成的难题，全球都在为了减少碳排放而努力。我国于2020年提出了“双碳”目标，这是我国基于推动构建人类命运共同体的责任担当和实现可持续发展的内在要求而制定的重大战略决策。我国为控制碳排放使用多种软性、硬性环境管制政策，引导企业负担起社会责任，把绿色生产作为目标，通过技术创新、提高效率、更多使用清洁能源等多种方式践行低碳生产模式。联合利华此次升级基地作出承诺：到2039年，严格遵循绿色标准，所有产品从原料采购到销售过程实现净零排放。事实证明，有社会担当的企业有更好的发展前景，更受消费者的喜爱。

五是区域一体化为企业发展提供助力。随着我国成为全球最大的最终消费市场和最大的制造业基地，部分区域的区域一体化进程加速。长三角地区是国内区域一体化水平最高的地区，占有我国16.8%的人口，却贡献了我国1/4的GDP总量，已成为我国经济发展的重要增长极，也为在此发展的企业提供许多便利。长三角一体化上升为国家战略后，其发展迈入新的历史阶段，通过不断增强的网络化效应提高了区域经济发展的“韧性”，正是这一份强劲的“韧性”，为处于长三角地区的企业提供了一份特殊的“保障”，在其面对外部环境恶化、新冠疫情冲击等一系列不确定因素的背景下仍能保持原有的发展步调，这也是联合利华为何能在疫情期间快速恢复生产的重要助力。联合利华太仓基地的这个项目不仅鼓舞了国内各大食品企业，也为全球传递经济复苏的信号。

当然，联合利华在我国发展取得如此耀眼的成绩，不仅靠我国优越的大环境，也离不开其自身积极探索新发展模式。基于此，通过对联合利华在江苏太仓扩建基地一事进行分析，对国内企业、外企大致有三点发展思路值得借鉴。

一是企业要时刻关注市场，了解公众不断变化的需求，及时进行反馈。在网络快速传播各类信息的背景下，大量个性化选项的出现让“众口”变得难调，要同时满足大众与小众的需求不仅考验企业在设计产品前到市场调研的准确性，更依赖于企业后期如何选择分配其有限的生产资源。在竞争日益激烈的市场环境下，企业应该及时抓住瞬息万变的信息，然后立刻调整生产计划，用合适的营销手段回应市场变化。但有时要甄别热点商品是否会“昙花一现”，时常出现一夜爆火又迅速失去市场的产品，如果预测、判断失误，该种商品滞销很可能会影响企业经营状况。在生产热点商品时还要注意以品质取胜，不可一味追求速度，须知大众口碑对品牌评价的颠覆可能只在短短几天内。

二是企业要重视研发创新能力，积极探索未来发展新模式。创新对一个国家、一个民族来说，是发展进步的灵魂和不竭动力，对于一个企业来讲就是生存与发展的根本。随着科技更新迭代的速度不断加快，产品更新的周期也一缩再缩，只有做到“人有我优”，产品才有竞争力。企业拥有“拳头”产品并不代表从此“高枕无忧”，即使已有“人无我有”的专利技术，也要向着品质更优努力。现代竞争力的核心是研发创新，但研发创新前期存在投入大且不确定性大的特点，规模较小的企业可能无法负担，没有科研能力意味着无法转型升级，在市场上的生存空间只会越来越小，陷入恶性发展循环。因此，不论规模大小，企业都要尽可能对研发创新活动投入充足资金。除此之外，企业要积极布局未来发展规划，顺应发展大趋势的同时也要跳出自己的发展舒适圈，勇于探索“无人区”。

三是企业要延长产业链，提升在价值链中的地位。竞争日益激烈的市场中，企业仅靠扩大规模无法抢占市场份额，光靠叠加式的升级换代也无法满足未来的发展需求，企业还需延长产业链，让自己的产业在上中下游均有分布，充分发挥范围经济效应，如联合利华从原材料到供应链体系，从产品到物流体系，已拥有较为完善的发展矩阵。尤其要延伸上游产业，深入基础产业环节和技术研发环节，控制产品更新换代、新产品研发周期。同时也要积极融入全球产业分工合作，更好地利用国际国内两个市场两种资源，努力提升加工贸易在全球价值链中的地位。

案例四十三 “3·15”晚会曝即墨海参养殖放敌敌畏

案例概述*

据2020年“3·15”晚会报道，央视财经记者在山东即墨采访发现，存在“养海参整箱放敌敌畏，南方海参冒充北方海参”的现象。晚会播出后，关于海参养殖的讨论也在激烈进行中，养殖户都期盼着能给该事件一个科学、公正的调查结果。

1.海参养殖竟然使用敌敌畏“清塘”

山东即墨是我国主要海参养殖区域之一，2019年10月，正是海参苗培育期，记者来到了栲栳湾养殖基地，这里有大大小小近百家海参养殖户，在一个池塘边上的草丛里，堆放着近百个玻璃瓶，上面写着：敌敌畏。

记者注意到，每箱敌敌畏重6公斤，按养殖户的说法，记者粗略地计算了一下，每亩池子里大约用了2公斤的敌敌畏。

“清塘务必使用敌敌畏。”一位养殖户这样告诉记者。他坦言，使用多少敌敌畏，完全凭经验。有个池子里刚刚加入了敌敌畏，由于敌敌畏毒性很大，池塘里的螃蟹、鱼虾等生物几乎灭绝。

按照我国《农药管理条例》规定，农药使用者不得扩大农药的使用范围。敌敌畏的使用范围显然不包括海参养殖。可是记者在山东即墨调查发现，在海参养殖中，使用敌敌畏的现象非常普遍。

“清塘”，是海参养殖过程中的一个必要环节，最普遍的方式是把塘底淤泥翻一

* 本案例摘编自《山东全面开展海参养殖排查整治》，农业农村部2020年7月19日，http://www.moa.gov.cn/xw/zwdt/202007/t20200719_6348888.htm；《央视3·15晚会曝光养海参放敌敌畏，即墨迅速组织联合执法查处》，百家号·半岛都市报2020年7月17日，https://baijiahao.baidu.com/s?id=1672432326999635402&wfr=spider&for=pc；《海参水“深”！养海参整箱放敌敌畏，南方海参冒充北方海参》，央视财经2020年7月6日，http://news.cctv.com/2020/07/16/ARTIKt8lf5ZPz72EV37oS1Oa200716.shtml?spm=C94212.PSxrVk3DPcLQ.S91583.1。

遍，再通过长时间暴晒的方式，将淤泥里的有害生物杀死。不过用得最多的灭害剂是生石灰。这种方式是最普遍最科学，也是对环境最友好的清塘方式。

一位养殖户解释，每一茬海参养殖过后，养殖户会想办法清理积留在池塘里不利于海参生长的生物。在清理过程中，不排除有人使用敌敌畏的情况，“使用敌敌畏后，不但要进行大约20天的暴晒，还要清洗池塘，这个过程，基本完成了敌敌畏的挥发和降解，所以在投放海参苗时，池塘内基本就没有敌敌畏了”。

中国水产科学研究院黄海水产研究所研究员、水产病害领域首席科学家王印庚告诉记者，他之前接触过的海参养殖里，都没有用敌敌畏的，被曝光的情况，不排除是个别养殖户在投放参苗前，基于成本考量，用敌敌畏清塘。对于使用敌敌畏本身，王印庚表示，其中也暴露了现行条例、制度、信息不对称的问题。

2.海参养殖换水时需要用抗生素杀虫

在即墨，除了露天水池养殖，还有一种大棚养殖海参苗的方式。一家畜牧兽药水产药品服务中心老板告诉记者，大棚养殖海参在换水的时候，容易诱发疾病，这时就需要使用一些抗生素来预防。

我国《兽药管理条例》明确规定，禁止将兽用原料药拆零销售或者销售给兽药生产企业以外的单位和个人。然而，记者在当地多家水产药店，都买到了一些兽药原粉。

一位兽药店经营者明确告诉记者：“这个（土霉素）130元，含量是98%的。”一些大棚海参养殖户也偷偷告诉记者，他们在养殖过程中，也经常用到抗生素等各种兽药原粉。

3.北参南养“人工增重”，海参养殖的“地域猫腻”

2019年11月，到了海参苗出苗的时间，记者再次来到了山东即墨，发现来这里收购海参苗的，大都是来自南方的商人。

从业者向记者透露了一个鲜为外人所知的行业秘密：由于北方水温低，海参需要3~5年的生长期；而南方水温高，海参会生长得很快，一般三五个月后，就可以当成品捕捞。海参在南方养成后，还会再次大费周折，拉回北方市场加工、销售。

一位业内人士坦承，南方海参会运往北方销售：“基本上都是北方走了，销路都靠北方人，市场里面80%是南方海参。”

4.海参加工过程中加料：用麦芽糊精腌泡

2019年12月，记者来到山东蓬莱湾子口村，这里是国内有名的海参加工基地。在该村较大的一家海参加工厂，车间最里面，摆放着一些白色的泡沫箱，一些看上去颇为黏稠的、漂着白色泡沫的液体，浸泡着海参，散发着甜腥的气味。工厂老板告诉记者，这是在用麦芽糊精腌泡海参。

中华人民共和国水产行业标准《干海参》（SC/T3206—2009）明确规定，在加工干海参的食品辅料中，仅允许使用食盐，不允许使用食品添加剂。

工厂老板承认，在海参加工过程中加料是常有的事。为什么在加工干海参的过程中要用麦芽糊精浸泡呢？原来，仅仅经过两元来钱一斤的麦芽糊精浸泡，一斤干海参的用料就可以减少1/3，其中的利润空间可想而知。

工厂老板还向记者透露，行业内给海参所加的料有好几种，包括盐、糖、麦芽糊精等。“高档的、中档的、低档的都能加工，中档的是料干，低档就是加糖。”

5.官方：抽检海参样品并未检出敌敌畏

2020年央视“3·15”晚会曝光山东即墨海参养殖户在养殖前清理池塘时违规使用敌敌畏和个别农资店无证经营兽药等问题后，农业农村部、山东省委省政府随即作出部署安排，山东省农业农村厅连夜行动，会同当地有关部门，第一时间对违规使用农药清理养殖池塘、无证经营兽药等行为进行现场勘查，调查取证，并印发了《关于针对“315”晚会曝光问题全面开展海参养殖排查整治的紧急通知》，部署开展整治行动。截至2020年7月19日，已排查海参养殖业户1257家，暂未发现在养殖过程中违法违规使用投入品问题。山东省及沿海地方有关部门将及时受理社会举报，调查情况和依法查处情况及时发布。

案例点评

即墨海参事件，是典型的新闻监督、监管、科学、产业之间纠缠的公共关系事件。该事件起点高，由于央视“3·15”晚会的巨大辐射影响力，以及新闻点涉及剧毒农药、以次充好、违规添加等多层次问题而迅速点燃。事后，经过各方对事件充分后续研处，以及对事件进一步剖析，事件信息被填平，事件归于疏解。

事件之后，笔者有幸应邀赴即墨调研事件曲直，深感事实可能复杂，新闻相对集中，受众重点关注，导致传播链的起点和终点经常大相径庭，必须经过反复信息比对，但有时却因话语权不足、关注点转移等因素，导致以误解终局。

在本次事件中，主要集中在三个问题上：养殖中使用敌敌畏；以在南方养殖速生的海参伪装为北方海参销售；在制作干海参的过程中违规添加麦芽糊精。后两项事实清楚，但不涉及食品安全，因此大众关注的焦点更多是在使用敌敌畏上。在此也以敌敌畏为主要事项来剖析。

1.敌敌畏到底能不能使用

如果将时间拉回到2020年事件发生时，专家对这个问题的答案居然是：有点不确定。中国水产科学研究院黄海水产研究所研究员王印庚在接受媒体采访时认为，这件事暴露出我国农药使用中的现行相关法规的矛盾和信息不对称。我国的水产养殖有明确的禁用药名单，但在禁用药名单里，并没有敌敌畏，法不禁止即可为，对于养殖户来说，不在禁用名单里就意味着可以使用。

但与此相反，也有不能使用敌敌畏的相关法规依据。如《农药管理条例》明确要求，农药只能在批准范围使用，不允许扩大使用范围，从这项规定看的话，在水产养殖时使用敌敌畏，又不合规。

此外，专家还认为，各个部门之间的制度规定的矛盾和冲突，对养殖户来说，显然容易造成认知困扰。

在即墨海参事件后，农业农村部迅速发布了《海参池塘养殖生产管理指引》（以下简称《指引》），明确要求：在进行海参养殖时，养殖经营单位只能使用国家已经批准的可用名单中的兽药；使用时，其用法、使用量等必须严格按照说明书要求；绝对不可使用假药、劣药、禁药等；必须定期休药，按制度要求休药。《指引》进一步明确，不得使用敌敌畏等在海参养殖过程中进行消毒。

2020年7月17日，农业农村部又下发《关于加强海参养殖用药监管的紧急通知》（以下简称《通知》），明确要求各地均要在7月至8月间开展一个多月的专项治理行动，在行动中对使用农药如敌敌畏等，使用禁用药、假药、劣药、停用药，或者无证开展相关经营的行为展开全面调查。为肃清海参养殖过程中的用药秩序，进行全方位不留死角的监管，不仅监控和抽查兽药使用情况及过程，而且对养殖环境也展开全面的农药残留抽检，争取全面杜绝相关违法违规行为。

最终的官方结论清晰明确：敌敌畏在海参养殖中属于“禁用药”，不得使用。

2. 监管规则与专业认知的差异

敌敌畏能否用于水产，从科学与管理角度讲，也有相互矛盾的地方。王印庚指出，就敌敌畏本身来说，它的“近亲”敌百虫在水产中可以使用。而敌百虫遇到海水后，就会发生反应变成敌敌畏。可以通俗地理解为，使用敌百虫和使用敌敌畏并没有本质区别。关于这种直接和间接使用的问题，农业农村部在《通知》中并未禁止使用敌百虫，但明确禁止使用敌敌畏。

中国植物保护学会农残与环境专家李义强在接受媒体采访时表示，对农药使用不能“谈药色变”。关于敌敌畏大家都比较熟悉，它的缺点是高毒，优点是降解比较快，半衰期较短，大约在1～2天。如果是在海水等类似的碱性环境中，敌敌畏的存留时间也不长。李义强认为，在农业生产包括种植和养殖生产中，药物的使用都是常态手段；只要在使用中符合相关使用规定，比如在收获前留足停药期，给够农药衰减足够的时间，就能减少农药使用带来的药残风险。事实上，我国农业部门和市场监管部门等，对食用农产品、预包装食品等，均有农药残留监管的完善制度和手段。当专业认知和监管规则有差异时，应以监管规则为依据，因为监管规则的制定，是以留有足够余量的安全保障、必要性、环境友好等各方综合因素评估的结果。

3. 监管部门与被监管对象相向而行

敌敌畏的使用问题，涉及食品安全、环境安全等综合后果，食品安全是首当其冲的结果考虑。《食品安全法》明确食品安全相关各方“共治共享”，即企业作为食品安全主体须承担主体责任，政府部门承担监管职责，社会各方包括消费者和媒体则履行社会监督职责。

敌敌畏事件发生后，当地相关部门虽然压力很大，但依然积极行动，摸清事实，排查风险，积极沟通。当地迅速对新闻报道中的几名涉案人员进行了行政处罚，而且对所在镇主管负责人、农业农村主管部门、自然资源主管部门等相关干部也展开调查。

山东省相关部门、农业农村部等也迅速反应，紧急成立应急工作组，通过调查走访，形成工作方案，全面开展海参养殖排查整治。

山东省农业农村厅牵头，对海参产品、养殖环境、养殖水体、塘泥等进行了针对性抽检。抽样检测的60余批样品，敌畏畏检项，结果均为未检出。此外，山东省农业农村厅还扩大工作范围，举一反三，对全省范围内展开抽检和环境检查，确保海参养殖和水产养殖安全。

社会各方在反复“被教育”中成长。2022年4月，据媒体报道，河北唐山某盐场养殖户在养虾前也使用敌敌畏清塘，然后暴晒注水投苗。一些专业志愿者即前往阻止并向有关部门举报。社会层面的专业认知水平和维护公众权利与食品安全的意识，已经在逐渐形成。

相信有媒体监督、社会关注、规则完善、监管到位，生产者有充分的第一责任意识，农产品生产、农产品安全、食品安全均会越来越得到应有保障。

案例四十四

国家卫生健康委、市场监管总局联合发布42项新食品安全国家标准

案例概述*

2020年10月13日，根据《食品安全法》规定，国家卫生健康委、市场监管总局联合印发2020年第7号公告，发布42项新食品安全国家标准。涉及食品添加剂质量规格标准、食品营养强化剂质量规格标准以及食品冷链物流卫生方面的生产经营规范标准。

1.标准的制定与修订，首先考虑群众健康权益

本次公布的42项标准包括：《食品安全国家标准　食品用香精》（GB 30616—2020）等22项食品添加剂质量规格标准（包括4项修改单）、《食品安全国家标准　食品营养强化剂　肌醇（环己六醇）》（GB 1903.42—2020）等10项食品营养强化剂质量规格标准、《食品安全国家标准　食品微生物学检验　唐菖蒲伯克霍尔德氏菌（椰毒假单胞菌酵米面亚种）检验》（GB 4789.29—2020）等9项检验方法标准、《食品安全国家标准　食品冷链物流卫生规范》（GB 31605—2020）1项生产经营规范标准。标准制定、修订中首先考虑群众健康权益，兼顾产业发展需求，为监管所需；标准技术指标以科学技术和实验数据为依据，检验方法经实验室验证，具备可行性、合理性；标准参考国内、国际相关标准，包括国际食品法典委员会（CAC）、国际香料组织（IOFI）、美国食品化学品法典（FCC）等；标准制定过程充分征求行业、监管部门等意见并公开征求意见，向世贸组织通报。

其中，营养强化剂使用标准主要目的是营养强化、平衡膳食、膳食多样化，弥补食品储存时造成的营养损失，能覆盖较大范围人群。作为强制性国家基础标准，

---

* 本案例摘编自《国家卫生健康委发布42项新食品安全国家标准》，中国政府网2020年10月23日，http://www.nhc.gov.cn/sps/s3594/202010/bb67d8ad8f8c42dc9245ced138f80196.shtml。

规范和科学指导食品强化行为，是为了避免由此引起的营养失衡或营养元素过量问题。近年来，我国食品营养强化剂国家标准还在不断补充与完善，以进一步保障公众营养、促进公民健康、满足人们对营养物质的需要。

肌醇适用于以植物钙镁（菲汀）水解生成的食品营养强化剂肌醇。根据相关理化指标，肌醇含量为97.0～101.0w/%、氯化物≤0.005w/%、铅（Pb）≤4mg/kg、硫酸盐≤0.006w/%、干燥减量≤0.5w/%、熔点为224℃至227℃、灼烧残渣≤0.1w/%，规定干燥温度为105℃，干燥时间为4小时等。

在检验方法中，对肌醇含量、钙、高效液相色谱法、氯化物、硫酸盐、灼烧残渣等项目检验分别作出详细规定。鉴别试验中对试剂和材料、仪器和设备、鉴别方法涉及酸碱性、旋光性、溶解性、醋酸钾鉴别试验、六乙酰肌醇残留物熔点或液相色谱鉴别等分别作了相关介绍。

2.“冷链物流”国家标准弥补行业空白

2020年，新冠疫情暴发，冷链物流被大众熟知的同时也存在很多误解，导致本就基础薄弱、短板较多的冷链物流行业面临新的风险和挑战。本次公布的42项标准中包括《食品安全国家标准　食品冷链物流卫生规范》（GB 31605—2020），旨在规范行业发展，保障食品安全，助力疫情防控。

据了解，有关冷链物流国家标准是以我国食品冷链物流行业现状为基础，以保障食品安全为目的，参考国内外相关法规标准，规定了在食品冷链物流过程中的基本要求、交接、运输配送、储存、人员和管理制度、追溯及召回、文件管理等方面的要求和管理准则，适用于食品出厂后到销售前需要温度控制的物流过程。标准适当增补污染防控相关要求，实现与疫情防控管理措施相互衔接补充，围绕避免食品交叉污染、保护作业人员、严格企业主体责任等三个方面，结合食品冷链物流的特点，在基本要求、交接、运输配送、储存、人员和管理制度、追溯及召回、文件管理等章节均补充了当食品冷链物流关系到公共卫生事件时食品经营者应采取的措施和要求，防止食品、环境和人员受到污染和感染。

中国物流与采购联合会冷链物流专业委员会秘书长秦玉鸣介绍，现有冷链物流领域标准大多数是推荐性标准，部分强制性标准基本属于产品类标准或者生产类标准，其中会涉及部分运输和储存的要求，但是无法完全满足冷链物流行业的需要，并且无论从企业实操角度还是政府监管角度，都急需出台冷链物流领域的强制性标准。冷链物流国家标准的发布，弥补了冷链物流行业强标的空白。冷链物流国家标准的出台，让食品冷链物流行业操作有了“底线”，为国内冷链企业提供行为准则，给相关机构提供监管依据，进一步促进了我国冷链物流行业发展，确保食品安全。

3.国家强制性标准助力“吃得健康”

从“吃得安全”提升到“吃得健康”，是人民群众美好生活的重要内容。党的十八大以来，国家卫生健康委践行“最严谨的标准”要求，贯彻大食物观理念，食品安全和营养健康各项工作取得积极进展。

一是全面打造最严谨标准体系，吃得放心有章可依。食品安全标准是强制性技术法规，是生产经营者基本遵循，也是监督执法重要依据。10年来，组建含17个部门单位近400位专家的国家标准审评委员会，坚持以严谨的风险评估为科学基础，建立了程序公开透明、多领域专家广泛参与、评审科学权威的标准研制制度，以及全社会多部门深入合作的标准跟踪评价机制，不断提升标准的实用性和公信力。截至2023年9月，已发布食品安全国家标准1478项，包含2万余项指标，涵盖了从农田到餐桌、从生产加工到产品全链条、各环节主要的健康危害因素，保障包括儿童、老人等全人群的饮食安全。标准体系框架既契合中国居民膳食结构，又符合国际通行做法。我国连续15年担任国际食品添加剂、农药残留国际法典委员会主持国，牵头协调亚洲食品法典委员会食品标准工作，为国际和地区食品安全标准研制与交流发挥了积极作用。

二是着力强化风险监测评估能力，及时预警维护健康。建立了国家、省、市、县四级食品污染和有害因素监测、食源性疾病监测两大监测网络以及国家食品安全风险评估体系。食品污染和有害因素监测已覆盖99%的县区，食源性疾病监测已覆盖7万余家各级医疗机构。食品污染物和有害因素监测食品类别涵盖我国居民日常消费的粮油、蔬果、蛋奶、肉禽、水产等全部32类食品。这些措施使得重要的食品安全隐患能够比较灵敏地得以识别和预警，不仅为标准制定提供了科学依据，同时为服务政府风险管理、行业规范有序发展和守护公众健康提供有力支撑。

三是主动践行大食物观，助力“吃得安全”向“吃得健康”提升。大力推进国民营养计划和健康中国合理膳食行动。加强对一般人群和婴幼儿、孕产妇、老年人等特殊重点人群的科普宣教，广泛开展合理膳食指导服务。组织建设一批营养健康餐厅、食堂、学校等试点示范。通过社会共治共建，保障群众获得营养知识、营养产品和专业服务，提升食品营养场所的可及性便利性，推动“吃得安全”向“吃得健康”转变。

当下，食品安全问题已经成为人们关注的热点问题，任何营养物质都需要合理添加和运用，才能发挥其最大作用；而且一款食品的品质需要从全方位去判断，才能保证产品生产质量，确保营养均衡。“四个最严”的要求确保了广大人民群众“舌尖上的安全”，而营养膳食国家标准则保障了群众“舌尖上的健康”。

案例点评

按照《食品安全法》，我国食品安全标准是强制执行的标准。除此之外，不得制定其他食品强制性标准。

我国食品安全标准化的工作始于20世纪50年代，主要针对当时存在的食品卫生问题制定单项标准或法规。1953年，原卫生部制定了酱油中砷限量指标，正式开启了对于食品安全指标设置统一要求的序幕。1954年和1960年，我国分别颁布了《关于食品中使用糖精剂量的规定》和《食用合成染料管理暂行办法》，对部分食品添加剂的使用要求进行了规定。

食品卫生标准是公共卫生政策的重要组成部分，是疾病预防的重要手段，包括有毒有害物的限量、生产加工过程的卫生要求、从业人员的健康及其管理要求等。1965年，我国制定了《食品卫生管理试行条例》，这是我国第一次提出的有关食品卫生概念的行政法规，标志着我国食品卫生管理从空白走向规范化，向着制度化建设目标迈进。但由于当时的历史原因和社会环境，食品卫生标准工作并没有因为此项条例的出台广泛开展，直到1977年国家标准计量局批准发布了包含乳及乳制品、茶叶、糖、油、醋等食品产品、食品添加剂、粮食和蔬菜中六氯环己烷和双对氯苯基三氯乙烷限量等14类54个食品卫生标准和12项卫生管理办法，迈开了建立我国食品卫生标准体系的第一步。

在《食品卫生管理试行条例》之后，《中华人民共和国食品卫生管理条例》于1979年8月28日由国务院制定并颁布。全国人大常委会于1982年11月19日发布《中华人民共和国食品卫生法（试行）》；1995年10月30日发布《中华人民共和国食品卫生法》；2009年2月28日表决通过的《中华人民共和国食品安全法》于2009年6月1日正式生效，特点之一是确立惩罚性赔偿制度等。2015年4月24日，《中华人民共和国食品安全法》在第十二届全国人民代表大会常务委员会第十四次会议被重新修订并获得通过，自2015年10月1日正式施行，为我国现行的食品安全法。在我国从事食品研究、开发、制造、销售和餐饮服务等，都必须遵守该法，最严食品安全法规守护舌尖上的安全，便由此起航。

自此，我国食品安全正式进入了法治时代，卫生监督工作和食品卫生标准工作也迈上了新台阶。“六五”期间，我国制定了23类77项国家标准，37项国家内部试行标准，共114项食品卫生标准，32个管理办法。1984—1985年，新制定了一系列检验方法标准，包括28个微生物（GB 4789.1）检验方法标准，75个理化（GB 5009.1）检验方法标准。“七五”和“八五”期间，我国又分别将食品企业卫生规范与毒理学安全评价程序和方法纳入了食品卫生标准体系中，符合我国国情的食品卫生标准体系逐渐成形，我国的食品卫生状况有了长足进步。

1995年《食品卫生法》发布后，对食品卫生监督提出了更高要求。同时随着国民经济的快速发展，改革开放的大门打开，以及中国加入世界贸易组织（WTO），食品卫生标准体系也在不断完善。截至2009年《食品安全法》颁布前，我国食品卫生标准体系发布了包括食品中污染物、真菌毒素、农药残留、微生物等限量标准，食品添加剂以及营养相关要求等基础标准。

在食品卫生标准体系不断完善的同时，其他领域的食品标准化工作也在同步发展。自20世纪70年代开始，不同部门归口管理的标准，特别是行业标准快速发展起来，出台的多部法律法规部门管理文件，在不同领域发挥积极作用。随着2009版《食品安全法》正式实施，我国有食品相关国家标准1951项，行业标准2965项，合计4916项，分别归口于15个部门管理。标准数量众多，在推动我国食品工业标准化工作开展的同时，也突显出标准过滥、过多、交叉矛盾等问题。

2009年第一部《食品安全法》颁布实施后，我国全面实施食品生产许可制度，QS标志开始使用，也就是“企业食品生产许可”的拼音缩写，并标注“生产许可”中文字样。此后我国分别于2015年和2018年对《食品安全法》作出修订修正。这部有着“史上最严”之称的《食品安全法》，加强了对网购、婴幼儿特殊配方、保健等食品的监管要求。而从2019年12月1日正式施行的《食品安全法实施条例》，进一步细化了对保健食品、网购食品等监管要求，并明确禁止对保健食品制定地方标准。

实际上，在原卫生部的组织下，我国以食品安全风险评估为基础，借鉴国际经验，逐步加快食品标准清理整合工作。2008 年，以生鲜牛乳为重点，原卫生部会同职能部门开始清理整合乳品安全标准，从乳制品原产地严防、严管、严控乳品质量安全风险，加强生鲜乳质量安全生产。2009年11月6日，原卫生部、工信部等七部委联合下发《关于开展食品包装材料清理工作的通知》，按照《食品安全法》要求，政府各相关部门要采取明察暗访等方式，对仍继续使用名单中的物质制售食品包装材料及容器的单位和个人，要依法严肃查处。

2010年6月，原卫生部部署食品安全国家标准清理工作，推进《食品中污染物限量》标准修订工作。从2013年起，国家有关部门全面启动食品标准清理工作，邀请消费者参与国标制订，增加公示措施，广泛征求社会各界意见，处理、整理、修订近5000项食品标准，初步形成较为完善的监督管理机制。2019年，我国发布《关于深化改革加强食品安全工作的意见》，坚持“四个最严”要求，围绕人民群众普遍关心的突出问题，严把从农田到餐桌的每一道防线，为广大消费者营造安心放心的饮食环境，助推我国食品产业健康稳步发展。

民以食为天，食以安为先。截至2023年9月，我国已经发布食品安全国家标准1478项，涉及2万余项食品安全指标。当前，我国也正在加紧完善标准之间的衔接配合和引用方式方法，抓紧出台与食品安全标准体系相匹配的食品分类体系等，确保人民群众饮食安全、身体健康。

案例四十五　权健事件引发保健行业整顿

案例概述*

如果说在“权健事件”曝出后，天津成立联合调查组进驻权健核查，束某某等18名犯罪嫌疑人被依法刑事拘留，是让公众看到了法律权威的彰显和市场正义的伸张，那么，以“权健事件”为契机，国家13部门对“保健”市场乱象展开联合整治，则是从更高层面、更深层次体现出“权健事件”的积极意义。

1.百亿保健“帝国”权健的崩塌

2018年12月25日，某自媒体发布《百亿保健帝国权健，和它阴影下的中国家庭》，以一位4岁女孩在治疗癌症的过程中选择权健的产品，之后病情恶化去世的故事，在舆论场上将这个庞大的保健品帝国撕开了一道口子。次日，权健要求该媒体撤稿、道歉，并发去律师函。

不久，天津市成立联合调查组进驻权健集团。

2019年1月1日，天津市公安机关对权健涉嫌组织、领导传销活动罪和虚假广告罪立案侦查。同月7日，权健负责人等18人被刑事拘留。

公告显示，2019年11月14日，天津市武清区人民检察院向武清区人民法院提起公诉，法院立案受理。一个月以后该案开庭。2020年1月8日，天津市武清区人民法院对被告单位权健自然医学科技发展有限公司（下称“权健医学”）及被告人12人组织、领导传销活动一案依法公开宣判，认定被告单位权健医学及被告人束昱辉等12人均构成组织、领导传销活动罪，依法判处被告单位权健医学罚金人民币1亿元，判处被告人束昱辉有期徒刑9年，并处罚金人民币5000万元；对其他11名

---

* 本案例摘编自翟永冠、郭方达《权健案一审宣判 束昱辉被判九年》，百家号 · 人民网 2020 年 1 月 9 日；https://baijiahao.baidu.com/s?id=1655215809682974269&wfr=spider&for=pc；《束昱辉，认罪了》，百家号 · 长安街知事 2019 年 12 月 16 日，https://baijiahao.baidu.com/s?id=1653061023323210914&wfr=spider&for=pc。

被告人分别判处3年至6年不等的有期徒刑，并处罚金；对违法所得予以追缴，上缴国库。被告人束昱辉当庭表示认罪服法。一年之前爆发的“权健事件”宣告落幕，也将分崩离析的权健集团推向绝路。

2. 权健保健集团大起底

权健集团持股75.36%的权健医学，是其直销业务的核心板块，持股100%的天津权健房地产开发有限公司主要在华东布局，天津权健体育俱乐部有限公司则掌控中超球队天津权健。

权健集团由束昱辉、束长京父子共同持股，其中束昱辉持股51.1%，为权健公司实际控制人，束长京持股48.9%，二人同为权健集团的最终受益人。此外，束昱辉是上市公司金财互联（002530.SZ）的股东，曾与公司实际控制人朱文明、江苏东润金财投资管理有限公司是一致行动人，朱文明、东润金财、束昱辉三者合计持有金财互联33.83%的股份。

权健东窗事发后，金财互联火速与之切割，公告说明束昱辉仅为财务投资人，不参与公司运营。不过，这并不能化解市场的质疑，金财互联股价在半个月内跌去20%。12月18日，朱文明宣布与束昱辉解除一致行动关系，但束昱辉仍持有5.47%的股份。

3. 传销带来的社会危害极大

“权健事件”中，最受外界热议的有两个关键点：一个是“传销”，另一个是“保健品”。

“权健事件”以后，监管部门加大对拿牌直销企业的监管力度，公众和媒体更聚焦拿牌直销企业。因此，在2019年度，拿牌直销企业体现出三个“史无前例”：史无前例的低调，史无前例的失声，史无前例的业绩严重下滑。

权健的保健产品从服务中心发货，在权健医院分发，在火疗馆销售，经销商可通过各种渠道加盟。其奖金体系的设计十分复杂，加盟者通过发展经销商，培养多层次和级别的部门，在推广和返本奖金的驱动下不断发展下线。

广东广强律师事务所合伙人表示，从模式来看，直销是指企业向消费者直接的销售，而跳过了相关的经营渠道，传销是无限制地拉人头，组成层级性的金字塔结构。直销是不允许出现层级性的金字塔结构的，也不允许无限制地将消费者变为销售者；而传销带来的社会危害极大，其产品的虚假性会带来虚假宣传、质量危害，侵害消费者权益，其层级性的返利营销系统会扰乱正常的社会经济秩序。

2019年12月12日举行的打击网络传销工作推进会上，时任市场监管总局副局长甘霖指出，截至2019年11月底，全国市场监管部门共查处各类传销案件6715件，同比增长220.22%。

经历2019年严格监管，虽然直销企业的数量并没有减少，但备案产品数量锐减接近一半。截至2019年12月20日，在商务部备案的直销企业有90家，备案产品从2018年的4304种减少到2367种，其中的571种登记类型是保健食品。

“备案产品减少，说明企业参与直销的积极性严重下降。直销企业不再愿意申请新产品，正在申牌的企业纷纷退出了申牌行列。整个行业处在存活和死亡的边缘。”中国市场学会直销专家委员会秘书长龙赞认为，“如果相关部门能够确认对拿牌直销企业放开多层次、直销区域及产品范围这三大根本性关卡，则中国直销行业可以存活、发展和繁荣。反之，紧紧卡住这三个问题不放，则直销行业最基本的构件缺失，失去了发展的基础，那样，往前走会因违规碰壁而死，不前进则是慢慢放弃、退出，最终市场与业绩归零而死”。

据Euromonitor统计，2018年中国保健品的销售渠道中，47.3%是直销，排在首位。在“权健事件”发酵以后，国内的保健行业也迎来整顿，将近3000亿元人民币的市场仍待规范和引导。

4.保健市场迎来整顿

2019年1月8日，多部门联合部署整治“保健”市场乱象百日行动电视电话会议在京召开，决定自2019年1月8日起至2019年4月18日，开展为期100天的执法专项行动。2019年8月20日，市场监管总局发布《保健食品标注警示用语指南》，要求保健食品生产经营者在标签专门区域醒目标示“保健食品不是药物，不能代替药物治疗疾病”等内容。该指南于2020年1月1日起正式实施。同日，国家市场监督管理总局会同国家卫生健康委发布《保健食品原料目录与保健功能目录管理办法》，推进保健食品注册备案双轨制运行，建立开放多元的保健食品目录管理制度，从2019年10月1日开始实施。

数据显示，2018年中国的营养保健品市场销售收入达到2898亿元人民币，增长速度达到18.52%。作为权健的大本营，天津的营养保健品市场占据全国最大的份额，达到33.79%。中老年群体是主要的消费者，60岁以上的消费者占42%，40岁至60岁的消费者占35%。

北京鼎臣医药咨询管理中心负责人史立臣认为，国内的保健品市场非常大，在全球范围内也已经得到认可，是医疗医药的重要补充。要解决行业乱象，除了治理层面，还需要政策上的引导。他表示："保健品在国外叫作膳食补充剂、营养补充剂，主要作用是疾病预防和慢性病康复。在中国还有中药保健品，可以起到调理身体的功能，但不是治病。实际上国家在疾病预防上的投入越来越大，因为疾病预防程度越高，疾病发生率就越低，医保支付压力也相应降低，保健品正可以在这个阶段发挥作用。只有在国家层面对保健品企业和消费者进行引导，才能形成保健品市场的健康生态。"

案例点评

1. 权健事件网络舆情传播呈现三大典型特点

近些年，涉及民生领域的突发舆情事件呈现大幅增加的趋势，这些事件背后反映的是公众对解决民生问题的关注和期许，"权健事件"正是其中之一。

回顾整个事件过程：一篇自媒体发布的文章在互联网平台经由人际传播、大众传播等形式被扩散转发，将有着"保健帝国"称号的权健集团推向舆论风口。随后，在2020年初，相关人员被人民法院依法定罪。在这一事件中，有两个关键词掀起了公众的网络热议——"传销"和"保健品"。由此，监管部门对拿牌直销企业的监管力度进一步加大，并吸引公众、媒体等主体共同关注。通过事件回顾可以发现，以"权健事件"为切口的网络舆情体现出以下三大特点。

一是涉及公众利益诉求的舆情事件关注度逐渐加大。诸如环保、医疗、教育、食品安全等与公众密切相关的领域，尤为受到全社会的强烈关注。可以说，互联网与社交媒体在释放公众社会表达的同时，也加快了舆情的扩散速度，这使得越贴近公众生活的事件越容易得到关注。以"权健事件"为例，其主要涉及医疗健康领域话题，由于保健品市场存在虚假宣传、虚假广告、制售假冒伪劣产品等违法行为，与公众自身生活息息相关，容易成为网络舆论的众矢之的。

二是舆情事件的传播模式由"独立"向"接力"转变。目前，以"两微一端一抖"为主要平台进行"接力传播"成为舆情事件持续发酵的重要趋势。所谓“接力传播”就是指热点事件经由“新媒体平台爆料—微信刷屏—微博跟进—传统媒体报道—新闻客户端打通最后一公里”的网络舆情传播模式。其中，微博具有强媒体属性，扮演舆情前台的角色；微信具有强社交属性，扮演舆情后台的角色。多个平台相互接力，共同推动舆情事件的进展，打破了传统媒体的角色地位和功能发挥。

三是整个舆论场的观点呈现复杂多元的状态。由于不同个体和群体之间的信息不对称，往往容易引发衍生舆情。其中，“搭便车”和“反转”就是比较典型的两种衍生舆情现象。“搭便车”是指网民通过将主舆情与之前发生舆情相勾连，通过贴标签等手法进行类比，再次引起网民热议，例如：“权健事件”发生后，还引发另一保健品巨头无限极公司的自身危机，形成了一种“搭便车”舆情；“反转”则是指舆情事件在一段时间内出现急剧反转的情况，并容易深化网民的刻板印象。尤其是在所谓“后真相”时代，情感/情绪远远超过事实的力量，谣言更易滋生，“翻车”事件频出，引发更多“吃瓜群众”的网络围观。

基于此，国家有关部门开展为期100天的执法专项行动，又称“百日行动”；随后，国家市场监督管理总局等相继发布《保健食品标注警示用语指南》《保健食品原料目录与保健功能目录管理办法》，加大对保健品市场的监管力度，着力解决产品质量问题。通过对国家市场监督管理总局等部门的舆情危机处理策略进行分析，大致有以下三点应对思路值得借鉴：

第一，密切关注各类媒体信息动向，通过舆情信息采集等形式了解公众的基本观点。2018年12月25日，某自媒体发布《百亿保健帝国权健，和它阴影下的中国家庭》一文，引发舆论场持续争议，公众在互联网平台参与保健食品相关话题讨论相对激烈，甚至发起相关话题进行议程设置。此时，市场监管总局等有关部门之间相互配合，实现情况互通、信息共享，主动采取有效措施积极引导舆论，形成官方政府的议程设置，实事求是地叙述基本事实，较好地延续了联合治理工作机制。

第二，主动倾听公众反馈，了解公众的实际需求，积极进行情绪疏导和情感抚慰。比如以权健、无限极等为代表的保健品企业在中国有着较大市场，其中，中老年群体是主要的消费者，60岁以上的消费者占42%，40~60岁的消费者占35%。老年人容易受到小恩小惠的诱惑，甚至分不清保健品和药物之间的区别，从而上当受骗。此时，市场监管总局等有关部门积极采取措施，主动倾听他们的想法，与其交谈自身的实际需求，对于上当受骗的情况予以情绪疏导，并迅速立案调查；同时，对其进行有效的心理抚慰，避免后续执法办案过程中遇到过大阻力。

第三，发挥舆情管理的多种形式，完善并总结宝贵经验做法，最终建立长效的监管机制。在工作开展过程中，广泛向全社会征集意见，不定期向社会公众告知最新情况进展，认真梳理并总结阶段性的经验做法，最终形成全社会共同参与的良好氛围，共同建立长效的舆情监管机制。

2.完善健全法规有利于保健产业健康发展

冰冻三尺，非一日之寒。权健集团的问题在自媒体爆出来之前就客观存在。该事件背后反映了从保健食品、保健器具到保健服务的保健市场行业在我国面临着尴尬的局面。从行业发展背景来看，随着我国人民的人均可支配收入的提升，消费群体更关注自身健康问题，大健康产业的发展、健康中国战略的提出，也给我国的保健市场添加了助燃剂，保健市场蓬勃发展。数据显示，2019年中国保健品行业市场规模达2227亿元，在行业红利的驱动下，有些企业铤而走险，在直销和传销的边缘来回游走。以保健食品为例，依照我国对保健食品的定义，即“适宜于特定人群食用，具有调节机体功能，不以治疗疾病为目的，并且对人体不产生任何急性、亚急性或者慢性危害的食品”，以及广告法、食品安全法等相关法律法规对虚假宣传的规定限制，保健食品作为一种特殊的食品，不用直销的方式很难进行推广。劣币驱逐良币，这种尴尬的局面使得正规企业发展举步维艰，而游走于直销传销边缘的投机企业获得暴利。因此行业不能得以有效规范，无法健康有序发展。

“权健事件”之后，国家监管部门迅速针对保健市场乱象进行整治整顿，获得了积极的社会反响。但我国保健市场行业的健康有序发展不能仅靠临时性、突击性的检查来维系，反思“权健事件”背后暴露出的我国有关保健品法律法规上的漏洞，应从法治角度予以规范，以保证行业健康发展。

（1）当前我国法律法规对直销和传销的定义不明确

直销渠道近年来发展趋势正旺，作为保健食品市场最大的销售渠道，保健品、传销、直销三者几乎总是同时出现。目前我国有两个条例（《直销管理条例》和《禁止传销条例》）对其进行约束，但依然存在诸多灰色地带，其不规范的行为始终没有解决。以《直销管理条例》来说，该条例所称的直销是指直销企业招募直销员，由直销员在固定营业场所之外直接向最终消费者推销产品的经销方式。该条例还对直销企业的注册条件、直销员的任职条件、直销活动等作出了严格细致的要求。在市场经济下，若严格按照此条例管控，势必造成企业营商环境艰难。在这种情况下，部分直销企业模糊了直销的概念，有意无意地进行“擦边球”行为。比如，除了正规的“直销渠道”，以权健集团为代表的企业可能还会委托一些由传销人员组成暗处的“专业团队”操作，这条在暗处的渠道往往带有涉及传销的一些做法和手段，而一旦出现争端，企业往往宣称这些销售员非本企业员工，以“仅存在售卖关系，不存在企业行为”的说法回应公众。

但传销和直销两者行为本身就难以割裂，我国《直销管理条例》中将直销定义为单层级的直销。但参考外国的法律规制对象来看，多层级的直销方式是客观存在的，我国法律文件否定了多层级直销，作为直销牌照发证主体的商务部依据《直销管理条例》仅允许单层级直销，市场监管部门和公安机关则在日常监管中依据最高人民法院、最高人民检察院、公安部联合印发的《关于办理组织领导传销活动刑事案件适用法律若干问题的意见》及《刑法》第二百二十四条默认三层级直销，从而给执法办案带来巨大自由裁量空间。

再者，我国现有的法律文件就传销行为的定义也存在差别。比如《禁止传销条例》对认定是不是传销依据三个特征：是否发展人员；是否按照人员人数或者营销业绩给付报酬；是否缴纳费用为条件取得加入资格。但在《刑法》第二百二十四条中对“组织、领导传销活动罪”的认定为“组织、领导以传销商品、提供服务等经营活动为名，要求参加者以缴纳费用或者购买商品、服务等方式获得加入资格，并按照一定顺序组成层级，直接或者间接以发展人员的数量作为计酬或者返利依据，引诱、胁迫参加者继续发展他人参加，骗取财物，扰乱经济社会秩序的传销活动的”行为。《禁止传销条例》和《刑法》对传销定义的偏差，使得执法机关在执法行为中出现认定标准的偏差，极大地增加了保健行业的监管难度。

（2）保健食品的法律地位本身缺乏足够的科学支撑

在我国监管部门要求保健食品注册申请人开展必要的动物和人群功能试验，证明特定成分与功效之间的量效关系，其初衷是基于“成分一靶向一功效”的现代科学思维设定准入门槛，试图培育出良性市场。然而保健食品有效成分的单位剂量功效明显低于药品，申请人对基础研究和临床试验的投入力度与制药企业亦不具可比性，因此以现有科学手段难以证明量效之间关系。法规一方面禁止治疗疾病的功能声称，另一方面要求像药品一样证明量效关系，两者自相矛盾。

虽然我国监管部门曾给保健食品制定过一系列功能目录，这些功能看似能“诠释”保健食品的空间和地位，但仍然是存在疑问的。保健食品的法律地位和消费者心中的“定位”不符是虚假广告宣传屡禁不止的根本原因，企业只有靠“违法宣传”，产品才有人买。“改善”“提高”这样的定性词语很难进行量化分析，尤其是我国特有的“药食同源”文化背景，企业利用政策漏洞和消费者认知缺陷，大肆生产销售概念模糊的“保健品”。从“权健事件”中可以看出，涉案受害者多为受教育程度较低的老年群体，缺乏客观的科学知识和一定的逻辑常识，相信“民间偏方”和“口口相传”的效果。因此，消费者因为“虚假宣传”中的保健品功效步步走进违法企业的骗局中。

“权健事件”后，商务部全面停止了对直销牌照的审批，2019年后，大部分的直销企业都暂缓了各地的营销活动，以无限极为代表的龙头企业纷纷成立自查小组。2020年11月，国家市场监督管理总局颁布《保健食品注册与备案管理办法（2020年修订版）》。相信国家后续将出台或修订相应法规，充分发挥法治在保健市场行业中固根本、稳预期、利长远的保障作用。

案例四十六　百事公司成功收购百草味

案例概述*

2020年2月23日，百事公司宣布与好想你健康食品股份有限公司（以下简称好想你）达成最终协议，以7.05亿美元（合约人民币49.53亿元）收购后者旗下杭州郝姆斯食品有限公司（百草味品牌运营主体，以下简称百草味）。6月1日晚间，好想你发布公告称，与百事公司关于百草味的交易已完成过户手续，且公司已收到交易对方支付的69797.78万美元（基本金额减去暂扣金额1000万美元）。这意味着，有着国内零食“BAT”称谓之一的百草味，如今已经被纳入了百事公司的版图中。

1.“好想你+百草味”的“好百联姻”

公开资料显示，百草味2003年成立于杭州，是一家集研发、生产、销售、仓储、物流为一体的综合性休闲食品企业，产品包含了坚果、果干、肉脯、糕点、膨化食品等全品类。2016年7月，好想你完成对百草味的并购，这起并购在当时被称为“国内零食电商并购第一案”。2020年2月23日，百事公司对外发布消息，与好想你达成最终协议，以7.05亿美元收购百草味。

《每日经济新闻》记者了解到，百草味董事长于6月1日发布了一封内部信，证实了上述交易的完成，同时表示，此后百草味将作为百事公司亚太区独立的业务经营单元，保持独立运营。“开启合作后，百草味将作为独立品牌继续发挥品牌特色与优势，同时，也将与百事公司一起打造核心能力和协同效应，在全价值链上为业务创造更多的价值。”内部信中称，未来百草味与百事公司的合作将重点围绕在制

---

* 本案例摘编自王子扬《百事公司收购百草味并完成交割，在华投资超530亿元》，百家号·新京报2020年6月2日，https://baijiahao.baidu.com/s?id=1668376996477566507&wfr=spider&for=pc；郑淯心《百事收购百草味交割完毕　好想你获得近七亿美元》，百家号·经济观察报2020年6月2日，https://baijiahao.baidu.com/s?id=1668357064954684336&wfr=spider&for=pc。

造、分销、品牌和创新几个层面。

2.好想你盈利能力受质疑

值得注意的是，出售百草味在给好想你带来充裕资金的同时，也让资本市场对其未来盈利能力产生怀疑。好想你年报显示，2018年公司营业收入59.61亿元，归母净利润1.92亿元。其中，百草味2019年贡献营收50.23亿元，净利润为1.71亿元，百草味营收及净利润占比均达80%以上。

深交所曾向好想你发出问询函，要求好想你详细论证出售百草味的交易是否有利于增强公司持续经营能力。好想你公司董秘就此曾对外表示，会更加聚焦健康食品领域，除了继续深耕红枣细分行业外，不断拓展健康食品种类，通过“星火计划”项目对现有商业模式进行升级，投资并购优秀的健康食品标的，继续做大做强主业。

而自好想你2020年2月23日发布公告拟出售百草味后，其股价也经历了较大波动。其中，2月24日，好想你股价创下历史新高，最高时达到12.22元，但在此后便间歇性回落，加之受后续疫情等因素影响，至4月，好想你股价最低时为8.53元。截至6月1日收盘，好想你股价为10.89元，较2月24日收盘价下跌10.88%。

3.牵手百草味，百事“植根中国”

百事公司在华运营已近40载，是首批进入中国的跨国企业之一，在华拥有7家食品工厂，18个土豆农场，以及北美之外最大的顶级研发中心——百事亚洲研发中心。多年来，百事公司一直秉承“植根中国，服务中国，携手中国”的战略，积极投身于中国的发展进程，参与了一系列慈善项目，包括水、营养、教育和女性发展等。百事公司在华一直推行本土化策略，在产品研发上推陈出新，根据消费者的需求和喜好，不断推出时尚爆款产品。从产品口味、成分、包装等方面，推崇“专门为东方”的策略。

百事公司亚太区首席执行官表示：中国是百事公司最重要的全球市场之一，牵手百草味是百事公司“植根中国，服务中国，携手中国”战略的一个重要的里程碑。随着百草味的收购，百事公司过去10多年在华的投资超过530亿元人民币。百草味丰富的产品品类、轻资产和聚焦电商的模式与百事公司中国的现有业务高度互补。百草味卓越的直营终端消费者能力将助力百事公司实现线上市场的增长。同时，也能通过百草味本土品牌的特色为百事公司带来多元化的产品组合，适合于线上线下多渠道分销。“此外，我们期待借助百草味的品牌创新和消费者洞察能力推动百事公司其他主要市场的创新和发展。”

好想你董事长则在一份通报中表示，作为全球领先的饮料和休闲食品公司，百事公司深耕中国多年，拥有强大的渠道和创新能力，相信百事公司将带领百草味实现进一步增长。“我们很高兴能与百事公司达成最终协议。”未来，好想你将聚焦红枣主业，拓展地方特色农产品，围绕红枣延伸产业链、提升价值链、打造供应链。

关于这次出售的目的，好想你表示，“可以获取丰厚的财务回报以及支持未来发展的充裕资金”，包括合并报表层面获得收益近36亿元，对净利润贡献26.6亿元。此外，交易“有利于集中资源聚焦发展健康食品细分领域”。

案例点评

回顾整个事件，2020年2月底，百事公司宣布与好想你达成协议，将以近50亿人民币收购其旗下的百草味。本次收购于2020年6月1日已完成过户手续，交易完成后，百草味将作为百事公司亚太区的一个业务经营单元保持独立品牌和独立运营。笔者对于此次收购事件有以下几点看法。

首先，百事公司作为零食和饮料的行业领导者，通过这次收购进一步拓展了休闲食品版图。在碳酸饮料领域经过多年的竞争，可口可乐的市场占有率仍然大大高于百事可乐，基于此，百事公司实施了“零食+饮料”的多元化战略。对于百事公司来说，亚洲的零食市场还有较大的增长空间，此次收购之前就已于2019年7月收购了五谷磨坊26%的股权，成为该公司第二大股东。在中国的休闲食品行业中百草味的市占率达11%，收购百草味可以使百事公司在中国的零食市场上占据更多的市场份额，实现更多元化的产品品类，也是百事公司“植根中国，服务中国，携手中国”战略的一个重要的里程碑，显然中国已经成为百事公司最重要的全球市场之一。且百草味在中国拥有强大的线上市场，其成熟的线上销售能力和直营终端消费者的能力可以助力百事公司线上市场的发展。

其次，从百草味来说，百事公司强大的线下分销能力正是其所需要的。随着三只松鼠、良品铺子的陆续上市，休闲食品行业不断有新企业进入，竞争日渐激烈，百草味的线上销售优势逐渐降低，而在三大零食巨头中百草味的线下销售渠道相对较弱，所以拓展线下渠道是维护其市场地位的重要途径，百事公司强大的线下分销能力正是百草味所需要的。此外百草味也能借助百事公司强大的品牌力、渠道力、创新力以及遍布全球的供应链，推动公司在品牌、产品、渠道、经营管理等方面的进一步发展。此次“双百”联合可以使双方形成优势互补，通过打造核心能力和协同效应，双方能在全价值链上为业务创造更多的价值，创造一个全渠道的实体为广大消费者提供实时的服务。

最后，对于出售百草味的好想你来说，通过此次交易可以获得充足的资金来聚焦红枣主业的发展。好想你主要从事于红枣产品的研发、采购、生产和销售，收购百草味后，百草味所贡献的营收在2019年已经达到80%以上，而其原有业务占比降到了17%。从百草味的数据来看，2018年、2019年净利率为3.3%、3.4%，净利率一直偏低且低于三只松鼠和良品铺子。随着休闲食品市场的不断发展成熟和资本的青睐，且主要竞争者均已完成证券化，未来休闲食品行业的竞争势必进入白热化的阶段。好想你通过将百草味出售给百事公司，可以获得充足的资金来支持红枣主业发展，拓展地方特色农产品，围绕红枣延伸产业链、提升价值链、打造供应链，集中资源聚焦发展健康食品细分领域来提升自身竞争优势。丰厚的财务回报也可以改善好想你的财务状况，避免休闲零食行业竞争的不确定性带来的风险。

通过这次收购事件可以看出休闲食品行业的发展趋势呈现以下两个特点：

一是休闲食品的消费呈现出个性化、健康化等特点。相关研究指出，当前我国正处于第三消费时代初期，消费者的需求呈现个性化、多元化的特点，他们不仅关注产品本身功能，也对产品的附加价值提出更高要求。对于百事公司来说，百草味所拥有的直达终端消费者的能力可以帮助百事公司更了解消费者的个性化需求，有助于其产品品类的定制化发展。此外，休闲食品的消费还呈现健康化的特点。随着消费者掌握了越来越多的营养知识，人们对饮食健康有了更高的要求，在购买休闲食品时也开始有意识地关注食品配料，“零糖”“低卡”成为休闲零食的销售卖点，原料优质、加工工艺规范等食品健康要求逐渐推动着休闲食品行业朝着健康化的方向发展，百事公司前后两次对五谷磨坊和百草味的收购行为都是向健康食品领域的进一步拓展。

二是休闲食品竞争向线上市场蔓延。百草味的主要竞争对手三只松鼠和良品铺子接连成功上市，而百草味并入百事公司后，三方都具有较强的资金实力，同时不断有新的企业加入，行业进入门槛相对较低，主体数量众多，互联网休闲食品行业的竞争逐渐进入白热化的阶段，包括百草味在内的所有休闲食品企业都面临较大的竞争压力。百事公司收购百草味前，根据Euromonitor数据，2019年中国休闲零食市场CR5和CR10分别为24.6%和36.3%，市场集中度较低，行业竞争较激烈。产品同质化较严重，尤其是中低档休闲食品的同质化程度较高，产品创新不足，以坚果为例，头部品牌三只松鼠、良品铺子、百草味等都有推出小包装混合坚果产品，坚果的种类也较为相似。百事公司大手笔收购百草味，主要目的是希望百草味的线上销售能力能为其带来助力，意味着未来的休闲零食市场的竞争将更多地集中于线上市场，2021年休闲食品行业阿里平台线上销售额已达640亿元，且头部企业的市场占有率持续提升，线上休闲食品市场还有巨大的盈利空间有待挖掘。

从收购五谷磨坊26%的股份到全资收购百草味，百事公司近几年在亚太地区的收购行为显示出其长远的发展战略以及开阔的国际视野，对休闲零食企业的经营管理有一定借鉴意义和启示：

一是推进线上销售和线下销售融合发展。休闲食品行业的销售模式可依据线上和线下两种渠道来划分，线上渠道主要包括天猫、京东、拼多多等电商平台，线下渠道主要包括零售商超渠道（包括商超、便利店、小卖部、批发市场等）和独立连锁门店两种模式，此外线下渠道还包括企业直接向个人及企事业单位销售的模式。百事公司收购百草味可以实现线上和线下销售能力的互补，有利于线上与线下的融合协调发展。在互联网时代，电子商务发展迅速，成为零食行业变革的主要动力。休闲食品企业应探索适合自身业务模式的销售渠道，建立线上、线下的全渠道、立体化的销售体系，充分覆盖潜在客户，注重客户的购买习惯以及个性化需求。充分发挥各渠道长处，发挥线下空间优势，树立品牌形象，能够使消费者完成维度更广的产品体验；线上发挥效率及价格优势实现循环复购，线下消费同步带动线上流量。线上销售可以通过电商平台搭建完备的电商销售网络，线下可以同传统卖场、便利店、社区门店等建立长期的战略合作关系，实现“线上+线下”一体化销售。

二是积极研发创新，避免同质化竞争。在产品同质化严重、竞争激烈的休闲食品行业里，能否做到产品品类有效创新、找到产品和品牌的差异化定位成为在竞争中能够占优的关键因素。百草味被百事收购后可凭借百事强大的资金实力和创新资源进行产品品类的研发创新，在竞争中取得优势。首先，产品品类创新需符合消费者认知，通过改变产品形态、消费场所等形成的新品类，如果与消费者的生活和认知习惯发生冲突，就会造成消费障碍；其次，产品品类创新应从消费者出发，精准切入和满足消费者需求的创新品类才能触发购买动机，脱离需求的创新是没有消费者价值的，企业应深入了解消费者心理，以消费者为中心进行创新；最后，产品品类创新应致力于提升消费者体验，良好的消费者体验会获得消费者认同，推动消费者购买形成购买黏性，从而有利于企业产品的畅销、长销。

三是企业在进行跨国收购时，要制定清晰的发展战略、把握收购时机以及注重文化差异。首先，跨国公司发展战略的制定是经营成功的关键。在碳酸饮料市场逐渐萎缩以及欧美市场发展出现瓶颈的背景下，百事公司发展重点放在中国地区，大力发展休闲零食市场，通过两次收购行为拓展产品品类和业务范围，使其在中国的休闲零食市场具有一定竞争优势。百事公司凭借其国际化的视角，制定长远且清晰的发展战略，使其在国际竞争中稳步前进。其次，进行跨国收购时要把握好收购时机。百事公司收购百草味的时机把握得十分准确。随着三只松鼠和良品铺子接连上市，面对具有强大竞争压力的休闲零食市场，好想你并没有强大的资金实力足以支撑百草味在新一轮竞争中取得优势。此时百事公司出资50亿元接手百草味，可以满足好想你、百草味、百事公司三方各自的需求。最后，注重文化差异，采取本土化策略进行管理。本次收购事件中百事公司提出保留百草味原有运营模式的做法，没有强行对百草味的经营模式进行整合，许多国际化企业在进行跨境收购后过多地干涉被收购企业的经营管理，反而阻碍其本身发展。对于国际化企业来说，跨国战略实施中极为重要的一环就是跨文化整合，拥有较强的跨文化整合能力可以使被收购方员工快速建立信任，也能更快适应国际环境。

案例四十七　新乳业完成收购寰美乳业60%股权

案例概述*

2020年5月5日，新乳业召开第一届董事会第二十一次会议，审议通过《关于公司重大资产购买方案的议案》，并于2020年6月16日召开2019年年度股东大会，审议通过《关于公司重大资产购买方案的议案》，同意公司以支付现金的方式购买物美科技、永峰管理、上达投资合计持有的寰美乳业60%的股权，股权转让价款约为10.27亿元。截至2020年7月30日，公司已完成该次交易全部股权转让价款支付以及标的公司股权转让工商变更登记，公司合法持有寰美乳业60%股权。

1.新乳业版图扩大但难掩负债压力

为了收购寰美乳业，新乳业一年内到期的负债合计达到15.5亿元，与此同时新乳业货币资金仅为5.42亿元。粗略估算，新乳业存在10亿元左右资金缺口。与此同时，新乳业市盈率超过60倍，远超同行平均水平。债务压顶下新乳业如何撑起高估值?

新乳业是其时为数不多盈利转正的乳制品企业。2019年前三季度，新乳业营业收入46.57亿元，同比增长10.32%；归属于上市公司股东净利润1.85亿元，同比增长3.7%。第三季度，新乳业单季营收21亿元，同比增长39%；归属于上市公司股东净利润1.08亿元，同比增长45.46%。

新乳业这一盈利水平远超同行业。然而这样亮眼的成绩单，却暗藏玄机。

寰美乳业是宁夏地区乳制品企业，业务覆盖陕甘宁大西北，旗下拥有多家牧场，主打常温纯牛奶、常温乳饮料、常温调制乳等产品。其控股子公司夏进乳业在

---

* 本案例摘编自《新乳业：拟逾10亿元收购寰美乳业60%股权》，云财经2020年5月5日，https://www.yuncaijing.com/news/id_14318895.html；《净利降幅超营收　新乳业并购后遗症频发？》，财联社2020年9月7日，https://www.cls.cn/detail/575958。

西北拥有领先的市场份额。寰美乳业由此成为各家乳企在西北的“必争之地”。

业内人士认为，通过对寰美乳业的收购，新乳业可将西南、西北的战略布局连成一片，立足优质奶源地，巩固西部市场地位，并进一步提升在全国的影响力。

但是，新乳业也难掩负债的压力。2019年三季报显示，新乳业流动负债已经达到41.31亿元。其中短期借款12.38亿元，一年内到期的有息负债为3.12亿元，以上有息负债合计达到15.5亿元。与此同时，新乳业货币资金仅为5.42亿元，其中还有542万元现金处于受限状态。粗略估算，新乳业存在10亿元左右资金缺口。此外，还有三季度新增的16.41亿元的其他应付款新乳业未作出解释。截至三季度，新乳业资产负债率已经达到了72%。

2. 并购背后是盈利的迫切需求

新乳业虽然背靠新希望集团，融资能力有保障，但面临的偿债压力不容小觑。

2020年10月，证监会已经核准新乳业为继续收购寰美乳业剩余40%的股份而发行7.8亿元可转债计划，募集金额将全部用于对寰美乳业的收购。为了完成并购，新乳业新增的长期负债恶化了资本结构。新乳业长期负债比2019年末增加了11亿元，达到15.06亿元。按照当前央行1年至5年期4.75%的基准利率计算，新乳业新增长期负债将增加5225万元的利息。2019年，新乳业全年财务费用支出为6400万元。这样一来，新乳业下一年的利息支出将达到1.2亿元左右。而新乳业近年来全年净利润不过2亿元。照此推算，新增负债对净利润的影响可能达到20%。

新乳业本次收购的寰美乳业和以往并购标的有明显差异。以往，新乳业主要找当地经营有一定资源优势，但处于经营困难的乳企，因此并购成本不高，对新乳业自身的资金压力也较小。但是，这次的寰美乳业却是宁夏老牌乳业公司，生产经营一直处于稳定状态。从公开数据看，寰美乳业营收已经达到了新乳业的1/3。并购策略变化背后，是新乳业对于盈利的迫切需求。

新乳业旗下总共有40家子公司，可以分为两类：一类是乳制品生产及销售公司，均通过并购得来；另一类是主要由公司投资设立的牧场。在40家子公司中，新乳业利润主要来自西南片区的两家子公司。2020年上半年，新乳业净利润8029万元，其中四川新希望乳业有限公司（简称四川新希望）和昆明雪兰牛奶有限公司（简称昆明雪兰）分别贡献净利润3989万元和3101万元，合计占当期净利润的88%；其余30多家公司只贡献了约12%的净利润。

3. 新乳业市场成长空间堪忧

新乳业虽然采用并购策略在全国多地均有布局，但仍未打开全国市场，目前利润池仍然是西南地区。更令人担忧的是西南市场成长空间。2019年四川新希望和昆明雪兰净利润的增速分别仅为3.7%和0.7%。2020年上半年受到疫情影响，四川新希望和昆明雪兰的净利润分别下滑11.2%和18.1%。

一方面是并购标的迟迟不能按照预期释放业绩，另一方面老市场也面临增长乏力境况。这种并购后遗症对新乳业的影响将越来越大。

根据市场预期，新乳业股价对应2020年预计净利润实现的市盈率为58倍。而伊利股份（600887.SH）对应2020年市盈率为32倍，同为地方性低温液态乳制品企业的燕塘乳业（002732.SZ）和光明乳业（600597.SH）市盈率也不足40倍，远低于新乳业。新乳业的高估值一方面是投资者看好其在全国范围内的牧场布局，另一方面也因为投资者对于其有并购预期。但新乳业目前资金链紧张，是否还能继续实行并购策略要打个问号。此外，随着西南地区的增长空间接近饱和，新乳业成长性堪忧。

案例点评

2020年7月，新乳业完成收购寰美乳业60%股权，股权转让价款约为10.27亿元。新乳业起源于西南地区，聚焦低温奶领域，习惯通过并购整合优质资源扩大自身版图，已通过并购逐渐进入华东、华中、华北、西北等区域。寰美乳业聚焦常温奶领域，源于西北地区，在宁夏拥有优质牧场，具有较高的市场占有率和较好的市场口碑。短期来看，新乳业并购寰美乳业会恶化资产结构，造成财务压力，但是经过时间检验，从并购后的财务数据和市场表现来看，该项并购显然是较为成功的。

对新乳业并购寰美乳业背后的动因进行分析，大致可以分为以下几点。

一是乳品市场竞争加剧，常温奶日渐饱和，低温奶前景瞩目。常温奶市场历史较为悠久，经过区域及品类上的高速增长期，已日渐饱和，大型乳制品企业开始转型升级谋求新的出路，占据新的市场领地。蒙牛、伊利等乳制品头部企业逐渐加大对低温奶的投资比重，进入低温奶领域，如伊利在2019年12月推出三款低温新品，正式入局低温市场；蒙牛在2020年10月牵手可口可乐成立“可牛了”，进军高端低温奶市场等，低温奶出身的新乳业面临的市场竞争压力越来越大。随着消费者健康意识不断提升，对富含免疫物质和营养物质的低温奶需求增长显著；同时，我国物流冷链系统设施随着技术发展也逐渐完善，为运输和储存低温奶提供了先决条件。数据显示，2019年国内低温奶市场规模已高达833亿元，同比增长14.7%，疫情更加速了低温鲜奶在中国消费市场的渗透。2019年低温酸奶、低温鲜奶线上销售额同比增幅分别为42.8%和60.8%，低温奶市场不断扩大。为缓解竞争压力，新乳业急需提升自身实力，以快速占领更多的低温奶市场，继续保持在低温奶行业中的领先地位。

二是加强上游奶源布局，搭建区域性的低温奶产业链。低温奶主打的新鲜健康，离不开奶源、供应链、冷链物流的支持。寰美乳业拥有的资源对于新乳业而言是最佳选择，不惜债务高举也要并购。寰美乳业在宁夏的优质奶源牧场拥有8000多头奶牛，我国奶源地域分布不均，而宁夏位于我国黄金奶牛养殖带，正是我国核心的奶源基地。对于成立开始就把目标放在“鲜战略”的新乳业来说，并购寰美乳业，将宁夏优质奶源收入囊中，一方面可以保障奶制品的品质，提升在消费者心中的认知度和满意度，为品牌价值保驾护航；另一方面可以缩短冷链运输距离，不仅提高产品的新鲜度，还可降低运输成本，进一步升级自身产品结构，优化成本管理。此外，受限于牧场奶源，工厂就近、终端冷柜配置以及物流成本效益等原因，低温奶的区域性极强，新乳业加强对上游奶源布局，利用寰美乳业的现有资源，有助于提升市场占有率，扩大整体营收规模。

三是利用寰美乳业市场影响力，快速进入西北地区。随着经济社会的不断发展，人民物质生活水平逐渐提升，消费者对于健康的诉求逐渐增加，奶制品逐渐成为消费者的日常基本采购产品。本土乳制品品牌相较于全国性知名品牌而言，具有天然的奶源优势，本地消费者认知度和忠诚度较高。寰美乳业是宁夏地区单体规模最大、市占率最高（当地超过50%）的区域性乳制品企业，其业务覆盖陕甘宁大西北，旗下拥有多家牧场，主打常温纯牛奶、常温乳饮料、常温调制乳等产品，尤其是旗下的夏进更是其中的头部品牌，是各家乳企在西北的“必争之地”。新乳业并购寰美乳业，可以将其“鲜战略”纳入夏进现有的产品和渠道，将形成有效的互补合力，对新乳业联合西南、西北战略布局，进一步巩固在西部市场的领先地位提供巨大的发展动力。

新乳业一贯的并购模式和此次并购寰美乳业的做法，为我国企业并购带来以下几点值得思考和借鉴之处。

一是并购要符合企业未来发展方向。企业成长有主要依赖自身积累的内生增长模式和主要利用外部资源的外生增长模式。新乳业实行外生增长模式即更多采用并购整合的发展模式，其优势在于可以调整标的企业的产品结构，将自己占优的产品导入，从而改善毛利率水平；还可承接标的企业的品牌、渠道等优势资源，保持较低水平的费用投放，有效提升盈利水平，实现较强的协同效应。过去10多年，新乳业以自身“鲜战略”为导向，积极采取对外合作，开展围绕奶源、区域布局和生态布局三个方面的系列投资，兼并收购多家区域性乳企，整合10多个主要乳业品牌，业务市场遍布全国各个区域，这些都为新乳业低温奶市场全国布局奠定基础。因此，制定企业战略蓝图，有目的地进行并购，是值得并购企业关注和学习之处。

二是并购双方形成互补。新乳业并购寰美乳业无论是区域互补、产业链互补，还是用户互补上，都称得上是一次较为成功的并购。在区域互补上，新乳业主要业务布局在西南、华中、华东、华北等地区，而寰美乳业在西北地区具有较大影响力，该项并购有效弥补了新乳业在西北地区的空白，有效拓展了区域市场。在产业链互补上，新乳业可以利用寰美乳业在宁夏的优质牧场奶源，进一步扩大“鲜战略”低温奶的产业区域布局，提升其市场品牌价值。在用户互补上，寰美乳业在西北地区拥有较多的本土忠实消费者，新乳业并购寰美乳业后，可以保留寰美乳业旗下的优质品牌，并结合自身的先进技术为该品牌原有产品进行创新，如以常温奶为主的夏进，可以通过技术创新进军低温奶市场，在巩固原有消费者的基础上，发展新一批产品消费者。

三是要坚持价值并购。企业作出并购决策时，应当要考虑并购能否增强企业竞争力、厚植企业盈利能力。虽然以巨额现金并购在短期会恶化资产结构，给企业带来巨大的资金压力，但当企业做好充足准备，并经过合理评估后能够承受和消化这种风险时，对发展有利的适度比例负债是可以接受的。数据显示，2021年，即夏进乳业进入新乳业体系后，首个完整的财务年度，夏进乳业的营收增长了18%、净利润增长超过20%。2022年上半年，寰美乳业营收为9.67亿元，占新乳业总营收的20.23%；同期寰美乳业净利润为7363.84万元，为新乳业贡献了38.96%的净利润；从销售区域来看，新乳业开始全国布局，2022年上半年，新乳业在西北地区的营收为7.6亿元，占总营收的15.9%。这足以说明新乳业并购寰美乳业在市场业绩上取得较为不俗的成绩。

四是并购要量力而行。虽然通过并购能够整合优质资源，帮助企业进入新的产品或者市场领域，强化企业的竞争力和抗风险能力，但是并购也会骤然加剧企业的资金压力，对并购后企业的生产、经营、管理上都有更高的要求，使企业面临巨大的整合压力，影响企业的业绩。企业兼并购要充分考虑市场前景和经营状况，结合自身实力及发展战略量力而行，切忌贪大贪快进行盲目并购。新乳业并购寰美乳业虽然耗资巨大，但是其自由现金流较为充足，早早布局了自己的物流冷链系统。并购寰美乳业后，不仅可以通过协同效应减少物流运输成本，还能不受奶源地距离和物流条件的限制，帮助企业扩大产能，占领市场份额，另外可以通过旗下的物流公司承接其他业务，提升公司盈利。正是新乳业有如此底气，才敢高举债作出其并购史上最大规模的并购方案。

案例四十八 市场监管总局公开征集保健食品功能目录意见

案例概述*

2020年11月24日，市场监管总局就《允许保健食品声称的保健功能目录　非营养素补充剂（2020年版）（征求意见稿）》公开征求意见，其中除了目录外还包括了《保健食品功能评价方法（2020年版）（征求意见稿）》以及配套的《保健食品功能声称释义（2020年版）（征求意见稿）》《保健食品功能评价指导原则（2020年版）（征求意见稿）》《保健食品人群食用试验伦理审查工作指导原则（2020年版）（征求意见稿）》。应当说这一系列文件出台，为保健食品打造了一套升级的概念声称体系和评价体系。

市场监管总局官网公告称，根据《食品安全法》及《保健食品原料目录与保健功能目录管理办法》（以下简称《办法》），市场监管总局组织起草了《允许保健食品声称的保健功能目录 非营养素补充剂（2020年版）（征求意见稿）》（以下简称《目录》），包括《保健食品功能评价方法（2020年版）（征求意见稿）》，以及配套的《保健食品功能声称释义（2020年版）（征求意见稿）》《保健食品功能评价指导原则（2020年版）（征求意见稿）》《保健食品人群食用试验伦理审查工作指导原则（2020年版）（征求意见稿）》。同时，鉴于原卫生部已不再受理审批抑制肿瘤、辅助抑制肿瘤、抗突变、延缓衰老保健功能，原有的促进泌乳功能、改善生长发育功能、改善皮肤油分功能与现有《办法》规定的保健功能定位不符，上述功能不再纳入允许保健食品声称的保健功能目录。对于其他已批准的尚未建议纳入《目录》的保健功

---

* 本案例摘编自《关于公开征求〈允许保健食品声称的保健功能目录　非营养素补充剂（2020年版）（征求意见稿）〉意见的公告》，中国政府网2020年11月29日，https://www.gov.cn/xinwen/2020-11/29/content_5565718.htm；《国家市场监督管理总局国家卫生健康委员会国家中医药管理局关于发布〈保健食品原料目录营养素补充剂（2020年版）〉〈允许保健食品声称的保健功能目录营养素补充剂（2020年版）〉的公告》，重庆市市场监督管理局2020年11月26日，http://scjgj.cq.gov.cn/zfxxgk_225/fdzdgknr/jdcj/spaq_1/jczdbz/202112/t20211214_10163580_wap.html。

能，保健食品注册人应当按照《办法》及后续配套的监管要求纳入《目录》。现面向社会公开征求意见，公众可以分别通过以下途径提出意见建议：

一是关于《允许保健食品声称的保健功能目录　非营养素补充剂（2020年版）（征求意见稿）》《保健食品功能声称释义（2020年版）（征求意见稿）》的意见建议，请通过电子邮件发送至电子邮箱：bjspzqyj@163.com。

二是关于《保健食品功能评价指导原则（2020年版）（征求意见稿）》《保健食品人群食用试验伦理审查工作指导原则（2020年版）（征求意见稿）》的意见建议，请通过电子邮件发送至电子邮箱：gkzqyj126@126.com。

公众还可以登录市场监管总局网站（http://www.samr.gov.cn），通过首页互动栏目中的“征集调查”提出意见建议，或者将意见建议邮寄至：市场监管总局特殊食品司，北京市西城区北露园1号，并在信封上注明“《允许保健食品声称的保健功能目录　非营养素补充剂（2020年版）（征求意见稿）》公开征求意见”字样。

公开征求意见截止日期为2020年12月23日。

案例点评

1.功能声称的调整变化

长期以来，涉及保健功能，行业面临着两个困扰：一是消费者不明白，搞不清保健食品和药品的区别；二是企业说不清，一个名词或词组的定义难以表明产品的属性。

以往的保健食品相关正式文件中从未对保健功能进行过定义或解释，仅在2016年原食品药品监管总局发布的一份《关于保健食品功能声称管理的意见（征求意见稿）》中出现过6项功能的释义，但最终并未正式发布。于是，市场上消费者望文生义，企业自说自话，最终产生了很多不当宣传甚至违法欺诈的行为。现行政策中，监管部门往往告诉企业不允许说什么，而对于可以说什么并没有规定。这看似宽松，实际上是把企业话语权约束在单纯功能的名称当中。

保健食品市场中产生的很多不当宣称的问题根源，在于行业没有建立起完整的声称规范。而《目录》及配套文件的出台，将会引导企业好好“说话”，从而有效地改善保健食品的市场环境。例如，比起现行的“增强免疫力”的功能，《目录》中“有助于增强免疫力功能”的表述就更加精准；还例如，比起现行的“辅助降血脂”的功能，《目录》中“有助于维持血脂健康水平（胆固醇/甘油三酯）功能”的表述就更加明确；再例如，比起现行的“减肥”功能，《目录》中“有助于调节体内脂肪功能”的表述就更加清晰；等等。

《目录》中新的表述加上对于不再审批和定位不符的保健食品功能的精简，无疑会在很大程度上降低保健食品与药品的歧义现象。对24项功能设置“释义”是在保健食品科学性上的重大进步，起码能让“蓝帽子”的背书更有底气，让企业在宣传功能时不会信口开河。应该明确，功能声称的调整是行业的利好。《目录》及相关配套文件给出了一套有释义、有评价方法、有审查规范支持的声称体系，这样企业得到的就是有空间、有方向、有界限的产品宣传方式，无疑会对产品营销产生更加有效的驱动力，也有效地阻止了保健食品跨界说治疗的违法行为。

相比于以前的法规规定，《目录》有如下几个方面的变化：

一是27项保健功能缩减为24项。本次征求意见的共有24项允许保健食品声称的保健功能，原有的改善皮肤油分功能、改善生长发育功能，以及促进泌乳功能等与现有《办法》规定的保健功能定位不一致，不再纳入保健功能目录。同时，市场监管总局强调对于其他已批准的尚未建议纳入《目录》的保健功能，保健食品注册人应当按照《办法》及后续配套的监管要求纳入《目录》。

二是17项保健功能必做人体试食试验。《目录》中的24项功能均配有功能评价方法，其中17项功能必做人体试食试验。市场监管总局曾提出“对于一般功能声称，原则上必须通过人体食用验证产品的安全性和保健功能”的思路，意味着全部保健功能可能都会要求做个体试验。不过从目前来看，《目录》延续了以往的试验要求，即包括增强免疫力、改善睡眠、缓解体力疲劳、耐缺氧等7项功能仍然不必进行个体试验。

三是增加保健功能释义。配套文件中的《保健食品功能声称释义（2020年版）（征求意见稿）》堪称本次征求意见的一大亮点，24项功能均配有功能解释及科学性的提示。以“有助于维持血脂健康水平（胆固醇/甘油三酯）”为例，功能声称释义中就细分为了3类，较以往更利于消费者理解。

四是保健功能名称调整。《目录》中的24项功能较原有功能全部进行了名称调整，其中表述调整最大的包括现有的减肥和辅助降血脂功能，拟分别调整成“有助于调节体内脂肪功能”及“有助于维持血脂健康水平(胆固醇/甘油三酯)功能”。从而可以更加体现保健食品和药品的区别,也更加科学表述保健功能。

2.功能声称管理是保健食品监管重要内容

虽然公布的《目录》及相关配套文件只是征求意见稿,但是监管部门对于保健食品声称进行调整的思路已经十分明确。这个《目录》从规范声称入手,从解决营销中不当宣传行为落地,抓住了保健食品行业监管的牛鼻子。

可以肯定,一旦文件开始落实,带来的必将是对营销环节对于产品功能声称的严格监管。由此,作为保健食品企业特别是销售企业,应当尽快学习和理解《目录》及配套文件的精神和基本内容,建立起保健食品行业新语境下的新话术。

一是有底气地“说话”。保健食品每个功能背后都有科学的释义,按照释义说功能,就能够理直气壮地阐释保健食品的健康价值,名正言顺地回答“保健食品是否有用”的质疑。

二是有根据地“说话”。比起现行的保健食品声称规定,《目录》及配套文件规定得更加完整和准确,规范地运用好这些声称,就可以避免因望文生义而带来的违法风险。

三是有效地“说话”。现行的保健食品声称监管追求的是不违法宣传,《目录》及配套文件渗透的理念是把产品功能说得更明白,新的规定对产品功能的表述更加详尽,也有更大的宽容度。理解这些声称,特别是结合释义,筛选出相关的典型案例,可能是保健食品企业营销中的新作为。

但是,我们也要看到国外的功能声称相比于我国而言更丰富,且声称的类型也较多。每个国家或地区的声称都是与当地的文化背景、产业发展息息相关的。例如美国基于“有效科学认识”建立的需要授权的健康声称,目前仅批准了12个,有限制条件的健康声称有16个。而膳食补充剂的结构/功能声称则是说明特定营养素或食物成分影响人体结构和功能,或者说明文献报道某个营养素或食物成分维持这些结构和功能机制中的特定作用。这三种声称类型充分说明了美国的功能声称是以“有效科学认识”为基础,而基于企业基础的结构/功能声称则要开放很多。又如加拿大基于风险管理的思路建立的三级声称管理模式,仅需要企业进行备案的单成分专论已经有230个,产品专论有44个,这种模式类似于我国保健食品原料目录的监管方式，可能更有参考价值。与我国监管方式类似，需要审批的欧盟的健康声称中，一般性健康声称有235个，降低疾病风险的声称有14个，涉及儿童发育与健康的声称有12个。澳大利亚补充药品由于其国家层面的推广，透过跨境电商的方式逐渐成为澳大利亚出口中国的重要品项，其相应的补充药品的声称（适应症）包含了15个类别，依据人体的功能系统进行分类，其中与一般健康或身体部位有关的就有175个声称，而且声称中含有的中国传统中药声称也有131个，整个声称合计有978个，丰富的功能声称也成为澳大利亚补充药品在我国跨境电商销售火爆的重要原因。日本在进行特定保健食品改革后，从营养机能食品、功能标示食品、特定保健用食品三个类别不断地丰富功能声称，给予企业更大的自主权和选择权，这成为日本保健食品类发展壮大的重要因素。韩国更是基于原料审批的基础，透过原料和产品的功能声称结合，在生理活性机能方面为企业创造更大的个性化选择，已经批准了31个功能声称。

功能声称是保健食品的根基，功能声称的调整，关乎企业的切身利益，关乎保健食品高质量发展的进程。因此，学习新政，让保健食品新的声称监管驱动产品宣传的升级、营销模式的创新，是企业应当及早入手的举措。

案例四十九

鸡西酸汤子中毒事件致死9人的警示：慎吃酵米面类食品

案例概述*

2020年10月5日早上，黑龙江鸡西一家庭共12人参加聚餐，家里长辈9人全部食用了酸汤子，3个年轻人因不喜欢这种口味没有食用。中午，9位食用了酸汤子的长辈陆续出现身体不适，并送往医院治疗抢救。10月10日，经抢救无效，7人陆续死亡。12日，中毒事件死亡人数升至8人。2020年10月19日中午，黑龙江鸡西酸汤子中毒事件最后一名中毒者经多日救治无效，不幸去世。现已查明，致病食物是被致病菌污染的酸汤子。

1.为什么酸汤子毒性这么强

酸汤子是东北地区的特色小吃，是把玉米碎用冷水浸泡发酵后，磨成糊糊状的水面，然后用这种面做成一种粗面条样式的发酵米面食品。

本次事件中，几人中毒住院后，医生首先在当天的酸汤子中检测出了大量的黄曲霉毒素。不过经过分析，医生认为他们的中毒应该是另有元凶。因为黄曲霉毒素虽然会出现在霉变的谷物中，并且毒性也很强，但带有黄曲霉毒素的食物吃起来会有明显的苦味，而且致死量的黄曲霉毒素一般都出现在食物的自然霉变过程中，自制食物中出现致死量的黄曲霉毒素概率很小。

深入调查后发现，导致一家9口人中毒身亡的元凶应该是一种名为椰毒假单胞菌的微生物，准确地说应该是这种微生物的代谢产物——米酵菌酸。

---

* 本案例摘编自《痛心！黑龙江鸡西“酸汤子”中毒事件死亡人数上升至9人》，百家号·央视新闻2020年10月20日，https://baijiahao.baidu.com/s?id=1680975833509745326&wfr=spider&for=pc；吴采倩、张丛婧《黑龙江鸡东“酸汤子”中毒事件背后：米酵菌酸中毒致死率超50%》，百家号·新京报2020年10月20日，https://baijiahao.baidu.com/s?id=1681076243014368541&wfr=spider&for=pc。

2. 真凶：米面谷物发酵过程中产生的毒素

其实就在黑龙江酸汤子中毒事件发生前不久，2020年7月28日，在广东揭阳市惠来县神泉镇一家肠粉店里，11名顾客食用河粉后先后出现中毒症状。最后5人送医院，1人抢救无效死亡。经调查，确认了这些河粉被椰毒假单胞菌所污染。

这种毒素看起来吓人，但你一定对它不陌生。“长时间泡发的木耳不能吃”，这个常识想必大家都知道。2019年，深圳的张女士在吃了家中泡发好几天的黑木耳后，出现了呕吐、头晕等一系列中毒症状。送去医院后，她的肝肾心脏功能已经严重受损。但好在紧急进行了肝脏移植，这才保住性命。泡发的黑木耳和被污染的河粉、发酵的“酸汤子”一样，中毒原因均是这个椰毒假单胞菌。

人们最早在20世纪30年代认识了这种微生物。印度尼西亚特别喜欢发酵类食物，他们那儿有一种“丹贝”，就是用大豆和其他杂粮发酵而成的饼状食品。当地人喜欢吃，又经常中毒。中毒者一开始是呕吐腹泻，再严重的就是头疼、头晕、乏力、抽搐、昏迷，最后因呼吸系统衰竭而死亡。

50年代时，微生物学家正式从丹贝中提取出了这个从未见过的细菌，确定了毒丹贝的罪魁祸首。从1951年到1975年丹贝被禁止生产这20多年的时间里，印度尼西亚因食用丹贝就造成了7216人中毒，850人死亡。

但无论如何，人们总算是确定了米面谷物在发酵过程中会产生这种毒素，并且致死率很高。

3. 如何预防椰毒假单胞菌食物中毒?

一是并不是任何发酵制品都值得担心。比如在家做馒头、酸菜、酸奶等，就不需要担心椰毒假单胞菌食物中毒。一般情况下，其实椰毒假单胞菌有很多弱点。首先它并不是任何时候都能大量繁殖，需要22℃至30℃左右的气温。在鸡西酸汤子中毒事件发生后，当地警方立即开展了调查，结果发现这碗酸汤子竟然在冰箱里冷冻了一年之久。虽然冰箱的温度低，但这显然远远超出了正常的储存时间，米酵菌酸肯定已经在发酵过程中大量产生了。

二是水分。在干燥的环境中，椰毒假单胞菌也很难滋生。这也是为什么我国市场监管局总是提醒大家尽量不自采鲜木耳和鲜银耳。肠粉和河粉也是这个道理。

三是中性的环境。椰毒假单胞菌不耐酸，所以酸菜和泡菜不会被污染。同样的，它也不耐盐，所以咸菜和咸肉也不会出现此类中毒情况。

有关专家特别提醒，将食物煮熟或者是冷藏这些传统方法是没用的。米酵菌酸是椰毒假单胞菌的代谢物，会在发酵的过程中产生。它不是细菌，一般的杀菌方法都没有用。高温的煎炒煮炸也无法让其分解，中毒后没有特效救治药物，病死率达50%以上。吃了之后不中毒的唯一解就是减少摄入量。通俗地说，就是吃着吃着感觉味儿不对了就赶紧吐掉。如果已经咽下去了就尽快催吐，排除胃中的容物。不过，为保证生命安全，最好的预防措施还是不制作、不食用自制的酵米面食物。

案例点评

俗话说，病从口入，民以食为天，如果不小心吃了受到污染的食物，极易导致急性反应，严重时，甚至致人死亡。

1. 中毒原因：米酵菌酸毒素

在鸡西“酸汤子”中毒事件中，经流行病学调查和疾控中心采样，从米面中检测出了高浓度的米酵菌酸，在患者的胃液中也检测到了米酵菌酸，因此否定了之前的疑似黄曲霉毒素引起中毒致死的说法。米酵菌酸（Bongkrekic Acid，BA[1]）是由椰毒假单胞菌属酵米面亚种产生的一种可以引起食物中毒的毒素。食入受到有关毒素污染的食品，可能导致中毒，严重情况下可致死亡。米酵菌酸主要来源于发酵玉米面制品、变质鲜银耳及其他变质淀粉类制品等，误食该物质是引起中毒的主要原因。米酵菌酸的特性有：一是耐高温。米酵菌酸毒素是由椰毒假单胞菌产生的一种能够损害人体肝、脑、肾等器官的细菌。米酵菌素和黄曲霉毒素一样具有很高的耐热性能，一般的烹饪很难破坏它们的毒性，即使100℃的高温煮沸和高压烹饪也无法将其破坏。二是易繁殖。椰毒假单胞菌在天气炎热、潮湿的条件下很容易繁殖并污染食物，导致中毒。三是致死率高，而且没有特效解药。人在吃了被污染的食物2～24小时后就会出现中毒的表现，如恶心、呕吐、腹泻、头晕、全身无力等，严重的会出现肝脾肿大、皮下出血、呕血、血尿，甚至休克，最后死亡。椰毒假单胞菌产生的米酵菌酸中毒后的死亡率也是极高的，尚无特效解毒药物。

除了酸汤子，还有一些食物会引起中毒或危及生命，例如野生毒蘑菇、鱼胆、无根豆芽、黑斑红薯、未成熟西红柿、发芽土豆、生豆浆、发黄银耳。大家一定要知道，提醒自己和家里老人注意。

生活中，人们一般会把没吃完的食物，套上保鲜膜后，放进冰箱的冷藏室。冷藏室温度一般在4℃～8℃，在这么低的温度下，很多人以为细菌就会被冻死了。其实细菌很难冻死，即使放到零度以下的环境也是如此。

根据南极考察的结果，南极微生物普遍生活在-1.8℃～2℃的温度。假如生存环境变得恶劣，比如极端干燥或极端寒冷，细菌还会以孢子的形式继续存活。孢子好比细菌的种子，在遇到合适的环境下，孢子便又变成细菌。所以，冰箱冷藏室对细菌来说，算小菜一碟了。

但冰箱还是有作用的。在低温环境下，虽然细菌不会被冻死，但它的新陈代谢速度会变慢，繁殖速度会变慢，这样就不会在短时间内产生大量细菌。一般食物存放时间不宜过长，因为虽然细菌的繁殖速度变慢了，却没有停止。倘若存上一年，食物内部早已被细菌污染了。

2.米酵菌酸是咋把人“酸”倒的

引发中毒的米酵酸来源于椰毒假单胞菌，这种菌喜欢在发酵的米面和银耳木耳中生活。酸汤子的原料是玉米糁子，正是椰毒假单胞菌生长的温床。奇怪的是，虽然椰毒假单胞菌产生的米酵菌酸有剧毒，可是椰毒假单胞菌本身却是无毒的。米酵菌酸的毒性是从哪来的呢?

原来，人吃下去的东西，需要经过身体分解，变成能量（ATP），然后输送给细胞内部其他地方。在输送过程中，需要一名“快递员”（线粒体ADP/ATP载体），而米酵菌酸会劫持这名“快递员”，导致吃的能量送不到细胞工作的地方，最后细胞内部各个部位都罢工了，人体也就崩溃了，最终就会导致死亡。

3.开水能去除毒素吗?

很多人都有这样的经历，有时候买的东西不舍得吃，或者忘记吃了，等发现时，往往某个地方都发霉了，但又没有全部发霉，扔掉觉得可惜，所以干脆把发霉的地方掰掉后继续吃掉。这种做法好不好呢?

单个细菌其实是极小的，肉眼根本看不到，等肉眼能看到了，通常都已繁殖了几十万个。发霉的食物也是如此，仅仅把看得到发霉的地方掰掉还不够，因为看不见的地方依然有大量细菌和真菌，而这已经在食物内部产生了毒素，食用后依然会对人体造成伤害。

还有一些老人，由于不舍得扔掉发霉的食物，就把坏的地方掰掉，煮一煮，继续吃。但其实这样即使能杀死细菌，细菌产生的毒素却难以除去。比如这次黑龙江鸡西酸汤子中毒事件，殊不知米酵菌酸是不怕开水煮的。而一般因为发霉产生的黄曲霉毒素，其分解温度更是达到了大约280℃，用开水煮根本没用。所以家里的食物发霉了，就一定不要食用了，即使家里老人不愿意扔掉，为了健康和安全，年轻人最好想办法说服他们。

广西疾控通报村民食用“哄抢榴莲”中毒真相：感染副溶血性弧菌

案例概述*

2020年8月26日早上，在广西东兴市万尾金滩海域，一艘装载榴莲的货船发生侧翻。周围村民见状都来下海打捞榴莲，不少人还用车装回家。当时在现场维持秩序的相关部门工作人员，要求村民不要哄抢榴莲。后来，吃了这些榴莲的500多名村民出现腹痛、呕吐、腹泻等食物中毒现象，经救治，中毒人员没有生命危险。9月1日，广西疾控通报，本次案件的真凶为副溶血性弧菌，“榴莲经海水浸泡也有可能被污染”。

1.因食用捡来榴莲出现不适症状

哄抢事件之后的次日，东兴市委宣传部官方公众号通报，截至8月27日10时，东兴市各医疗机构报告因食用万尾海域捡拾榴莲出现不适症状人员523人次，经医学排查，大部分就诊人员只是稍感不适，其中有腹痛、腹泻、呕吐等不适症状者101人，予以对症处理后陆续自行返家。目前留院观察9人，病情稳定。通报同时提醒，请群众停止食用问题榴莲并自行销毁。9月1日，广西疾控中心发布通报，经检测，此次事件是因感染副溶血性弧菌所引起。该微生物常潜伏于各类海产品，其他食物经海水浸泡也有可能被其污染。

广西疾控中心解释，副溶血性弧菌是一种“喜欢”盐的微生物，是一种夏秋季沿海地区食物中毒的重要致病菌。该微生物常潜伏于鱼、虾、蟹、贝类等海产品，偶尔通过盐腌制品或咸菜、腌肉、咸蛋、酱菜等传播。海里这种致病菌较为常见。

① 本案例摘编自鹤佳、富赜《广西村民吃海上漂浮榴莲中毒，“元凶”竟然是……》，百家号·央广网 2020年9月4日，https://baijiahao.baidu.com/s?id=1676891799375441170&wfr=spider&for=pc；马新斌《广西村民哄抢海上榴莲后中毒“真凶”找到：系副溶血性弧菌》，新京报2020年9月2日，http://m.bjnews.com.cn/detail/159900768015029.html；张鑫《村民哄抢榴莲食用后致细菌性食物中毒，罪魁祸首到底是啥？》，百家号·封面新闻2020年9月3日，https://baijiahao.baidu.com/s?id=1676801134480899289&wfr=spider&for=pc。

除了海产品，其他食物包括前述事件中的榴莲，经海水浸泡也有可能被污染，人一旦进食就可能导致食物中毒。人们感染副溶血性弧菌后潜伏期为1小时至4天不等，多数为10小时左右。起病急骤，初期有腹部不适，全身寒战，有阵发性加剧且部位不定的腹痛，伴恶心、呕吐，继之发热、腹泻，为水样便、糊状便、洗肉水样便或脓血便。针对这次事件，广西疾控中心提醒，请人们立即停止食用或销售污染榴莲，切断致病菌侵犯人体的途径。如已经食用而有不适，请及时到医院就诊。

2.副溶血性弧菌造成疾病播散

广西疾控中心称，大部分患者都是因为进食了被副溶血性弧菌感染的食物，所以它的传播途径就是经食物传播和消化道传播。还要注意的是，要避免接触患病者的粪便。因为粪便里也会有细菌，容易造成疾病的播散，可能导致重复感染。

广西疾控中心随后还进行了“食物中毒”的知识科普。食物中毒是指患者所食用食物而引起的以急性感染或中毒为主要临床特征的疾病，包括食用被细菌、细菌毒素、化学毒物等污染，或食用本身含有毒素的动植物食物。以恶心、呕吐、腹痛、腹泻为主要临床表现。按引起中毒的物质分类，食物中毒可以分为微生物性食物中毒、有毒动植物引起的食物中毒、化学毒物引起的食物中毒、真菌毒素和霉变食物中毒等，其中以微生物引起的食物中毒最常见。

食物中毒的发病还与季节有关，从2月起发病率逐月上升，9月达最高后，再逐月下降，如此循环往复。其中7月病死率最高，主要是由于7月至9月气温高、湿度高，适于微生物繁殖，是细菌性食物中毒的高发时段，每到这个时期，各地都有食物中毒的病例发生。本次事件时值8月，正是细菌等微生物繁殖的旺季，再加上村民哄抢，此时的海水中本身存在的一些天然微生物，因为人为造成的环境条件变化大量繁殖而成为危害海洋生物或人类的病原体。榴莲浸泡海水后自然就沾上了很多病原体，人体食用后，自然会导致食物中毒。

案例点评

食物中毒是公共卫生领域常见的突发性卫生事件之一，在基层对食物中毒事情进行调查处理时，由于信息公开不够及时不够透明，执行工作不够规范，甚至处置不当等，容易引发社会矛盾激化并时不时会通过自媒体等形式传播扩散。在2020年8月26日发生的“广西村民食用‘哄抢榴莲’中毒”事件中，因为职责明确、执法规范、取信于民、共建和谐，政府职能部门对食物中毒的调查处置工作并没有引发重大社会舆情异常现象，为基层单位有效处置突发性社会卫生事件提供了良好借鉴。

1.职责明确，规范执法

遵守卫生监督程序、规范性地公告信息，既是开展卫生法治宣传的重要途径，也是卫生执法的表现形式。广西疾病预防控制中心在中毒事件发生后，迅速组织食品安全专业人员，与防城港市、东兴市相关单位联手，明确工作分工，经过缜密的食品卫生学调查、流行病学流调以及实验室实验检测，查明前述事件系副溶血性弧菌引起，并在第一时间公布了流行病学、食品卫生学调查结果。针对这次事件，广西疾控中心提醒人们立即停止食用、销售被污染了的食物，切断致病菌侵犯人体的途径；如果身体出现了不舒服，要及时到医院就诊。

2.信息公开，及时透明

群体性就餐食物中毒事件往往影响较大，处置时受到公众与媒体的额外关注，如果应急处置不当，其后果不堪设想。事件受害者及其家人对调查进展情况同样十分关注。8月27日，广西东兴市委宣传部在“哄抢榴莲”事件发生的第二天，即发布了《关于东兴市出现群体性腹痛呕吐腹泻症状情况的通告》，称8月26日晚上开始，东兴市医疗卫生机构陆续接诊了一批出现腹痛、呕吐、腹泻症状的群众，经初步临床诊断为食物中毒。目前，患者均无生命危险，情况稳定。同一天，东兴市卫生健康局又发布续报，表明这些食物中毒群众的共同特点是，“均食用8月26日早上从江平镇万尾海域捡来的榴莲”。“截至8月27日8时20分，江平卫生院共接诊231人，0人住院，目前接受门诊治疗的有31人。东兴市人民医院共接诊120人，有两人住院，目前在门诊接受治疗30人。东兴镇卫生院共接诊12人，1人住院。以上接诊和住院病人情况稳定，均没有出现危重症状。”“广西东兴”公众号随后报道，截至2020年8月27日10时，东兴市各医疗机构报告因食用万尾海域捡来榴莲发生不适症状人员共523人次，经医学检查诊断，大部分不舒服人员只是稍感不适，其中有腹泻、腹痛、呕吐等不适症状者101人，医护人员给以对症诊疗后陆续自行返家。目前留院观察

9人，病情稳定。由上可见，因为信息公开透明且及时，政府有关部门的处置方式方法得到了当事人的充分理解，社会舆情安稳与平和。

3.应急处置，及时溯源

防城港市市场监管局也发布了对这批榴莲的处置情况信息，表示相关部门已将散落在海上的榴莲清理处置完毕，东兴市卫健部门及市场监督管理部门等正在对事发原因开展进一步的调查工作。防城港市市场监管局还表示，疾控部门已经对榴莲取样检测调查。有关单位高度重视，处理及时有效，为基层相关管理部门处置类似事件提供了有意义的经验和方法。

4.提升健康素养，保障身体健康

根据流行病学个案调查和现场卫生学检查情况，结合食用史、临床症状与体征，以及留样食品的实验室检测结果，本次食用榴莲后中毒是由副溶血性弧菌导致的。副溶血弧菌是一种嗜酸性细菌，它有一个特点就是在近岸海水中，同时也会吸附在海底的鱼类和贝类上，为革兰阴性，有鞭毛，兼性臭氧菌，中毒多数发生在6—9月高温季节，海产品大量上市的时候。临床主要症状表现为急性起病、腹痛、呕吐、腹泻及水样便等。“毒”榴莲不是榴莲本身有“毒”，主要是近岸海水中富含毒性“副溶血弧菌”，榴莲在海水中浸泡，导致海水中的副溶血弧菌进入榴莲中并快速繁殖。

5.如何将副溶血性弧菌拒之门外?

那么，为将副溶血性弧菌拒之门外，人们应该注意些什么事情呢?

一是注意购买的海产品应该干净新鲜，在食用前用淡水反复冲洗；二是进食海产品前，要煮熟煮透，不要生吃海产品；三是用于加工海产品的器具，必须进行严格的清洗和消毒。进行加工的过程中，生熟食用具要分开，避免交叉污染，同时要在低温下储存食品；四是副溶血性弧菌对酸特别敏感，在烹饪和调制海产品的时候可以加入适量的食醋；五是尽量避免食用被海水浸泡过的食物，或者被盐浸泡过的“盐浸食物”；六是对来路不明的食物，大家务必谨慎处理，做到不食用、不赠送、不销售。

后 记

经过课题组同人的共同努力，首次跨年度对我国食品行业重大舆情和产生的衍生事件剖析研究为主要内容的“中国食品行业舆情与品牌传播研究（2019—2020）”结题付梓了。这项研究的内容跨越两年的时间，为此，课题组搜集整理了大量的资料，从研究的客观性出发，设计并组织了公众和专家的投票推选，组织和协调专家点评，等等。为了做好这些工作，课题组付出了大量艰苦细致的劳动。

研究中的50个案例涉及很多专业领域，为此，我们特别邀请中央党校（国家行政学院）、中国社会科学院、中国人民大学、国家食品安全风险评估中心、中国疾控中心营养与健康所、市场监管总局发展研究中心、北京市中级人民法院、黑龙江省市场监管局、青岛市市场监管局、内蒙古自治区委党校（内蒙古自治区行政学院）、英国牛津大学、新华网、中国食品报、中国营养保健食品协会等单位的专家学者和专业资深人士参与其中，从传播学、法学、食品安全、营养、食品产业、市场监管、经济学、行业管理、金融等多学科、多视角和多维度对案例进行剖析与点评，他们专业精彩的剖析和点评构成本项研究的一大亮点。在此，特别感谢胡颖廉、刘光明、郭朝先、孙萍、高贵武、路磊、严卫星、朱蕾、王京钟、田明、胡沛、张守文、刘颖、郭海峰、刘媛、高静、粘新等专家学者的参与、帮助和支持。

由于时间仓促和首次开展研究，其中的疏漏与不足之处在所难免，敬请批评指正。

感谢国家行政学院出版社领导和编辑对本书出版的专业指导和专业贡献。

“中国食品行业舆情与品牌传播研究”是一个长期连续的项目，我们将继续就食品行业的重大舆情展开年度梳理和研究，希望通过积累素材、描述轨迹、提示观点、总结经验、吸取教训，努力促进我国食品消费和食品产业（企业）的健康发展。

“中国食品行业舆情与品牌传播研究”课题组

2023年9月